U0303719

# 珊瑚

## 美丽的怪物

〔美〕J. 马尔科姆·希克　著

傅临春　译

商务印书馆
The Commercial Press

*Where Corals Lie: A Natural and Cultural History* by J. Malcolm Shick was first published by Reaktion Books, London, UK, 2018. Copyright ©J. Malcolm Shick 2018

Rights arranged through CA-Link International LLC

中译本译自瑞克新图书出版社2018年版

涵芬楼文化出品

献给琼

并纪念我的老师、指引者及朋友

夏洛特·普雷斯顿·曼格姆（1938—1998）

Fig. 1.

# 目　录

# 序 / 珊瑚深藏之所

珊瑚……在18世纪提出了一个问题……随着博物学的发展，人们最终必须要回答：它到底是动物、植物还是矿物。它非常乖张地分别展示了这三个类别的特质。

——詹姆斯·汉密尔顿－佩特森，《深渊：海洋及其阈值》（1992）

本书借用了维多利亚中期理查德·加尼特的诗做标题，在诗中，诗人被诱溺于"珊瑚深藏之所"。①这种比喻承载了悠久的传统——由石珊瑚构成的礁石与人类的逝去、悲恸和石化相关的传统。外形参差不齐的珊瑚礁令人栗栗危惧，它们作为致命的航道阻碍，出现在詹姆斯·库克②和朱尔·迪蒙泰·迪维尔③等人的海洋远征故事，以及以

**左页图1** / 潘多拉礁，2017年4月，水下2米～3米，由埃里克·马特森拍摄。这个珊瑚群落包括健康的珊瑚与白化的珊瑚，后者源于大堡礁连续两年规模空前的大面积白化。更早前死去的珊瑚已被海藻覆盖。

---

① 本书原书名为《珊瑚深藏之所》（*Where Corals Lie*）。——译者（本书脚注均为译者注，以圈码标出；原注均为书后注，以非圈码标出）
② 詹姆斯·库克（James Cook）：英国皇家海军军官、航海家、探险家，创下欧洲船只首次环新西兰航行的纪录。
③ 朱尔·迪蒙泰·迪维尔（Jules Dumont d'Urville）：法国植物学家、探险家、语言学家及人类学家，一生致力于海洋探险。

他们为原型的小说里。稍有关联的宝石珊瑚，即红珊瑚也诞生于死亡——由珀尔修斯斩首戈耳工·美杜莎时染血的海藻神奇转化而成；又或是魔王巴利被毗湿奴击碎时流出的血化成。

由于珊瑚群具有粗糙的树形结构，数世纪以来，它们都被诗意地描述为海底植物，有各式各样美妙的植物构造或颜色，又或可能是植物生成的矿物。对于另一些人来说，它们是海水中沉淀出的石质凝固物，没有任何生物介质。在那些造成船只失事的珊瑚礁上，这种矿物特性尤其明显。而珊瑚树上的"花"看起来还有动物属性，由此完成了使石灰质珊瑚保持神秘与不确定性的三部曲——它们的名称包括"石生植物"（lithophyte）、"石蚕"（madrepore，pore源自希腊语*poros*，而非英文的pore；又或称为"porous mother"，意为多孔之母，源自拉丁文*porus*）；"多孔螅"（millepore）；甚至"植形动物"（zoophyte，意指形形色色难以理解的无脊椎动物）。如此含糊的性质使它衍生出多种诠释，其中包括神话与魔法的想象，以及对生命本质的哲学思考。（图2、3、4）

在《圣安东尼的诱惑》中，古斯塔夫·福楼拜借海怪的合唱重现了珊瑚的本质还不为人知时的情势：

植物不再能与动物区分开来。（水螅型珊瑚虫群体的附着基）如悬铃木一般，在枝条上还长着"手臂"……而后，植物开始与岩石混淆。石头看起来像大脑，钟乳石好似乳房，花朵就像饰有人物图案的华丽挂毯。[1]

因此，荒诞的珊瑚混淆了分类，令那些多思的（或易感的）观察者将目光投注于它们，也令艺术史学家巴巴拉·玛丽亚·斯塔福德思考道："对于那些既非此类又非彼类的造物，你要怎么办？"[2]

18世纪中期，人们确证了珊瑚虫的动物性。此时，现代科学体系

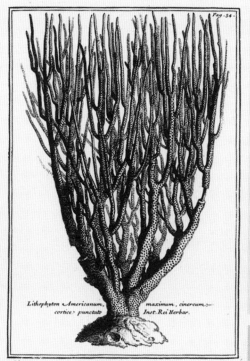

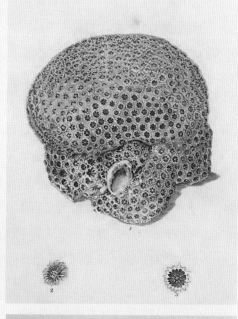

MILLEPORA ALCICORNIS.

图2、3、4 / 珊瑚图示（顺时针方向）：石生植物（选自约瑟夫·皮顿·德·图内福尔《皇家科学院》，1700，第34页）；石母（选自约翰·埃利斯《植形动物研究》，1786，第55张版画）；多孔螅（选自詹姆斯·D.达纳《珊瑚与珊瑚岛》，1872，第103页）。

正在形成，殖民主义将科学家们带到了珊瑚礁所在的区域和岛屿，他们在那里将生物学和地质学关联到了一起。此后不久，林奈将石珊瑚分类到古老的石生植物中，宝石珊瑚则归于植形动物——混杂在一群人们不太了解的无脊椎动物中。乔治·约翰斯顿在他1847年的《英国植形动物研究》第二版序言中提醒读者，"植形动物"这个复合词最初"特指一大类混杂的造物，人们认为它们居于动物界和植物界之间，并融合且掺杂了两界各自的特征"。（图5）在约翰斯顿去世半个世纪后，人们发现珊瑚与单细胞藻类以"互惠共处"的状态生活，后者就居住于珊瑚的细胞里，这种太阳能驱动的共生关系使珊瑚礁得以在热带大洋清澈的、缺乏浮游生物的蓝色沙漠包围之中繁荣生长。从那时到现在，这种共生（非常符合"植形动物"这个说法）关系一直是珊瑚研究的核心课题。

从19世纪末直至整个20世纪，我们对珊瑚礁和美丽如画的环礁越来越了解，从而再次改变了对它们的认知。1930年，亨利·马蒂斯旅居于塔希提岛的一处潟湖边，这段生活永久地影响了他的绘画创作。珊瑚与珊瑚礁在审美上的魅力也俘虏了那些研究其本质，且善于感受的科学家。它们还吸引了更多公众的目光，因为伴随着它们的是热带海滩、潟湖与其中大量五颜六色的鱼类，你还可以在假日里潜水探索这样的海底奇境，而且它们也越来越多地出现在最优秀的自然摄影师的作品集里。如今，造礁珊瑚已成为"适合上镜的、纯真的无脊椎动物"[3]，它们创造的珊瑚礁（太空可见地球上最大的生物结构）被视为"海中雨林"[4]，是脆弱的海洋生物多样性的绿色象征。

———————————

右页图5 / 居斯塔夫·莫罗于1880—1881年创作的《加拉蒂亚》，她藏在一个洞穴里躲避独眼巨人，身周环绕着类别不同的植形动物，如红珊瑚、海葵和海百合。

在温度变化导致的大规模珊瑚白化事件中，垂死的白化珊瑚种群失去了海藻搭档，其荒凉的骨白色与激发马蒂斯灵感的斑斓色彩形成了可怕的对照。如果日益恶化的海洋酸化现象侵蚀了稳固持久的文化象征——珊瑚礁，那将会是更进一步的讽刺。尽管庞大坚实，但面对全球气候变化，珊瑚渐渐成为受其威胁的典型代表，其警示意义相当于"煤矿里的金丝雀"。从危险变成濒危，从难以界定变成象征物，从死亡陷阱变成天堂奇境再变成墓场，是什么改变了它们？为了回答这个问题，也为了针对未来几十年危如累卵的情势进行实物教学，我们需要知道珊瑚在我们的社会历史——包括艺术、贸易、地缘政治、哲学、科学和想象力——中占据着什么地位。

# 第一章　珊瑚的定义

"珊瑚"一词既不科学也不精确。

——达夫妮·G.福廷和罗伯特·W.布德迈尔，《岛屿百科全书》（2009）

对于古人而言，典型的珊瑚就是被亚里士多德的学生、吕克昂学园的合作者及继任者泰奥弗拉斯托斯（约公元前372—前287）称作"κουράλιον"的东西，这是一种类似于赤铁矿的石头，红色浓郁，它可疑地像根茎一样在海里生长——我们如今将它称作地中海红珊瑚（*Corallium rubrum*）。我们不确定"珊瑚"的英文coral的词源，不过希腊文*kouralion*及其拉丁文派生词*corallium*可能是源于古希伯来闪族语*goral*或阿拉伯语*garal*，意为卵石或小石头。还有人认为，分枝珊瑚的词源从概念上源于雄鹿分叉的鹿角（希腊语*kéras*，拉丁语*cornu*），后来它又被关联于红色的橡木心材（拉丁语*cor*）[1]。（图6）

宝石珊瑚的形态像灌木，且看起来缺少感觉或应激性（亚里士多德定义动物的标准之一）。因此，服役于尼禄军队的希腊医生佩达纽斯·迪奥斯科里季斯（约公元40—90），以及罗马博物学家老普林尼（公元23—79）都认为红珊瑚及其亲属是海生植物。其他人则因为其石灰质的红色骨架，将它归到了非生物的矿物类。数世纪以来，一般被称

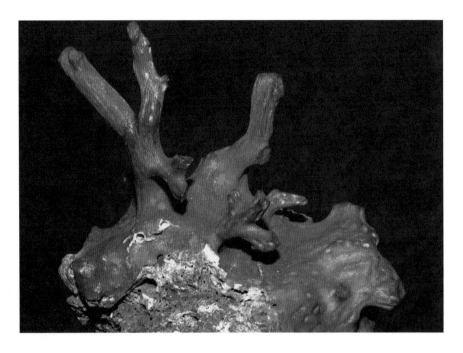

图6 / 　地中海红珊瑚，对于古人来说，这就是珊瑚。一个在地中海海滨散步的人发现了这样一个标本，它被暴风雨掀到了岸上，骨骼上的活组织已被剥蚀，翻滚的海浪略微打磨了它，不过它仍然固定在自己的基质上。

为"珊瑚"的往往是其光亮的碳酸钙（$CaCO_3$）骨架，直至今天，许多文化依然如此认为。当探险队驶出地中海后，人们发现珊瑚的多样性远远超出过往的认知，尤其是那些形成热带礁石的石质珊瑚，它们至今仍在激发人们的想象。

## 珊瑚的进化和生命珊瑚

在正式的生物分类（分类学）中，所有珊瑚都属于刺胞动物门[2]，这一门以其独特的刺细胞得名，其中包括刺丝囊——细胞中可爆炸的囊状鼓包，会喷出有毒刺管或刺丝，尤其用于防御和捕获猎物。包括最简单的生物代表在内，许多刺胞动物都没有钙化骨骼，因此该门动物的远祖所存留的关键化石证据极其稀少，但某些标本可追溯至最早的埃迪卡拉纪，距今6.35亿年。[3] 使用分子钟（一组有机体或一个分类单元的基因突变的累积速率来推测分化时代的方法）推演分类史及该门动物与其他动物分道扬镳的时刻，便能发现刺胞动物的起源甚至更早，是在距今8.19亿～6.86亿年前的成冰纪。

因此在生命之树上，刺胞动物被归于最古老的动物分支之一：辐射对称动物。将它们分在这一纲的是博物学家让-马蒂斯特·拉马克和乔治·居维叶，因为它们具有对称性，从中轴向外辐射，嘴在口盘正中，嘴周环绕装备了刺细胞可伸缩的捕猎触手。刺胞动物只有两层组织（外表皮层和内胚层），两层之间夹着一层胶质的中胶层。这些又扁又薄的二维胚层（就像薄薄的纸板）是折叠起来的，像折纸一样，因而形成了三维的动物。[4] 刺胞动物有两种体型：水螅体（英文为polyps，因为其形似微小的章鱼，嘴周环列着触须）；水母体或"水母型"（因为其有丰厚的中胶层，能游泳）。有些刺胞动物在生命周期的不同阶段会出现两种形态的转换。珊瑚和其他珊瑚纲动物通常都以水螅体存在，固着依附在基质上。

表皮细胞分泌出"珊瑚"的多成分外骨骼。内胚层细胞是消化的场所，也可以容纳进行光合作用的活体单细胞藻类，这些与之共生的藻类是虫黄藻。内胚层圈出了一个内消化腔，其单一的开口既是嘴，也是肛门。消化腔由肉质隔膜以纵向放射状分割，这些隔膜可加强体壁，并参与消化猎物，还含有生殖腺。（图7）

珊瑚柔软的身体能分泌出钙化程度及坚硬程度各不相同的骨骼，它们有助于定义不同珊瑚的种群或类别。珊瑚也可能是微小的单体，只由一个水螅体（即珊瑚虫）构成；也可能是构件体，由许多水螅体组成，在名为

# Anthozoa
Corallenthiere.

# Coelenterata.
Pflanzenthiere.

# Octactinaria
achtstrahlige Corallen

出芽生殖的无性营养繁殖后保持了彼此相连的状态。珊瑚构件体可以长得非常大，以米为计量单位。

以图表形式，在系谱树或"生命之树"上理解珊瑚广泛的进化关系网是最容易的。大多数珊瑚都是构件体，由许多彼此连通的水螅体栖息于共骨上形成。查尔斯·达尔文曾于1837年，即乘皇家海军舰艇"小猎犬号"环球旅行归来后的次年，在他自己的笔记本上写下："生命之树也许应该叫作生命珊瑚。"他之所以会这么想，主要是因为珊瑚下层枝丫上存留的钙质层（群体往上生长时水螅体死亡之所）就如已灭绝物种的化石记录，而生长着活水螅体的上方枝丫可以代表现存的物种，它们的位置表明了它们彼此间的关系。（图8）

大多数珊瑚属于珊瑚纲（"花虫纲"）。这样模棱两可的词汇表明了珊瑚在分类上的困境。最早的非矿化珊瑚化石可能来自早寒武纪（约5.4亿年前）。[5]据分子钟估算，珊瑚的起源可以追溯至6.84亿年前。珊瑚纲全都是海生生物，由那些看起来像花朵却很敏感的造物组成——独居的海葵、各种各样的单体珊瑚和构件体珊瑚等等。

刺胞动物门中有一个完全不同的纲，即水螅纲，包括多孔螅属的火珊瑚（名称源于其毒性强烈的刺丝囊），以及色彩明丽的侧孔珊瑚，后者致密钙化的群体骨骼的进化有别于珊瑚纲生物的骨骼。和珊瑚纲不同，水螅纲

左页图7 / 欣里希·尼切，《地中海红珊瑚》，洛伊卡特绘制，系列一，插图一：腔肠动物门[①]，珊瑚纲，八放珊瑚，1877。由多个水螅体组成的八放地中海红珊瑚群体，有些水螅体缩进了环绕钙质骨轴的共胶层（肉质组织）中，另一些则是伸展的，显现出放射状排列在中央口周的8条羽状触手。单个水螅体的纵切面（左上）和横切面（中上）显示了两层组织：表皮层（蓝色）和内胚层（黄色），两层间隔着胶质的中胶层（粉色）。横切面展示了消化腔内放射状排列的隔膜。纵切面展示了隔膜内的生殖腺（卵状物）。受精卵发育成浮浪幼虫（左中），幼虫固着后形成初级水螅体，后者出芽生殖形成次生水螅体，从而形成构件体（左下）。

----

① 刺胞动物门过去被称为腔肠动物门。

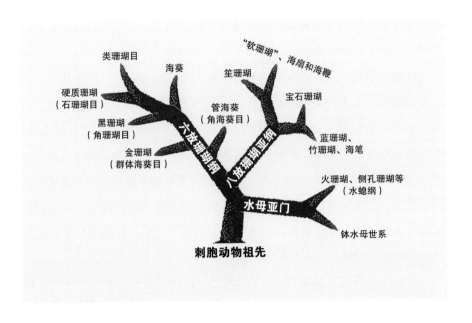

图8 ／ "生命珊瑚"，展示了文中提及的珊瑚的主要分类群体及其进化关系。珊瑚纲和水母亚门早早就已分开，其模式纲钵水母纲被看作是"水母"的一个相关群体谱系。八放珊瑚亚纲之内一直很难分类，因为各种形态学都只给整个八放珊瑚世系随意地分配了"软珊瑚"、海扇和海鞭这样的类别。原画出自瑞安·考恩。

的许多生物在生命周期中有水母体的形态，这使它们与水母亚门钵水母纲中几类常见的"水母"混在了一起。水母亚门在至少5.43亿年前（基于化石记录）或远至6.42亿年前（分子钟估算）就与珊瑚纲分离了。

地中海红珊瑚已享誉千年，但直至1816年，拉马克才给它起了现在通用的拉丁文双名法学名。在红珊瑚科中有超过20种"宝石珊瑚"，地中海红珊瑚只是其中一种。红珊瑚科属于珊瑚纲中一个亚纲（八放珊瑚亚纲，因8条放射状排布的羽状触手得名）的一个目（软珊瑚目）。最早的八放珊瑚是从珊瑚纲的另一个亚纲六放珊瑚亚纲（见下文）中分离出来的，这个时

珊瑚：美丽的怪物 ————

间点不会晚于5.4亿年前，可能在更早的埃迪卡拉纪。群居的海笔是一种古老的软体生物群（海鳃目），其历史至少可追溯至寒武纪，有波基斯页岩（5.05亿年前）的化石为证。

　　红珊瑚从海水中获取溶解的钙离子（$Ca^{2+}$）和碳酸根（$CO_3^{2-}$），生成碳酸钙（$CaCO_3$）晶体，即其骨骼的矿物霰石。其他钙化程度不那么高的软珊瑚目有时也会被轻率地称为"珊瑚"，包括海鞭和海扇，在非正式层面，它们都与"柳珊瑚"有关。红珊瑚和其他八放宝石珊瑚的珊瑚虫本身并不分泌骨骼，而是有一层骨骼发生细胞形成中轴的碳酸钙轴心，外面包裹着共肉（一种公共组织，每个水螅体都可以缩回其独属的杯状萼中）。遍及共肉的其他细胞分泌出细小的钙质骨针。（图9）另一方面，群居的海扇和海鞭以一种珊瑚角质蛋白轴（包括一种可化学染色的胶原蛋白，它存在于许多动物群体的结缔组织中）来支撑自己，并且也在柔软的共肉中嵌入类似的钙质骨针。（图10）

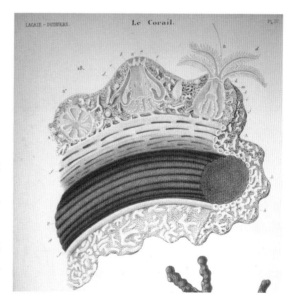

图9 / 亨利·拉卡兹－杜塞尔，《珊瑚博物学》（1864），版画IV，细节图。典型宝石珊瑚地中海红珊瑚的内部，其中轴是钙质骨骼，生物化学颜色呈红色。水螅个体通过共肉中的组织相连。

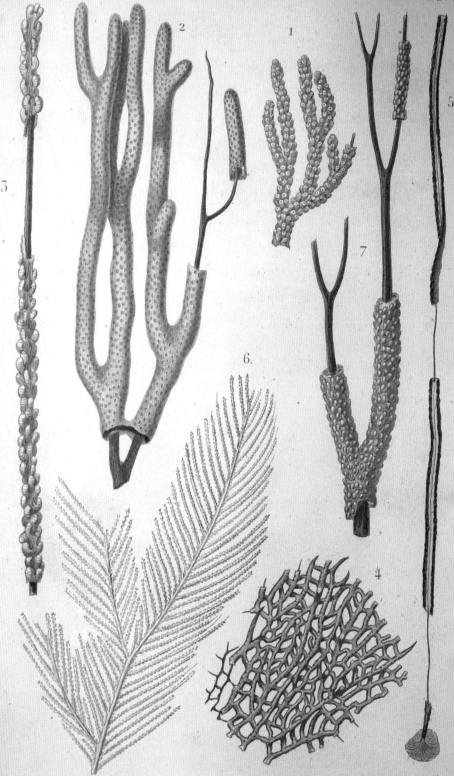

8

2

1

5

3

7

6

4

F. Willy del.

Pierre sc.

Alcyonaires.

其他现代软珊瑚是在三叠纪恢复多样的，那是约2.52亿年前二叠纪末全球大灭绝之后的事。其中有几种不同的"软珊瑚"，包括指状软珊瑚（*Alcyonium digitatum*，又称死人手指），它没有中轴骨骼，只由散布的钙质骨针加固共肉，以提供松散的支撑。（图11、12）许多软珊瑚的形态特征都呈过渡态（向另一种形态发展），其中一些独立发展出了不同的群体，使八放珊瑚的分类更加复杂化。它们的系统发生学（进化关系）越来越多地

左图11 ／ 群居"软珊瑚"指状软珊瑚，即"死人手指"，乔治·约翰斯顿，《英国植形动物史》（1838），版画XXVI。

右图12 ／ 一个单体水螅及支持其群体组织的钙质骨针，菲利普·亨利·戈斯，《在德文郡海岸漫步的博物学家》（1853），版画III。

左页图10 ／ 亨利·米尔内-爱德华兹，《珊瑚或水螅体研究》（1857），卷1，版画B2。几种海鞭（上方）的剖面图，展示了中央的蛋白质轴。

倚重于分子遗传分析。图8展示了八放珊瑚——尤其是软体形、鞭形和扇形——分类关系的不确定性。

　　软珊瑚目中的另一科包括珍贵程度略低的"竹珊瑚"，它们有更多孔的骨骼（其长节主要由珊瑚角质蛋白组成，由碳酸钙节点间断，整个枝条看上去就像竹子）。（图13）蓝珊瑚（*Heliopora coerulea*）属于另一个目——苍珊瑚目或蓝珊瑚目，它是组成珊瑚礁群落的重要成员，名字来源于其庞大的蓝色钙质霰石骨骼，它是八放珊瑚纲中的特例。

　　另一个珊瑚亚纲是六放珊瑚亚纲（其成员放射状排列的触须数为6的倍数），包括常见的无骨骼海葵（海葵目）、管海葵或角海葵（角海葵目），以及不那么常见的类珊瑚目，此外还包括三个珊瑚的目。角珊瑚目（它有

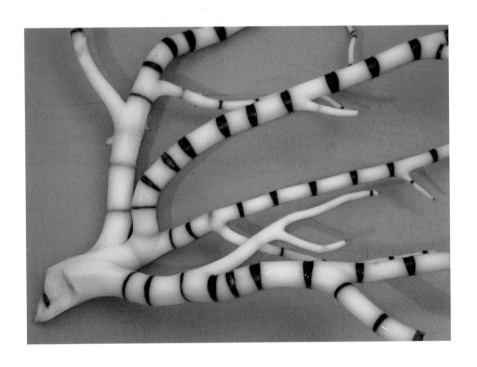

图13　/　竹珊瑚的干制骨骼，软海竹（*Keratoisis flexibilis*）。

珊瑚：美丽的怪物 ————

时会被用于治病）只包括次珍贵的、往往是树形的黑珊瑚，古人不仅将它用作药物，还将它制成占卜棒和皇家权杖。如今，黑珊瑚作为夏威夷的国家宝石而闻名。黑珊瑚的骨骼不是钙质的，而是一种主要由蛋白质构成的复合物，名为角蛋白，与珊瑚角质蛋白不同，这种物质不含胶原，而是含高分子化合物甲壳素（甲壳纲动物的外骨骼物质），光泽度很高。（图14）

图14 / 在大型活体黑珊瑚群体上，可能有海绵、牡蛎、棘皮动物或其他无脊椎动物生长其上以寻求支持。在这株死去的大型二叉黑角珊瑚（*Antipathes griggi*）上依然附着着这些生物，它是从夏威夷群岛毛伊岛附近65米深的水中采得的。

另一个古老的目是群体海葵目，包括罕见的夏威夷金珊瑚，它也有蛋白质的骨骼，可用于制作珠宝。和许多黑珊瑚一样，金珊瑚栖息于海底山和其他深海结构上。金珊瑚和某些黑珊瑚群体拥有极长的寿命（前者大于2500年，后者大于4000年——是最古老的活体动物）[6]，因此，它们缓慢生长的骨骼有益地记录了海洋化学状态及生产力的变化。（图15）

不过，最著名的珊瑚，也是珊瑚礁的主要构筑者，属于六放珊瑚亚纲的石珊瑚目。（图16）它们繁荣生长在赤道南北纬30°范围内的温暖且阳光充足的热带与亚热带浅海中，在以菲律宾、马来西亚和所罗门群岛为顶点的珊瑚大三角区最为繁盛。这些"硬珊瑚"的珊瑚虫在它们巨大的骨骼中沉淀下了钙质矿物霰石，它们单细胞的内共生藻类——虫黄藻——在这个过程中施以化学辅助。其他石珊瑚（有些与虫黄藻共生，有些没有）分布

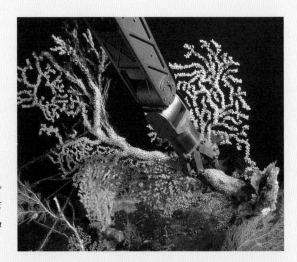

图15 ／ 潜水器的机械臂正在采集夏威夷金珊瑚（*Kulamanamana haumeaae*）。

图16 ／ 石珊瑚的生长形态丰富了珊瑚礁栖息地的结构多样性。基本生长型有（从左下顺时针）：包壳状（紧密附着于基质）、覆瓦状（一层层）、团块状、分枝状、片状（形成涡旋状）、柱状以及非固着形态（不附着在基质上）。该图由杰夫·凯利所绘，选自J. E. N. 贝龙的《世界的珊瑚》（2000），第一卷，第56—57页。

**图17** / 菲利普·亨利·戈斯,《英国海葵及珊瑚研究》(1860),版画X。冷水(或深海)石珊瑚包括构建化体佩尔图萨深水珊瑚(*Lophelia pertusa*,即*L. prolifera*,左上),或单体杯状珊瑚[葵珊瑚(*Cyathina smithii*),中上],以及栎珊瑚[(*Balanophyllia regia*),右上]。

在世界各处的浅水至深水(那里永恒的黑暗阻碍了光合作用)中,其中包括极地地区。深水采集者们长久以来都知道,有些石珊瑚栖息在冰冷的海水(但并非总是深水)中,不过,在如今这个离岸拖网渔业、石油勘探和生物多样性意识渐增的年代,它们又被重新发现。这些珊瑚中有许多是独居的,但其他的便形成广阔的丘堤或网状群礁,只不过不像热带浅海中常见的硬质珊瑚礁结构那么坚实厚重。(图17)

在珊瑚的历史图景中,石珊瑚相对而言是新来者,它最早是作为约2.37亿年前的化石出现,那时是2.52亿年前二叠纪末全球物种灭绝之后的三叠纪复苏期。[7]横板珊瑚和四放珊瑚是钙化珊瑚的两个早期主要分类(它们的化石可追溯至奥陶纪早期与中期,分别是4.9亿年前和4.7亿年前),它们在二叠纪末大灭绝中和绝大多数海洋生物一起消失了。(图18)这场大灭绝由各种生物地化原因引起,其中一些变化(海洋酸化和缺氧)还牵涉到了更近期的海洋生物灭绝、化石记录中的"礁石中断",以及今日珊瑚礁越来越严峻的前景。

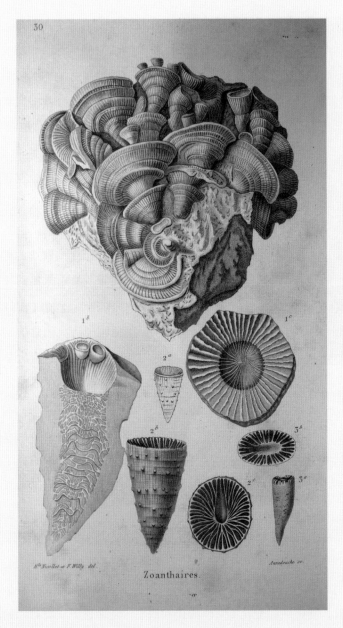

图18 / 亨利·米尔内-爱德华兹，《珊瑚或水螅体研究》（1857），卷三，版画GI。单体四放珊瑚的化石骨骼。注意其骨骼横板（右下）的两侧对称性（镜像），不同于大多数石珊瑚和横板珊瑚的放射性对称。

当海水条件允许珊瑚沉淀出霰石骨骼时，石珊瑚便从海葵一类的软体幸存者中脱颖而出（可能不止一次，形成了不同的谱系）。相反，类珊瑚目似乎是在白垩纪中失去了骨骼但仍幸存的石珊瑚，当时的海洋二氧化碳和酸度都很高。钙化贵珊瑚则源自二叠纪末大灭绝中幸存下来的某支八放珊瑚。

## 珊瑚的一生

单体水螅可以从雄性配子和雌性配子（精子和卵子）的性结合体发育而来。珊瑚水螅体可以是雌性，也可以是雄性，或是雌雄同体，即单一个体拥有两种性别的生殖腺。卵子和精子可以是分别释放出的，也可以是由雌雄同体的个体成组释放，进行体外受精。在南半球春季11月的满月之后，澳大利亚大堡礁的珊瑚群体会在数个夜晚集体同步排卵（这一狂欢式的群体性接触在整体数量上声势浩大）。其时机确保了混合在一起的卵子和精子能参与受精。配子的"大量撒播"时间完全可以被预计到，因此这壮观的场景对观光者和记者来说非常诱人，而研究者们也可以按计划每年收集配子，以针对珊瑚的生殖生物学进行实验。水中云集的配子就像粉彩的海底暴风雪（图19），到了之后的早晨，无数发育中的胚胎和死去的未受精卵将在水面铺满层层的橙色和玫瑰色（图20）。

丽贝卡·斯托特在她的小说《珊瑚窃贼》（2009）中将这一场景用作诗意的尾声，艺术性地参与了一个半世纪前首次描述该场景的文字出版，并将珊瑚礁的位置挪了个地方。小说的背景设定于1815年的巴黎：

> 她说，她曾见过红海的珊瑚排卵。当海水达到合适的温度，当它们成熟，当月亮抵达特定的角度时，一年只有一次，在那深处的珊瑚礁上，黑暗的水中会爆开白色的烟云。就像焰火，又或绽开的种穗，

图19、20 / （左图19）鹿角珊瑚群体产卵的水下摄影。（右图20）卵铺满海面、漫过礁岛，每一处都横越数十米。

成千、上万、数百万的它们一瞬间同时被释放进了水中……她曾说，渔夫们说是月亮让它们产卵，我问：它们怎么能看见月亮呢？它们没有眼睛。她说，也许它们有别的方式去看见，去感知。

安娜·蒂温（1806—1866）是维多利亚海洋水族馆的创始人（她在威斯敏斯特教堂建造了一个水族馆，当时她和丈夫一起住在那里，他是副助理主教），她注意到几个单体杯状葵珊瑚活体标本出现了同步排卵现象："你会认为它们彼此之间有某种古怪的共鸣，因为许多个体会在完全相同的时刻同时参与排卵。"[8]对于珊瑚礁而言，它们同步排卵并不是出于古怪的共鸣，又或某种神秘的视觉或感知方式，而是因为隐花色素或黑视蛋白——对蓝光敏感的蛋白质，没有眼睛的珊瑚能通过它们察觉月光，并设置它们的生物钟节奏。[9]

某些种类是在体内受精的，其水螅体将胚胎孵化至微小的浮浪幼体阶段（见第10页图7）。无论是从体外还是从体内受精发育，浮浪幼虫都可能会迅速固着，或以浮游状态漂浮数小时、数天或数周，对在其他时段都固着生活的珊瑚而言，这是它们传播的机会。当幼虫真的稳定下来时，它会

珊瑚：美丽的怪物 ————

把自己黏合在基质上，发育成初级水螅体，而后出芽繁殖出更多的水螅体，形成构件体（见第10页图7）。对于与虫黄藻共生的石珊瑚（体内有虫黄藻）来说，浮浪幼体能固着于海洋透光区的浅水中是非常重要的，这样它们的藻类才有足够的光线进行光合作用。

不过，哪怕是在阳光照射不到的深水中，也可能有与虫黄藻共生的石珊瑚，以及其他通常没有共生藻类的珊瑚种类生存，它们可能是独立的单体，也可能形成礁石、丘堤，或是松散连接的钙质构件体生物岩礁。合适的坚硬基质可能很难找，在广袤无垠的深海泥浆中就更是如此。最终会有很多等待机会的浮浪幼体无法固着。这些基质包括海难、其他灾难形成，或人类刻意沉入海中的人工制品。19世纪50年代，人们布置了第一批海底电缆。罗伯特·路易斯·史蒂文森①写到了电气工程师（爱丁堡大学的第一位工程学教授）弗莱明·詹金，后者参加过一次抓取撒丁岛至北美海床上破损电缆（被宝石珊瑚采集船损坏）的航海探险作业，根据詹金的日记，史蒂文森描述了一次超乎预料的美学体验：

> 那时候的电缆通常显得很美，它出水时整个儿被包裹在一层精美的网状珊瑚和长长的白色弧形壳体下。你看不见一点儿肮脏的黑色电线，眼前只有一卷柔粉色的花环，中间交织着深红色的细沫和白色的珐琅。[10]

珊瑚覆盖电缆是很有可能的，因为和安娜·蒂温的单体杯状珊瑚不同，大多数石珊瑚和软珊瑚都是构件体，一只找到固着基质的单体水螅会出芽

---

① 罗伯特·路易斯·史蒂文森（Robert Louis Stevenson），19世纪英国著名小说家。代表作有《金银岛》《化身博士》《卡特丽娜》等。

形成许多新的水螅体，以成千上万彼此联系的无性繁殖个体向外生长扩展，建立起一个单元组合式的构件体。（见第10页图7）这一无性生殖类型和许多陆生植物相似，需要有能够无限繁殖新水螅体的高可塑性发育能力，许多珊瑚都有这种特性。每一个单独的水螅体都将生成两个以上更多的水螅体，生生不息，这样一个群体会难以预测地（即有无限的可能）生长下去。就石珊瑚而言，每个新水螅体都会分泌出它自己的杯状钙质珊瑚体，珊瑚体像轮辐一样被隔片放射状分隔，隔片构造与水螅体的肉质隔膜内部解剖结构相对应。（图22、23）隔片以连续循环的形式增多，循环的数目和隔片以及珊瑚体的形态（哪怕是在珊瑚虫死亡后，这些珊瑚体依然是永恒的结晶体）长久以来一直被用于珊瑚分类学——描述种类及其进化关系的学科。水螅体并不总是独立的，它们的口盘可能会连在一起，形成一条蜿蜒的长带，呈现出典型的襞皱状，比如脑珊瑚。（图21）

石珊瑚水螅体窝在它们的珊瑚体中，通过共肉彼此连接，共肉是一种活组织，覆盖在珊瑚体间的骨骼上。当水螅体在老水螅体上方分泌新的珊瑚体，并居住于其间时，构件体的表面积和厚度便随之增大，而老水螅体功成身退，被薄薄的隔板隔离在了下方。在这个过程中，珊瑚虫并非是被埋葬（就像詹姆斯·蒙哥马利某些忧郁的浪漫诗篇所暗示的那样），而且，由于每一次出芽都会形成新的水螅体，它们共同组成了一个克隆体，其中的每一个个体在基因上都完全

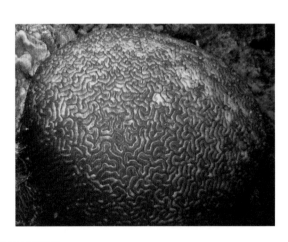

图21 ／　襞皱"脑珊瑚"，摄于大堡礁。

珊瑚：美丽的怪物 ————

图22 / 六放石珊瑚萼柱珊瑚（*Stylophora pistillata*）构件体是由水螅个体出芽形成的，又或是水螅体之间的组织分化产生新的水螅体（上部），这些珊瑚虫每一个都栖息于钙质骨骼（底部）的一个珊瑚体中。

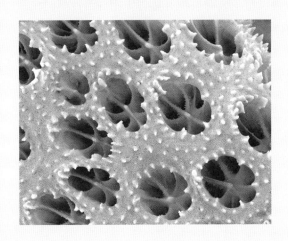

图23 / 珊瑚虫的12根触手，以及珊瑚体中的6块隔片都明显呈六边形放射状对称。珊瑚虫和它们的珊瑚体直径在1毫米～2毫米之间。

一样，这些个体及其构件体可以是永生的——唤起希望，而非悲怆。

它们不断向外向上扩展，无活体居住的骨骼作为基质留在了下方，同样位于下方的是构件体的大部分体积，活珊瑚虫都在结构的表面上。"因此，一块珊瑚礁就是一大团非生命物质，珊瑚只存活于它的外表面，并且主要活在侧坡上。"[11]这种拓扑分布是很重要的，因为虫黄藻共生型珊瑚虫必须尽可能多地暴露在周围环境中，以便为自己捕获食物，并为它们的藻类内共生体提供营养，而且后者也必须暴露在阳光中，以进行光合作用。在团块骨骼的表面，活珊瑚虫形成一层精巧的外表面。和大多数类似生物一样，珊瑚摊薄自己全面撒网以谋生。（图24）

约瑟夫·比特·朱克斯是地质学家及博物学家，他参与了英国皇家海军"飞行号"在澳洲北部的考察航行，在1847年的记叙中，他写到，看见"极庞大的一团滨珊瑚参差礁体，长20英尺[①]，高10英尺，全部连成一体，在生长中没有任何断层"。从这样的团块状个体中钻探出的柱状核心表明，有些珊瑚的年龄超过500年。（图25）

要达到这样的长寿，就需要将"难以避免的数千种自然冲击"最小化。这些冲击包括污染和辐射（包括阳光）等，这样的环境因素在珊瑚细胞中引发氧化应激，这些因素致使细胞生成对组织有毒害作用的活性氧。在古老的珊瑚构件体的庞大体积中，有不断更新换代的新水螅体，它们有的由老水螅体出芽产生，有的从水螅体间的共肉中产生，这些新水螅体源自永久未分化干细胞，它们有巨大的潜能可以分裂并发育成新组织。18世纪的瑞士博物学家查尔斯·邦内特已经有这样的猜想，而他的堂兄弟亚伯拉罕·特朗布莱关于淡水水螅的实验又给了他灵感，邦内特假定存在永恒的"休眠胚胎"，当生物体失去一个身体部分时，这"胚胎"的"灵魂"就会

---

① 1英尺约为0.3米。

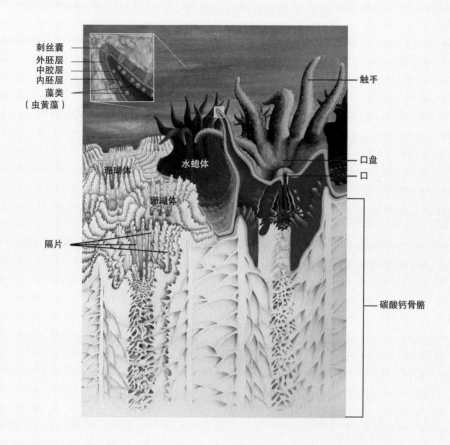

刺丝囊

外胚层

中胶层

内胚层

藻类
（虫黄藻）

触手

珊瑚体

水螅体

口盘

口

珊瑚体

隔片

碳酸钙骨骼

**图24** / 　层状活珊瑚组织位于团块状碳酸钙骨骼的顶层，这骨骼是珊瑚体中的水螅
个体分泌形成的。插图展示了一根触手的细节，其外胚层含有可蜇人的刺丝囊，与内胚
层之间由凝胶状的中胶层隔开，内胚层细胞中包含内共生藻类（虫黄藻）。水螅体出芽
生成新的水螅体，珊瑚因此长大，新水螅体在老水螅体上方分泌出新的珊瑚体，并居
住于其内。插图由杰夫·凯利所作，选自J. E. N. 贝龙的《世界的珊瑚》（2000），第一卷，
第48页。

苏醒，长出新的部分代替原处。对于进行二分裂生殖的许多海葵和单体珊瑚而言，这样的再生是常规操作，在生殖时，它们的每一半都再生出其失去的部分。生物医学科学家对于干细胞、再生，以及如何对抗氧化应激都有强烈的兴趣。[12]

在有机碳的呼吸作用中，细胞于微小的线粒体（细胞的能量发电站）中用氧分子进行受控氧化，这些碳燃料来自被消化的猎物，或虫黄藻。线粒体也是有毒活性氧的主要来源之一，这些活性氧与上述这缓慢的氧化燃烧过程相关。抗氧化酶和DNA修复机制在线粒体中尤为强大（线粒体中的DNA是一种古老的共生细菌的残余，它们与细胞核中的DNA不同）。这些积极防御的成果之一是：在刺胞动物——几类珊瑚，特别是八放珊瑚亚纲——的线粒体DNA中，突变和遗传变化的积累异常缓慢。这种低频率的线粒体基因组进化可以在很大程度上解释，为什么识别八放珊瑚亚纲中的系统发生关系会如此困难，图8（见第12页）可作证。

如某些活了数世纪的石珊瑚，又或是活过千年的金珊瑚和黑珊瑚，它们在营养出芽生殖与年轻的新珊瑚虫世代生成的过程中，可能还需要不间断地更替细胞。这种"持续更替规划"[13]可能需要多能干细胞（它们在刺胞动物的总细胞量中占很大比重），这些多能干细胞处于一个"活的植形动物生死并行的同步"[14]循环中，而任何残余都会被珊瑚回收利用。因此，新的水螅体将再生，并在抵达某个寿命节点之前再次进行无性繁殖，在这个节点上，氧化侵害和生理衰退的积累将增至致命的程度。

并不是所有的珊瑚都可以长到朱克斯描述的滨珊瑚和其他一些珊瑚那么大。

---

右页图25 ／ 澳洲西北部克拉克礁上一个团块状滨珊瑚，3.4米高，正被钻取核心以供分析。这株珊瑚大约从1737年开始生长，当马修·弗林德斯于1801年航行（环澳两周）经过它时，它已经65岁了。

珊瑚：美丽的怪物 ————

另外，并非所有的珊瑚都是不死的，哪怕没有自然灾害、污染、疾病，或长棘海星（*Acanthaster planci*）的吞食——这种海星是印度洋和太平洋海域珊瑚的毁灭型杀手。比如看来明显很健康的萼柱珊瑚，它们卷心菜大小的个体在死亡前的3个月～6个月，有性生殖及钙化的衰退现象会发生衰退。[15]那么，为什么某些（而非全部）珊瑚的水螅体似乎能几乎无限地出芽并再生，从而实现长生——至少在寿命短暂的人类眼里是这样，并允许个体长到如此巨大的规模呢？

细胞在分裂许多周期后，基因组会变得不稳定，细胞分裂周期会停止，细胞会衰老并死亡。这种细胞衰老伴随着染色体端粒的渐次缩短，端粒是由重复的DNA碱基序列组成的可消耗区域，它罩在染色体末端，使其避免发生基因重组和基因退化。与新生儿相比，老年人的端粒长度减少了约三分之二。因此，端粒的状态在细胞衰老和个人寿命方面可能有一定作用。端粒的缩短可由端粒酶填补，它能再合成特别的DNA，形成终端"帽子结构"。

人们检测过的所有种类的珊瑚都有不同长度及活性的端粒和端粒酶[16]，两者存在于配子或配子母细胞（如果非常大的个体继续进行有性生殖，那么这些细胞必须避免衰老），以及包括干细胞在内的体组织细胞（即除生殖细胞之外的细胞）中。这方面的信息不足，但足以使人好奇：比起不长寿的珊瑚，那些能形成庞大个体的长寿珊瑚是否可能拥有更长的端粒和更高的端粒酶活性，并拥有更强的干细胞？令人遗憾的是，对于那些活过数百年甚或数千年的不同种类的珊瑚寿星，我们好像没有任何数据。

关于石珊瑚的生长及环境的信息，晶体霰石的化学和结构指标提供了连续记录。对于一个无分支的团块状个体，可以从整体骨骼上采集薄片以将其生长过程具象化；如果是更大型的个体，可以从其上纵向钻切出柱状核心，之后人们对采样进行X光扫描，便可揭示其珊瑚体堆叠状态及它们之间的板壁状况。在X光下，代表年度生长增量的不同密度区域形同树木的年轮，展示出个体的年龄和生长速率。在晶体骨骼中，特定元素的同位素及其比值，以及发光区域可以被用作指标，推断出珊瑚虫沉淀骨骼时的海水温度和盐度，以及遭遇的携带沉积物及营养物质的地面径流。[17]这可能是因为"它们采集石料的采石场是透明的波浪"。[①][18]（图26）泥盆纪（约3.4亿年前）某些石化的横板珊瑚和四放珊瑚甚至展现出每日生长轮，令人吃惊地表明当时的一年有400天。[19]这些珊瑚并不是在谎报自己的年龄，不如说它们提供了早期的测时证据，支持了天文计算的结果：地球一天的时间正在变长（也

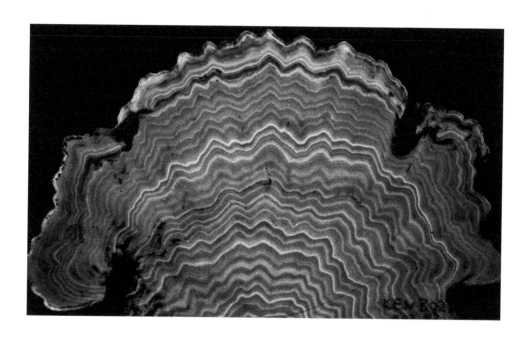

图26　/　　经数码强化的紫外线发光照片，呈现了一个于2004年在大堡礁近海岸处采集的小型滨珊瑚的截面，这株珊瑚高39厘米，宽59厘米。发光的线是地球有机物融入骨骼时造成的，每一条线的发光强度和当年淡水洪水的量级密切相关。右上方的卵形阴影是一只钻洞的双壳类软体动物挖出来的。

---

①　这句话的意思是珊瑚从水中吸收离子构造自己的骨骼。

就是说，地球昼夜绕轴自转一圈的速度正在变慢），因此，随着数百万年来月亮渐渐远离地球，每年的天数正在渐渐减少。

石珊瑚的骨骼年龄也可以用精确的钍铀（$^{230}$Th/$^{234}$U）定年技术测量，因为活珊瑚会从海水中吸收放射性铀（但不吸收钍），将其沉淀在骨骼中。珊瑚虫死亡后，没有新的铀被吸收，骨骼中的铀以一种已知速率渐渐衰减成钍，致使$^{230}$Th/$^{234}$U比例改变。人们就以此来计算珊瑚死亡的时间。

珊瑚的骨骼就如同用岩石和化学写就的历史读本，通过人类学家对太平洋岛屿珊瑚的古老建构所做的研究，以及地化学家对这些骨骼所处环境条件的了解，人们渐渐读懂了这些记录。全球气候和海洋化学环境的预期变化将对珊瑚礁产生影响，读懂其骨骼对于预测这些影响是非常重要的。今天的珊瑚虫安栖在它们凝固的过去上，但面临的是一个不确定的未来。

水螅体组成的构件体有单元组合式的构造，这种构造使珊瑚打破了单体水螅在大小和形状上所受的限制：群集化；以整体造礁；增加了珊瑚可占领的栖息地的类型，并将死亡的威胁分摊到了众多基因型完全一致的水螅体上，从而提升了长期演化成功的机会。分枝状和团块状的石珊瑚是形成珊瑚礁框架的"生态工程师"。礁体群落的其他生物也对其三维构造有所贡献。其中一些用自己的骨骼提供了钙质残骸，形成的沉积物黏合了礁体框架的间隙，并加固了它。朱克斯说一块珊瑚礁的大部分都是"无生命物质"，在数页后又解释说"珊瑚团"是由"珊瑚以及珊瑚和贝壳的碎屑组成的"，覆盖在陆地花岗岩上。

如海扇、海鞭及其他软珊瑚目之类的八放珊瑚阻挡并减缓了流经礁石的水流，促进了沉积物的沉淀。壳状的珊瑚红藻协助黏合这样的沉积物以及更大的珊瑚碎屑，加固这些复合物。在关于珊瑚礁调色盘的早期描述（比如朱克斯的文字）中，被称为"无孔藻"（nullipore）的正是这些多彩的藻类。（见第25页图23）粉色的斑块提供了敞开的空间，珊瑚的浮浪幼体

珊瑚：美丽的怪物 ————

图27 / 菌珊瑚（Agarica）在粉色壳状珊瑚藻拟角石藻（*Paragoniolithon*）上生长，后者协助黏合并加固珊瑚礁。

被其化学性质吸引，最终固着于此长成新的珊瑚个体。在珊瑚礁内部深处，海水的化学、物理以及微生物活性条件渐渐把钙质残骸转化成沉积珊瑚岩，这个过程是岩化作用。

礁体生长与岩化的反面是生物侵蚀，在侵蚀作用中，累积的碳酸钙被礁体蛀虫（海绵、双壳类软体动物和多毛虫）的钻洞行为磨损并溶解，或是被盯着藻类及珊瑚本身的鱼类和海胆消磨，这些行为将珊瑚骨骼转化成碎片和沙。（图28、29）如螃蟹和海蛇尾之类的其他无脊椎动物则迁入蛀虫挖掘出的空间中。波浪和水流也会侵蚀礁体，带走沙和沉积物，使它们在

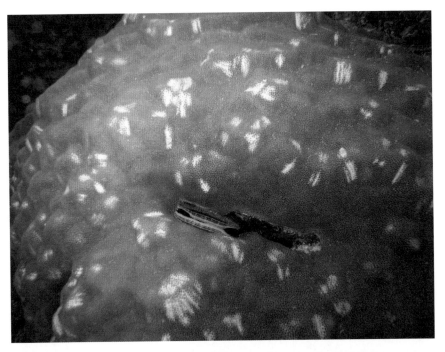

图28、29 /　（上图28）鹦哥鱼食用藻类和珊瑚，在移除珊瑚组织和骨骼之处留下掘出的伤疤；钻洞的双壳类软体动物足扇贝（*Pedum*）也会侵蚀珊瑚。（下图29）珊瑚骨骼上刮下来的碳酸钙碎屑穿过鹦哥鱼的消化道，沉降成了珊瑚沙。

礁体后沉积成宽广的平原，形成诗般美丽的海滩。最小的颗粒可能最终会重新黏合成沉积石灰岩，它们被称为鲕粒，今日人们采集它们作为建筑材料。为了坚守自己的存在，珊瑚礁堆积碳酸钙的速度必须大于其腐蚀速度。（图30）

珊瑚：美丽的怪物 ————

碳酸钙堆积与侵蚀间的这种平衡正在向侵蚀方向倾斜，因为日渐加剧的全球工业化正在使大气和海洋中的二氧化碳余量逐步上升。我们将在第七章中看到，二氧化碳融入海水时会形成一种酸，它是"海洋酸化"的基础。在这个过程中，通常呈碱性的海水并不会真的变成酸性，但其碱性会减弱，这样的状态对钙化的化学进程不那么有利，因此减少了碳酸钙的沉积，从而减缓了珊瑚礁的生长。

蛀虫和其他侵蚀生物其实为礁体增添了三维复杂性，并为其他物种提供了栖息空间，因此对珊瑚礁的高度多样性有益——构成了诗人及环境作家梅拉妮·查林杰所说的"许多物种的奇异水府"。这迷宫般的景象不仅出现在小说中，也出现在生态论文中。朱尔·朗加德在一本面向年轻读者的小说中写道："印度洋中所包含的植形动物、环节动物、软体动物和古怪的鱼类等等，都在珊瑚海的迷宫和石径中相遇。"[20]在《科尔蒂斯海》（1941）的叙事部分，约翰·史坦贝克和埃德·里基茨诗意地描写了这些迷宫，这本书稍后以《科尔蒂斯海日志》之名出版：

> 有一群热闹的动物，依附着珊瑚，在其上生长，在其间掘穴。每一小块掉落下来的生物都活蹦乱跳——小螃蟹、蠕虫和蜗牛。一小片珊瑚中可能隐匿着三四十种生物，而礁体上的色彩是鲜活的……几大片珊瑚里某一片中的海水可能会变得陈腐……当海水变得陈腐时，住在珊瑚管道、洞穴和裂隙里的数千小居民便离开隐蔽处，争先恐后地去寻找新家。（图31）

珊瑚礁裂隙里生活着"古怪的"异域鱼类，它们在饭店和水族馆里都能卖出很高的价格。爆炸（炸药，或珊瑚礁恐怖分子的硝铵肥料瓶，后者是用柴油或煤油煮出来的），或毒药（氰化物或漂白剂，对珊瑚和鱼类都有

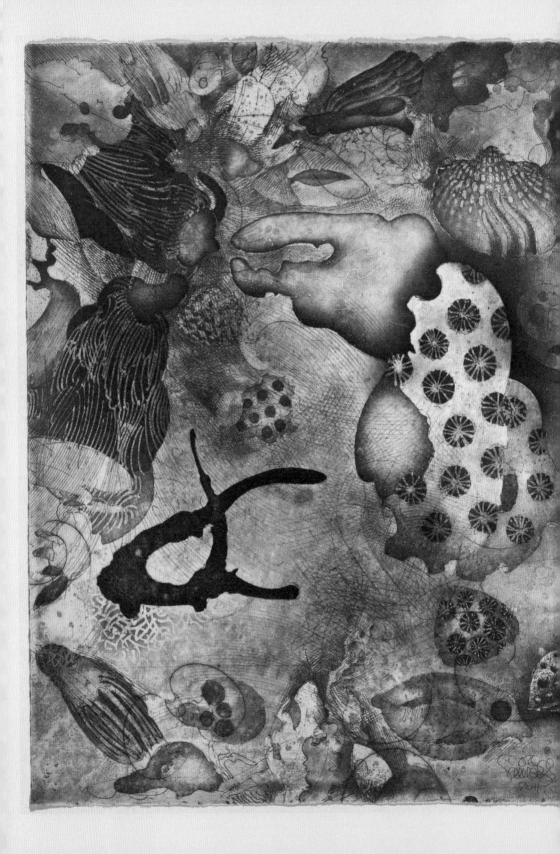

毒性）能将它们从巢穴里弄出来，无论死活。这两种破坏性的捕鱼都是非法的，但仍被广泛运用，在东南亚已损毁了超过一半的珊瑚礁。[21]

如佩尔图萨深水珊瑚这样的非虫黄藻共生石珊瑚会形成深水礁，它们位于阳光无法穿透的海水之下，缺乏光合壳状珊瑚红藻为浅水珊瑚提供的额外黏合度。在深水中，珊瑚礁的架构主要是由珊瑚虫自己形成的。年轻的珊瑚在它们还活着的祖先的骨骼上继续聚集，它们正在生长的枝条黏合并加固整个支架，甚至断掉的枝条都可能会重新融接到主结构上，拒绝从存活礁体上掉进其基部两万岁的遗骸中。对于佩尔图萨深水珊瑚来说，珊

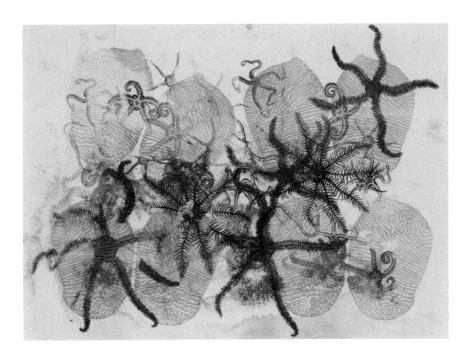

左页图30 ／ 约尔格·施迈瑟，《海滩上的一些碎片》（2011），着色蚀刻版画。

上图31 ／ "有一群热闹的动物，依附着珊瑚，在其上生长，在其间掘穴。"其中包括海蛇尾，见菲利普·塔夫的《海星与珊瑚II》（1997），纸上油彩画。

瑚构件体的融接弥补了缺少壳状珊瑚藻的遗憾，加强了珊瑚作为生态工程师及三维深水礁体建造者的作用，这些礁体为其他无脊椎动物和鱼类提供了栖息地，并有益于深水生物多样性。（图32）

在争夺礁体领地时，构件体珊瑚有其竞争优势，在相应区域，生物对硬基质生存空间的争夺非常激烈。在热带珊瑚礁中，单体珊瑚种类非常稀少，因为它们的个体大小有限，而且在占领可用硬质基底时，其初始形态是由浮浪幼虫发育而成的微小有性繁殖体，当地已存在的、生长迅速的构件体竞争者将会淹没或盖过它。在这样的礁体上，占典型主导地位的，通常是能以营养（无性）生殖迅速垄断某个区域并排斥竞争者的构件体珊瑚。

在这类空间竞争中，"胜利不仅仅关乎速度"。有些珊瑚会实行种间侵略来开拓领地：某物种的珊瑚虫可以识别出邻近珊瑚的组织，接着使用特

图32 / 佩尔图萨深水珊瑚礁供养着一个多样化的群落，其中包括图中的鳕鱼之类的鱼类，还有软珊瑚、海绵和其他无脊椎动物。

珊瑚：美丽的怪物 ————

定的清扫长触手攻击，或喷出隔膜丝消化邻居的组织。[22]又或者，一株珊瑚可以抑制另一株，并维持两者间的间隙，避免物理接触，人们猜想它们使用的是扩散性化学武器。热带珊瑚礁上的软珊瑚同样也和石珊瑚进行竞争，各种海藻在与珊瑚毗邻居住时，会生成抑制后者的化学物质。因此，珊瑚群落的照片或示意图呈现出马赛克或混拼的状态，这是长期侵略与竞争的结果。（图33）

作为固着动物，分枝状珊瑚上的水螅体，捕捉并消耗由周围海水带来的浮游生物，滤食性珊瑚依赖水流来传送这些食物以及氧气和营养物质。离海底缓慢运动的边界层越远，水流就越大，因此固着生长的珊瑚必然会远离底层生长，它们会生活在营养更丰富的强水流间（只要水流没有强到使珊瑚变形或损坏）。

一个特殊例子阐明了这个观点。和其他深水滤食动物一样，深海区的柳珊瑚生长缓慢，这是因为它们的生长环境里营养稀薄，而且在通常平坦单调的沙原上，硬质基底非常稀少，携带食物的水流又很缓慢。但是，俄罗斯"米尔I号"载人潜水艇在十年多时间里反复拍摄过一株金柳珊瑚（*Chrysogorgia* sp.）的个体，它的生长速度大约比那些附着在平铺海底的深海电缆上的珊瑚快四倍。[23]这株珊瑚并不固着在电缆上，它固着在皇家邮轮"泰坦尼克号"船首甲板最高处的栏杆上（也就是在1997年的电影中，莱昂纳多·迪卡普里奥和凯特·温斯莱特扮演的角色时常光临的那个著名的凌空迎风之处）。（图35）甚至在船内，也就是约3800米深的海底，也有一些未经辨别的柳珊瑚或竹珊瑚在宏伟的大楼梯上方的一盏枝形吊灯上生长，这确证了这些机会主义的造物需要硬质基底和携带生命的水流。

还有其他环境因素影响着珊瑚的生长和形态：对于拥有光合内共生体的种类来说，最丰盛的猎物是光子。阳光一路经过海水的过滤，抵达海水深处时已经暗淡，此处的石珊瑚会平摊生长，或生成一个敞开的架构，以呈

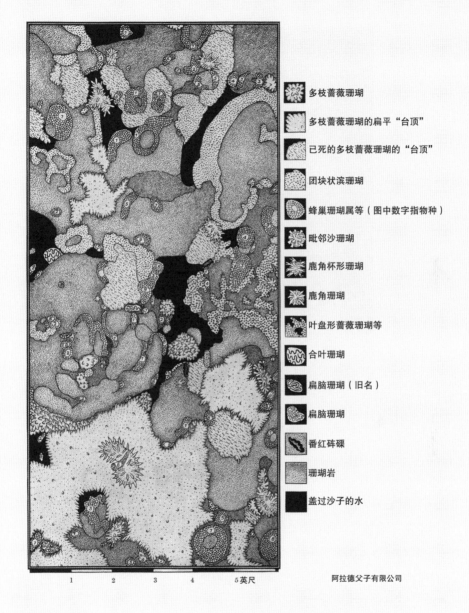

多枝蔷薇珊瑚

多枝蔷薇珊瑚的扁平"台顶"

已死的多枝蔷薇珊瑚的"台顶"

团块状滨珊瑚

蜂巢珊瑚属等（图中数字指物种）

毗邻沙珊瑚

鹿角杯形珊瑚

鹿角珊瑚

叶盘形蔷薇珊瑚等

合叶珊瑚

扁脑珊瑚（旧名）

扁脑珊瑚

番红砗磲

珊瑚岩

盖过沙子的水

1　　2　　3　　4　　5英尺

阿拉德父子有限公司

图33、34　/　（左页图33）T. A. 斯蒂芬森于1946年所作的油画中，呈现了大
堡礁一个造礁珊瑚群落的混拼图景；（上图34）另一张是用墨水画的大尺寸图，
出现在他和K. 科尔1935年关于1928—1929年大堡礁探险的报告中。

图35 / 一株生长迅速的金柳珊瑚，固着在皇家邮轮"泰坦尼克号"的船首栏杆上，由俄罗斯"米尔I号"（MIR-I）载人潜水艇拍摄。

现更多表面积并避免自投影，从而捕获沉降的阳光，提供给共生藻类进行光合作用。像地表的林下植物一样，海底珊瑚可能也会趋光生长，离开阴影，朝向阳光，它们的生长轨迹记录在它们的石质骨骼中。（图36）

珊瑚构件体的性质与生长方式能让人联想到赋格曲，都在重复一个主题，有着循环交织的结构。当环境条件改变时，生长的速度和方向也可能改变，趋向更复杂的形态。这样的可塑性通过不定的构件体单元增长（即水螅体及其珊瑚体间距离的变化）来实现，野外迁移实验表明，单元可根据环境的变化来为珊瑚塑形。水流减少不仅会影响捕猎浮游生物的效率，

珊瑚：美丽的怪物 ————

图36 ／ 在向外生长、离开一株片状珊瑚下方的阴影后，鹿角珊瑚表现出趋光性生长的迹象，一直向上，向阳光生长。片状珊瑚则向水平方向扩展，在这竞争互动过程中填充鹿角珊瑚枝丫之间的空间。

在浑浊的礁后区域与成荫的红树林区域还会影响令珊瑚窒息的沉积物的沉淀，这些区域的珊瑚需要开阔的架构，以避免阻塞和自投影。相反，礁坪上的珊瑚会采用更强壮更紧凑的形态，以对抗拍打的波浪。在更深处水中，礁坡上的珊瑚形态更加敞开，因为这里光照更少，波浪作用更小。（图37）

　　像鹿角杯形珊瑚这样的广幅种能适应各种各样的栖息地，其"生态表型"有不同的区域性适应形态，因此，就这类物种而言，本就定义模糊的珊瑚成了一种变形家，能短暂地改变其空间形态，混淆生物分类，影响人们对生物多样性的评估。早期的分类学家对这种适应性感到困惑，其中一

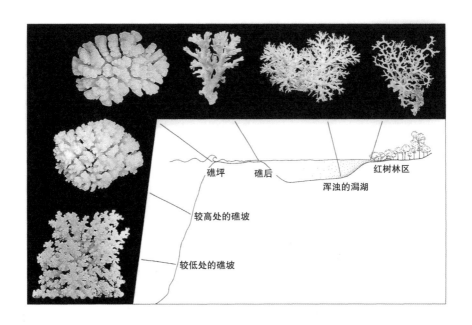

图37 / 鹿角杯形珊瑚（*Pocillopora damicornis*）的不同形态，适应于在太阳辐照、波浪作用和悬浮沉积物条件不同的栖息处。

位如此形容杯形珊瑚："我们这儿有一种混沌的形态。"但现在人们渐渐发现，正是这种变幻不定的灵活性使石珊瑚具有高度的适应性，并能在众多不同环境下存活。这就难怪个体形态只是当代分类学家的分类依据之一了，他们已经越来越多地转向了分子遗传学分析。

分子遗传分析表明，在鹿角杯形珊瑚中，有一系列生态表型描述可以对应于几种基因不同的世系。因此，鹿角杯形珊瑚实际上可能是几种"隐秘种"，每一种都有自己的环境表型变化范围[24]，会形成迥然相异的个体形式，以最佳方式适应不同的环境。分子研究还呈现了其他石珊瑚中隐秘种和种间杂交（甚至还有嵌合体）的发生率，因此，要描述这些珊瑚的物种

珊瑚：美丽的怪物 ————

以评估其进化、生物地理学和生物多样性，是困难重重的。[25]

　　早期石珊瑚可能得益于与之共生的腰鞭毛藻类，那些金棕色的单细胞藻类被称为虫黄藻，它们的祖先也出现在大约相同时间的化石记录中。[26]这些直径小于10微米的微观藻类作为内共生体生活在宿主的内胚层细胞里，这种联合将肉食性珊瑚虫和光合性藻类融为一体。虫黄藻捕获阳光中的能量，好将来自海水的无机物二氧化碳嵌入宿主动物用以新陈代谢的有机化合物。这种在一个共生功能体中的协同组合提供了灵活的营养选择，再加上藻类对宿主钙化的增幅作用，在很大程度上促进了造礁珊瑚在生存竞争中的成功。（图38、39）

　　有些珊瑚在体内孵化其幼体，藻类共生体由母体遗传，从雌性亲本直接传递给卵。而珊瑚大规模产卵后由卵发育而成的那些幼体通常必须从环境中获得藻类。珊瑚宿主体内生活的藻类密度可以非常高，达到每个内胚

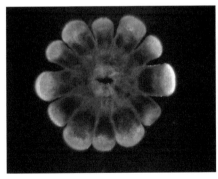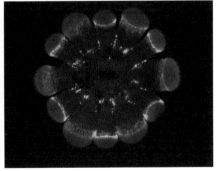

图38、39 ／　（左图38）白光下的天然彩色照片，俯拍一个离体的萼柱珊瑚水螅体，照片呈现了其体内，以及从切开的组织里露出的金棕色虫黄藻，还有触手尖端的刺细胞；（右图39）同一个水螅体的诱导荧光照片，呈现了虫黄藻里发出红色荧光的叶绿素以及宿主组织中的绿色荧光蛋白。这个水螅体和针头一样大（直径1毫米～2毫米），虫黄藻是显微镜下才可见的（直径8微米～10微米）。

层细胞中就有几个藻类，从总数上看，珊瑚表面每平方厘米可以有100万个以上的藻类细胞。

在珊瑚中，这些虫黄藻主要是共生甲藻属（*Symbiodinium*）[27]的腰鞭毛藻（图40），研究证明它们在基因上极富多样性，是其遗传变异相关的生理学和生态学的研究主题。比如说，有些共生甲藻的进化枝（遗传谱系）显然对高温和明亮的阳光有更强的耐受性，它们也许能为藻类共生体提供抵抗力，使其能抵御损毁珊瑚礁的热应力相关损失——"珊瑚漂白"，从而在这个因全球气候变化而越来越热的纪元中，为珊瑚提供一线希望。全球气候变化是我们最终章的一个主题。

另外，部分因珊瑚的各种疾病启发，人们发现了珊瑚组织的抗菌活性，越来越了解珊瑚的免疫系统——它包含与人类体内一样的组成，并且研究细菌和病毒与珊瑚间联系的性质，在这个对生命之网中一切相关物种进行宏基因组研究的新纪元中，这一类研究正在迅速增加，并开始着重关注"微生物组"。[28]其中一个例子是某些珊瑚礁和细菌的联系，这些细菌能将大气中的氮气固定到有机化合物中。[29]如果宿主或其虫黄藻能运用这些化合物，细菌便

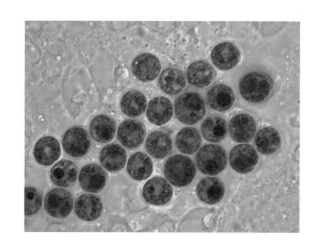

**图40** / 从刺胞动物宿主中分离出来，在培养基中生长的共生甲藻细胞的显微照片。

为它们提供了一种重要的氮源，比如用来形成蛋白质的氨基酸。这很重要，因为虫黄藻提供的大多数有机碳化合物都是脂类和富含碳水化合物的"垃圾食物"，它们富含热量，可以做燃料，但是非常缺乏生长所需的氮。

有一个较新的发现是：在与地中海红珊瑚（这种珊瑚在珊瑚纲中占据特殊的地位[30]）健康相关的微生物中，螺旋体有着稳定的优势。尽管某些螺旋体会使人类感染莱姆病和梅毒，但这个小群体中的其他成员能在白蚁和反刍动物的消化道中形成重要的营养共生。螺旋体在红珊瑚的健康与代谢中究竟起着什么样的作用，还有待确定。

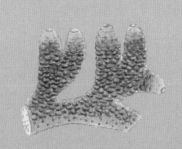

# 第二章　珊瑚的本质

　　事实上，那被错认的植物上的花朵只是一只虫子，就像一只小海葵或是小章鱼。

——让-安德烈·佩松内尔，《珊瑚条约》（1726）

　　亚里士多德没有提到过红珊瑚或 *kouralion*①，不过的确琢磨过与之相关的软珊瑚——仙人掌珊瑚（*Alcyonium palmatum*），又叫 *main de mer*（字面意思是"海之手"或"死者之手"），或 *main de larron*（"盗贼之手"）。因其海绵般的内部结构[1]，他把它称为 *pneumōn*（肺），并把它归在既非此又非彼的"二元者"中。"海之手"最终将影响人们对珊瑚真正本质的认识。亚里士多德（在约公元前350年的《动物志》，以及《动物史》的卷七中）表示，有些海生物超出了他设定的动物种类，并且其特征居于植物和动物之间，鉴定这些生物困难重重。[2]（图41）

　　珊瑚的这种"中性"使泰奥弗拉斯托斯（公元前约371—前287）将它同时安置在自己的《石类》和《植物史》两本书中。在前一本书里，它是一种石头，在海里像根茎一样生长；在后一本书中，它毫无疑问

————————

① *kouralion*，希腊语的"珊瑚"。

图41 ／ 玛格丽特·玛丽·马丁描绘白色和紫色仙人掌珊瑚的画作，水彩水粉画，可见于摩纳哥海洋博物馆水族馆的《开花的岩石和粉色隆头鱼》(1936)，阐释了为什么这柔软的珊瑚被称为"死者之手"。

是一种著名的海洋植物，生长在变成石头的赫丘利斯之柱（直布罗陀海峡）附近。

## 珊瑚的难题

除了珍贵的地中海红珊瑚外，泰奥弗拉斯托斯望向更远的世界，提到了一种"石化的印度芦苇"，它可能是如今被称为笙珊瑚（*Tubipora musica*）的八放珊瑚，因为它形似排箫或风琴管。（图42、43）红珊瑚和笙

左图42 / 　风琴管八放珊瑚，笙珊瑚——奥古斯塔·富特·阿诺德，《退潮时的海滩》（1903），选自恩斯特·海克尔的《阿拉伯珊瑚》（1875）。

右图43 / 　威廉·萨维尔-肯特，图6—8，彩色石版画细节图，《澳大利亚大堡礁》（1893）。

　　珊瑚都有生化颜色为红色的钙质骨骼，但内外相反：在宝石珊瑚中，骨骼是珊瑚的内轴，由柔软的组织和珊瑚虫覆盖；而笙珊瑚的骨骼是一系列管子，每一根都环绕着一只柔软的珊瑚虫。在稍后提到珊瑚的动物本质时，这两个物种都将起到关键的作用。

　　另外，据泰奥弗拉斯托斯称，在"英雄湾"（苏伊士湾）有一种树一般的植物，"它们伸出海面的部分都像石头"，但水下的部分是绿色的，并且有引人注目的"花朵"，大约有1.35米高。总之，他还知道红海里有石珊瑚礁。斯特拉博在公元第一个世纪的头十年写了《地理》一书，在书中，他也提到了沿红海海岸全线生长的水下"树木"，这对他而言更加不同寻常，因为水上的陆地并没有这样的植物。据普林尼称，在印度洋上，这样的水下树木会把船舵从船上撕下来。

　　迪奥斯科里季斯是公元1世纪尼禄军队里的希腊医生，他也认为红珊瑚是一种海生植物（并注明有人称它为 *Lithodendron*，即石树）。在他的《药物学》一书中，他描述了它的效用，包括退热消炎效果。另外，他还给吐血的病患服用它，鉴于它的颜色，这种做法不足为奇。迪奥斯科里季斯还知道与红珊瑚关系更远的角珊瑚（黑珊瑚），其药性与宝石珊瑚相似。后来的欧洲书籍[3]，和中国、中世纪阿拉伯、日本书籍，以及《药物学》的各卷中[4]（图44），都描述了珊瑚的其他药效。

老普林尼在他的《博物志》中固化了珊瑚的植物特性，例子包括印度洋的石珊瑚——那些威胁船只的海中森林，以及地中海珊瑚。他称其特征是绿色、柔软、在水下像灌木一样、有白色的浆果，但这种植物暴露到空气中时会变硬变红。普林尼所描述的地中海红珊瑚与称为柳珊瑚的多种群体有亲属关系。它的外面是柔软的，如果离开水，活着的共胶层（以前被

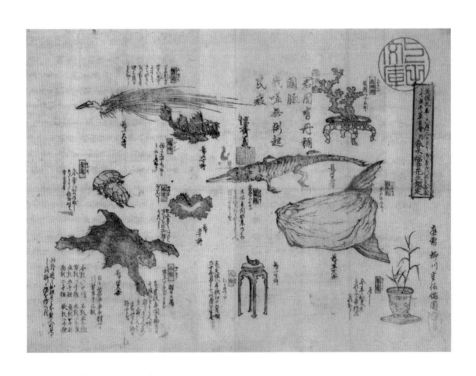

图44 / 　柳川重信，《药品展示》（1840）。图右上方可能是一株地中海红珊瑚，此外，图中还有一只干的翻车鲀（*Mola mola*），就在珊瑚下方，另有一支犀牛角，左下是一张猩猩皮。

　　　　　　　　　　　　　珊瑚：美丽的怪物 ————

称为皮）就会变得坚固。撕掉这一层，就会展现出中央的红色轴心，打磨后可用于制作珠宝。

上述普林尼这样的说明版本很常见。实际上，他写的是白色的浆果会变硬变红，在大小和颜色上很像作物山茱萸的浆果。普林尼还提到了红海里的黑珊瑚，称其为"iace"。莱奥·维纳（1862—1939，控制论专家诺伯特·维纳的父亲）告诉我们，iace这个词源自一个阿拉伯词汇，后者不仅用来指称这种珊瑚，还意指"黑珍珠，那是一种植物，其黑色核心被用来做珠子"[5]。也许普林尼将这样的黑色核心和形似山茱萸浆果的雕刻红珊瑚珠混淆在了一起？

埃里克·蓬托皮丹是卑尔根主教，在他的《挪威博物志》（1755）一书中，他也提到了珊瑚珠子与假想珊瑚浆果的混乱概念："小珠子，是用珊瑚做的（它们不像某些人想象的那样，是珊瑚上长出来的水果或小浆果）。"蓬托皮丹进一步示意，很可能有一个时尚市场在卖白色珠子，它们是用挪威海中盛产的冷水珊瑚制成的，这些珊瑚几乎可以肯定是石珊瑚目的佩尔图萨深水珊瑚。普林尼还探讨了印度珍珠和红珊瑚的贸易交换，说它们都卖出了相似的价格，而东西的价值取决于个人品位。[6]在12世纪，红珊瑚自然比造礁石珊瑚高贵许多，一部波斯论著的作者写道："中国人喜欢用珊瑚做珠宝"，但霍尔木兹海港边的那些白珊瑚（石珊瑚）就"一钱不值"。[7]

公元前，地中海红珊瑚一路辗转来到中国。在一首创作于公元前2世纪中叶的汉朝诗歌中，出现了"珊瑚"这个词[8]，当时它被看作是矿物。随着相关知识的扩展，珊瑚渐渐被看作一种树，因为公元8世纪，韦应物在诗作《咏珊瑚》中写道：

> 绛树无花叶，
>
> 非石亦非琼。

世人何处得，

蓬莱石上生。[9]


于是珊瑚并非来自人类的自然世界，而是来自传说中的神仙的地界——
蓬莱山。（图45）

大约在同一年代，仲子陵在作品《珊瑚树赋》中将珊瑚树安置在了海
里，也赋予了它矿物的特性和神秘的氛围：

图45 / 《在工作的卡迪拉瓦尼·塔拉》，中国西藏，19世纪，矿物彩粉木版画。在
这张细节图上，红珊瑚和圆形的珠宝被收集在山形岛屿上，岛屿所在的海里栖息着龙。

珊瑚：美丽的怪物 ————

珊瑚生矣，於彼沧溟。禀精於天地之气，擢秀於鱼龙之庭。含九泉之滋液，冠百宝之神灵。在涅不缁，既同象玉之洁；有枝无叶，亦如见树之形。

当其萌芽欲成，根柢初结。同坚冰之有渐，类阴火之潜爇。琼枝硕茂……其色则尔，取类於鸡冠。[10]

1857年，海洋生物学家亨利·米尔内－爱德华兹（曾是居维叶的学生）在他的《珊瑚或水螅体研究》第一卷中，总结了西方红珊瑚的性质与发现史，它被广泛运用于后来更短篇的历史论著中。在叙述了泰奥弗拉斯托斯、迪奥斯科里季斯和老普林尼那些著名的例证后，米尔内－爱德华兹跳到了16世纪，他认为文艺复兴时期的博物学家没有扩展人们对红珊瑚的认知。那时候，出于富裕的贵族们渐增的需求，依然有越来越多的人为了制作珠宝和其他古玩装饰而收集珊瑚。

16世纪有几位欧洲植物学家形容并描绘了古人未曾提及的多种珊瑚，它们稍后出现在了林奈的《自然系统》中，但林奈最初也把它们归类为石生植物。一棵柔软的海底灌木在空气中会变成硬枝，这样古老的"变化"依然令16—17世纪的博物学家困惑。在地中海上航行的博物学家潜入海中观察活的珊瑚（而不仅仅是观察在古玩柜里的干尸），他们断定，珊瑚在水下时和在空气中一样硬。但这些报道都没有改变"珊瑚是海底植物"的观点。

1671年，西西里岛的植物学家保罗·博科内确证，当珊瑚还活着时，其枝条靠下的部分在水中早已变硬，顶端则是柔韧的，外"壳"又软又滑。而干燥的标本外壳是硬的。除去柔软灵活的"皮"，就露出坚硬的红色中轴。但他无视马赛药剂师关于"珊瑚之花"的描述，罔顾自己对红珊瑚上容纳珊瑚虫的星形小孔的研究，只发现他的标本上没有"花、叶或根"，便得出结论说，珊瑚不是一种植物，而是某种石质凝固物，即一种矿物。[11]

16世纪早期，文艺复兴医师及炼金师帕拉塞尔苏斯在他的《烦恼之书》一书中，记录了他对医用化学物质和矿物的使用，并且也把珊瑚看作是一种海里凝固的石头（灵感可能来自他在医疗方面对肾脏构造及膀胱结石的兴趣）。帕拉塞尔苏斯还提供了一份伪造宝石珊瑚的配方，其中包括研磨朱砂和蛋白制成糊状后捏成枝条。1546年的《自然矿物》是历史上第一本矿物学教材，其作者乔治乌斯·阿格里科拉把宝石珊瑚看作一种硬化了的液体，一种"凝固的汁液"。

米夏埃尔·迈尔是一位炼金师及蔷薇十字会[①]会员，并且是神圣罗马皇帝鲁道夫二世的医师。他1617年出版了炼金术符号资料读物《阿塔兰塔疾走[②]：有关自然秘密的新化学符号》，本书以体现人文主义的拉丁文书写，提及了西西里红珊瑚。迈尔借鉴了古欧洲和古阿拉伯的资料，将贤者之石[③]与医疗之石（包括珍珠和琥珀）类比，尤其是与形似植物的珊瑚类比。他的类比源于它们都在水中生长，却都从土壤中吸收营养，一旦暴露在空气中便会完全变硬；另外它们都是红色的（"珊瑚色"），是血和健康的颜色；还有它们的药物性质：

> 正如珊瑚被用在几种很有效的药物中，贤者珊瑚也拥有所有药草的力量，因为它的药效相当于一切药草的总和……贤者珊瑚，既是植物又是动物还是矿物，它把自己藏在广袤的海中，让人难以发现。[12]（图46）

在医师约翰·路德维格·甘斯的《珊瑚史》（1669）一书中，他也引用

---

① 蔷薇十字会（Rosicrucian）是1484年创建的一个组织，与神秘学相关，同时也是炼金术团体。
② 阿塔兰塔（Atalanta）是希腊神话中一位善于疾走的女猎手。
③ 西方传说中的神秘物质，可用以点石成金，或制作长生不老药。

图46 / 老梅里安为米夏埃尔·迈尔的《阿塔兰塔疾走》（1617）中象征符XXXII所作的雕刻铜版画。图标所配的拉丁文格言意为："珊瑚在水下生长，露出空气就变硬，石头也一样。"

了俄耳甫斯[1]关于珊瑚和海生植物间飘忽不定的联想，不过他坚持以炼金术的视角看待珊瑚，认为它们是可控制自身呈灌木形态、自发变硬的凝胶物质。自然界里也的确存在这种非生物的自组织结构——晶体。18世纪的

---

[1] 俄耳甫斯（Orpheus）是希腊神话中著名的诗人与歌手，善弹竖琴，其琴声可令天地万物为之陶醉。

头几年，路易吉·费迪南多·马尔西利与珊瑚捕捞者一起从法国沿岸出海，收集到了深达275米处的珊瑚。他认为珊瑚是从海洋洞穴顶端向下生长的海洋凝石，试图将它们驱逐出植物界："它们不是从种子里发芽的，其形成方式和地下洞穴里找到的晶体一样。"[13]（图48）一个半世纪后，当福楼拜在《圣安东尼的诱惑》中描述珊瑚令人困惑的特性时，他写到了"fleurs de fer"，即铁之花——与铁矿石相关的霰石晶体。某些这样的晶体有着形似复体的结构，其复杂性与其无机矿物特性完全不相符。（图47）

弗朗索瓦·皮拉德·德拉瓦尔描述他1602年在塞舌尔群岛遭遇海难时看到了：

图47 / 文石华晶体形似生物，结构看起来像珊瑚，这与它们的无机矿物性质不符。霰石（变体：文石华）：$CaCO_3$，来自奥地利施第里尔。

珊瑚：美丽的怪物 ————

a AMSTERDAM aux Depens de la COMPAGNIE 1725.

图48 ／ 约瑟夫·班克斯爵士的马尔西利《海洋博物学》（1725）抄本的卷首插图，由马蒂斯·波尔雕版绘制，特别使用了彩色。在图中，海神坐在一片散落着海洋生物的海床上，那些生物中包括红珊瑚的枝条，它们像晶体一样长在洞穴里或岩架下，因为马尔西利最初以为它们是晶体。

某个有许多枝条的东西，我不知道它是树还是岩石。它和白珊瑚差别不算太大，后者也有枝条和穿孔，但完全是光滑的。这个东西相反，它是粗糙的，尽是空心，有很小的穿孔和通路，但还是坚硬笨重得像石头。[14]

作者此处描述的是造礁珊瑚，并把它们与抛光过的白色变异体地中海红珊瑚相比，认为它既有矿物的成分，又有植物的形态。

约瑟夫·皮顿·德·图内福尔是17世纪晚期的植物学家代表，在《植物元素》（1694）一书中，他将石珊瑚和柳珊瑚归类到了异常海生植物中。他在1700年的回忆录中[15]清晰地描绘了一种柳珊瑚（"石生植物"）（见第3页图2），它有看似木质的中轴（实际上，那是蛋白质复合体——珊瑚角质蛋白），外面有一层壳，上面栖息着珊瑚虫。约翰·雷在他的《植物史》第二卷（1693）附录中，提及了格奥尔·埃伯哈德·朗弗安斯所说的钙质石树和黑珊瑚，将它们归在印度尼西亚安汶岛的植物中，该书是一部向现代分类学过渡发展的重要早期作品。雷将珊瑚和大型海藻一起归类到了无花植物中。这是17世纪时的境况，即将到来的分类学剧变尚无一点迹象。

在更早的1599年，那不勒斯药剂师及博物学家费兰特·因佩拉托出版了《博物志》，书中插图源自他自己的植物园和收藏室。据米尔内－爱德华兹称，因佩拉托认为他收藏的大部分珊瑚都是海生植物，但是他觉得笙珊瑚（*Tubulara purpurea*，如今的名字是 *Tubipora musica*）是由一种海生动物建造的，其方式类似于蜜蜂在蜂巢中建造小室。但因佩拉托的想法不太准确：蜜蜂能够移动，它的生活无须依赖蜂巢中的小室，而固着生活的珊瑚水螅体从不离开复体。在《众多珍奇植形动物的自然史》（1786）中，约翰·埃利斯把这早期发现归功于因佩拉托，而他自己终将说服林奈，使之相信珊瑚有动物的特性。

18世纪初的主流意见仍然认为珊瑚是植物，这在很大程度上是因为珊瑚群的树枝形态（但人们的注意力将很快转移到珊瑚虫上）。甚至连马尔西利都已将珊瑚视为植物，因为他观察到了其上循环往复的舒张与收缩，他称其为"珊瑚之花"（在植物性上，白色的珊瑚"花"和普林尼描述珊瑚有白色的"浆果"是一致的）。之前他呼吁将洞穴里的珊瑚晶体驱逐出植物界，但六个月后他便收回前言，在1725年的《海洋博物学》中，把红珊瑚和各种石珊瑚归到了"石植类"。在该著作的其他部分，他为柳珊瑚保留了"石生植物"这一分类，以便与更早的称呼达成一致。不过他对此持保留意见："古人给了它们石生植物这个名称，但我觉得这与它们并不相称，因为它们与石头没有自然关系。"相反，他把柳珊瑚看作"Plantes presque de bois"，意思接近于"木本植物"。（图49）

但是，友善又慷慨的约翰·埃利斯不仅认可了因佩拉托，还认为格奥尔·埃伯哈德·朗弗安斯也提供了珊瑚实际上是动物的早期证据。朗弗安斯在他的《安汶岛珍奇收藏》（1705）中没有收录珊瑚，而是把它们放在了《安汶岛草木》一书中。这本书出版于1741—1755年间，他在书中将它们看作"海中的植物，混有木与石的特性，被称为海树或珊瑚树"[16]。尽管如此，显然正是在此处，朗弗安斯（据埃利斯所说，不过他没有明确说明引用自《草木》）清晰地描述了单体珊瑚石芝珊瑚（*Fungus saxeus* 或 *Madrepora fungites*，现名 *Fungia fungites*），说它在海中生活时有又厚又黏的覆盖物。这珊瑚还有

无数长圆的囊泡（触手）……它们在水下显然是活的，也许能观察到它们像昆虫般移动：一旦珊瑚被移离海水，暴露在空气中，所有黏的部分以及这些小囊泡都会缩进突出的小板或骨板中，消失不见。在很短的时间里，它们就会像水母或海蜇一样融化，只留下极度令人不快的恶臭……所有其他的植形动物，在鲜活时都有特性可疑的凝胶

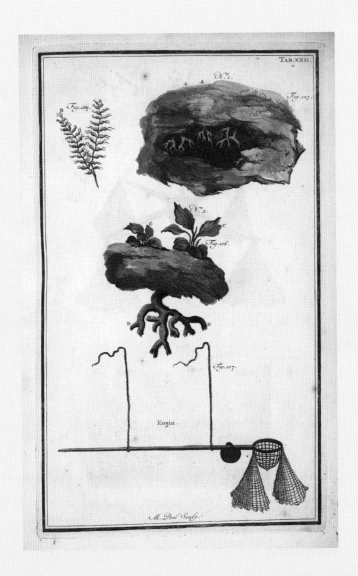

图49 ／ 马蒂斯·波尔雕版画的手绘彩色版本，版画出处是约瑟夫·班克斯爵士的马尔西利《海洋博物学》（1725）抄本的图XXII。此时，马尔西利认为红珊瑚是一种海生植物（而非长在洞穴里的晶体）。版画正中，一棵陆生绿色植物从岩石往上生长，而一株红珊瑚在它下方，向下往地心生长。两者连接在一起，以区分植物和珊瑚。画的底部是抄网（一种收集珊瑚的工具），在版画中被错误地标记为"Engin"（机关）。

状动物居住其中。[17]（图50、51）

约瑟夫·比特·朱克斯在英国皇家海军"飞行号"上详细评论了活珊瑚的美丽——当时人们已知它们是动物，他重申了朗弗安斯关于腐烂珊瑚的评论："而且，当珊瑚死去时，动物残留物的气味尤其令人恶心。"[18]

16世纪虚构的概念"植形动物"完全涵盖了定义模糊的珊瑚，因为据爱德华·沃顿说，"它们拥有双重性质，既不完全是动物，也不完全是植物"[19]。在动物学概念触及这些曾被看作是静止不动的石头或植物的生物的分类之前，更早的"石树"和"石生植物"概念也一样模糊不清。

是让-安德烈·佩松内尔完全意识到了水螅体对于珊瑚性质定义的重要性。他发现了红珊瑚上被假定为白花的部分与其他软八放珊瑚，甚至与水母都有相似性，他用有知觉的"虫"取代了"白花"或马尔西利的"珊瑚

图50 ／ 石芝珊瑚的活标本，还有活动的触手。W. 萨维尔-肯特，《澳大利亚大堡礁》（1893），图13，彩色石印版画细节图VI。

图51 ／ 洁净的石芝珊瑚骨骼，呈现了钙质的隔板和壁肋（埃利斯所称的"骨板"），若是左图一样的活标本，这些骨质部分便会覆盖着组织。

之花"之名。这些"虫"不仅在暴露于空气中时会收缩，而且在被触碰或在瓶中被实验性地加以酸化或更温暖的海水时也会扩张或收缩。（图52）加热还会使之产生"非常令人不快"的动物组织腐败的恶臭，正如埃利斯所记录的朗弗安斯的发现一样。不过，正是珊瑚虫对刺激的迅速反应——应激性——昭示了"一种变形，就如奥维德的任何变形[①]一样令人惊讶"：生物从一个界转换到了另一个界。有少数博物学家的确观察到了活着的珊瑚，他们应该是见到了空气中或水桶里的珊瑚，它们刚被采集上来，那时水螅体刚刚收缩成白色的一小团，就像浆果一样。就像前辈博科内和马尔西利一样，佩松内尔自己也看到了它们，那是1723年，在他与珊瑚捕捞者一起出海的时候。

现在人们普遍认为，证明珊瑚是动物是佩松内尔的功劳，但是在当时，权威学者勒内－安托万·费尔绍·德·雷奥米尔反对佩松内尔的结论，他坚称珊瑚既不是动物也不是植物，不如说它是植物的石质产物。佩松内尔曾与伯纳德·德·朱西厄和雷奥米尔通信，这两人在回信中一致表达了批评和讽刺。1726年，雷奥米尔向法国科学院朗读了佩松内尔的观点，却没有提及署名，他禁止发表佩松内尔与科学院的通信，并在自己1727年的回忆录里驳斥了其结论。

之后，亚伯拉罕·特朗布莱做了关于淡水水螅的实验，他与雷奥米尔通信，并在之后的1744年发表了实验结果，这个实验说服了雷奥米尔，使他认可了这些小生物的本质。朱西厄同样受特朗布莱实验的刺激，研究了"死人手指"——软珊瑚目的指状软珊瑚。雷奥米尔和朱西厄一起将这些小生物命名为"水螅体"，以类比于章鱼触手，这一形态特点已由佩松内尔明

---

① 奥维德（Ovid），古罗马诗人，代表作有长诗《变形记》，书中所有故事都围绕"变形"主题，阐述"世间一切都在变易中形成"的哲理。

图52 / 亨利·拉卡兹-迪捷斯的《珊瑚博物学》(1864)，细节图XII。佩松内尔在实验室器皿里用红珊瑚活体做实验，实验结果使他相信，马尔西利的白色珊瑚之花实际上是有感觉的动物，形似海葵或章鱼。

确识别。雷奥米尔还将这一名称用于海葵和各种珊瑚，表达了对佩松内尔迟到的认可。作为一个昆虫学家，雷奥米尔进一步将单个水螅体的杯状支撑（珊瑚体）结构类比于蜜蜂与黄蜂的蜂房，称其为"水螅室"或附着基。

在1742年出版的《关于昆虫研究的回忆录》卷六前言中，雷奥米尔公开推翻了之前认为珊瑚是岩生植物的看法。他在此表达了对佩松内尔的敬意，声称自己在早前的论著中略去佩松内尔的名字，是为了保护这位想法过于大胆的作者。在1838年出版的《自然科学纪事》中，神经生理学家马里-让-皮埃尔·弗卢朗发表了一份旨在修正记录的回顾性研究报告，他大量引用了佩松内尔的原稿，并将雷奥米尔的行为视为"体贴"。但布丰伯爵没有那么宽宏大量，在更靠近最初争议发生的年代，他在自己的《博物志》（1749）中写道："某些博物学家一直怀疑佩松内尔先生的观察之实，过于保护其自己的观点，最初是以一

种轻蔑的态度在驳斥它；然而，最近他们不得不重新审视佩松内尔的观察结果。"[20] 布丰验证了佩松内尔的观察，他在珊瑚分类的论述中毫不含糊："由此，我们最初把它们归类于矿物，接着逐渐将它们归入植物类，最后发现它们一直都是动物。"[21]

在布丰发表结论后不久，植物学家及海洋生物学家维塔利亚诺·多纳蒂关于珊瑚是动物的观点被翻译成英文，发表于1750年的《英国皇家学会自然科学会报》中。然而，它并没有改变太多人的想法，这也许是因为他开头写了一句"珊瑚被认为是一种海生植物，其形态很像是一丛被剥掉了叶子的灌木"。

图53 / 18世纪末期，费萨尔仿效 J.-C. 阿莱所画的版画，以纪念让-安德烈·佩松内尔博士。在画中，他拿着一个装了红珊瑚活体的罐子。

至此，佩松内尔长约400页的"古怪论述"从瓜德罗普岛寄出——他接受皇家任命在此安置，并继续研究更多种类的珊瑚——论述被译成英文，于1752年被皇家学会审阅。次年，它的精简版出现在学会的《自然科学会报》中，引发了人们对其观念与实验结果更广泛的讨论。随后，T. H. 赫胥黎在论述"关于珊瑚及珊瑚礁"（1873）中谈及了此次发表并讽刺地称，法国学术界对待佩松内尔首次通信的方式有助于巩固其历史地位。（图53）

1757年，多纳蒂完善了自己的观点，在给亚伯拉罕·特朗布莱的一封信中，他明确无误地说珊瑚是一种动物，它有许多头（即水螅体），并且骨

珊瑚：美丽的怪物 ————

骼的形状像灌木，上面覆盖着动物的血肉。而我们的当代作家詹姆斯·汉密尔顿－佩特森称，"非要说的话，形状像灌木的动物恰好与园林灌木相反，正适合动物园"。

基于当时越来越多的报道和意见，尤其埃利斯还寄来了旨在展示珊瑚动物特性的插图和描述，林奈最终在第十版的《自然系统》（1758）中，将珊瑚和柳珊瑚当作石生植物和植形动物中"不完美"的造物打包送进了动物界。但在写给埃利斯的私人信件中，林奈显然执着于暧昧不清的概念：

> 植形动物的构造非常特别，它们纯粹过着植物的生活，它们"树皮"下的部分每年都生长，可见于柳珊瑚躯干截面的年轮。因此，它们是植物，有类似小动物的花朵，你曾极尽优美地描写过它们……然而，既然它们被赋予了感觉和自主动作，那它们就必须被称作动物了。因为动物和植物的区别仅在于动物有神经感觉系统，有自主动作，除此之外，两者间再也没有别的界限了。[22]

人们确定了珊瑚和其他水螅体生物的动物特性，但是珊瑚的灌木形态依然在哲学层面让人迷惑。在1764年的《哲学辞典》初版中，伏尔泰于"Polypus"（水螅）条目下讽刺法国院士们的态度，言辞中就透露了这种困惑：

> 列文虎克使它们上升到了动物阶层。我们不知道它们是否因此而获益匪浅……在我们看来，比起动物，这种名为水螅体的造物更像是胡萝卜或芦笋。我们徒劳地用之前读过的所有论证来反对我们的观察，但眼见的迹象推翻了这些论证。失去一种幻觉是很可惜的。不过，拥有一种能够分枝增殖的动物是很让人高兴的，这种看起来完全像植物的生物将动物和植物界联系了起来。

在《众多珍奇植形动物的自然史》中，约翰·埃利斯大体上支持佩松内尔的意见，交替使用了"动物"和"植形动物"两个词。但埃利斯走入了误区，他批评佩松内尔关于珊瑚构件体构造的观点："这种假定多荒谬啊，它认为珊瑚是由许多这样的动物（水螅体）组合而成，每一只都仰赖于自己的细胞，像植物一样繁殖，因为它们以分枝形态共同生长。"但是，在佩松内尔做出这一开创性发现的一个世纪之后，弗卢朗在著作中对前者认为珊瑚是"动物构成体"表示了进一步肯定——"许多动物靠一个共同的身体连接"——他还提醒读者，特朗布莱发现了水螅体通过出芽进行营养繁殖，这为埃利斯所嘲笑的珊瑚构件体构造提供了形成机制。

塞缪尔·泰勒·柯勒律治是一位浪漫主义哲学家，也是19世纪初英国湖畔诗人之一，他了解珊瑚的构件体本质，是"许多动物的集合形式，或者说是一个动物共同体"。他也知道它们如何形成这一形式："仅仅一只珊瑚虫的存在便足够它不断繁殖。它们也许能通过扦插无限传播。个体的力量如此虚弱，繁殖的力量却如此无限。"[23] 构件体珊瑚的分枝状形态给柯勒律治留下了清晰的印象：早期，在1800年的一份笔记本目录里，他认为一茶匙鸦片酊沿着玻璃杯内壁流淌下去的分枝状线路就像"可爱的珊瑚状影子"。[24]

神父雅克-弗朗索瓦·迪克梅尔在1776年的回顾叙述中写到，为了理解珊瑚，人们必须将珊瑚虫与其产物区分开来，从而将其与植物区分开：

> 如果有什么东西能引发误解，那便是形成珊瑚的珊瑚虫……基于它们的形态，这些小动物似乎将动物界与植物界联合到了一起。它们令人钦佩的产物看上去像是植物化的石头，像植物和矿物之间的过渡物。但要区分珊瑚虫、珊瑚附着基和海生植物是很容易的……我们观察得越多，混淆得就越少。[25]

19世纪中叶，福楼拜在《圣安东尼的诱惑》（本书序中引用）的尾声中，用差不多相同的词汇重演了这个三重奏主题。在一个半世纪之后，奥莎·格雷·戴维森在《魔法长辫》（1998）中创造了一个让人心照不宣的新词"石植动物"，以添加"石"义后缀的方式，将动物、植物以及矿物的特性交织在一起，在词源学上再添一笔。而对于当代艺术家杰拉尔多·斯泰卡来说，这些珊瑚暧昧不清或模棱两可的外观展示了"似是而非的形态学"。[26]

埃利斯的毕生著作《众多珍奇植形动物的自然史》直到1786年才出版，当时他已去世十年。在这本书里以及其他地方，埃利斯都借用了古老的"花形动物"一词，尤指珊瑚的近亲海葵。他对物种的描述是由丹尼尔·索兰德整理的，这位博物学家曾与詹姆斯·库克和约瑟夫·班克斯一起搭乘"奋进号"航行，但在这本题献给约瑟夫阁下的书出版前，他也已经去世。在许多珊瑚的物种描述中，原描述者都是"埃利斯与索兰德"。林奈是"白眼狼索兰德"的导师，尽管他居中做媒，索兰德也没娶他的女儿，甚至在"奋进号"航行途中也没有给他寄任何标本。[27]林奈没有为植形动物和石生植物建立起一个更高层次的分类系统。实际上，是克里斯蒂安·戈特弗里德·埃伦伯格于1834年首次使用了"珊瑚纲"（Anthozoa）一词来总括软珊瑚和硬珊瑚，以及海葵与其他"花形动物"。

玛雅人也将珊瑚看作植物。前古典时期（公元450—500）的一个陶瓷碗上描绘了处于水下世界的玉米之神，图画中有海菊蛤（*Spondylus*）和凤螺（*Strombus*）的壳，中央是一个正在化生出植物成分的骨骼头颅——这些正被鱼群啃食的成分被解释为珊瑚[28]，就像珊瑚礁潜水员如今看见的那样。（图54）

在1768—1771年库克船长的首次太平洋航行中，索兰德和富裕的班克斯（"一位有6000英镑房地产年金的绅士"[29]）已在"奋进号"上完全做好了

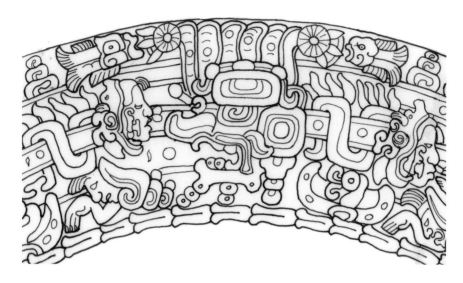

图54 / 前古典时期玛雅瓷碗的碗盖细节图，公元450—500年，出土自金塔纳罗奥州，尤卡坦州和伯利兹城的边界附近。在荷花怪的骨骼头颅上，被鱼细咬的植物元素最近被解释为珊瑚。

研究珊瑚的准备。埃利斯得到索兰德的消息后，在1768年写信给林奈，称探险家们使用昂贵的装备来研究珊瑚，包括"用以捕捞珊瑚的各种各样的网、拖网、拖锚和吊钩；他们甚至有一个古怪的望远镜发明，将它放进水里，你就能看到很深处的水底"[30]。尽管做了这么多准备，但比起珊瑚，博物学家们的时间主要是被新奇的"鱼、植物、鸟，等等等等"占据的，班克斯在他的日记里"哀叹我们没有时间对这个奇异的动物类群进行适当的观察"[31]。不管是库克还是班克斯，都没有在日记里对珊瑚发表生物学评论，它们基本上是偶尔才被采集到，两人反倒是把珊瑚礁描述为航行的威胁。讽刺的是，"奋进号"搁浅于最大的珊瑚造物——大堡礁上，礁石突兀地出现在本应安全的水域中，差点儿终结了库克船长的首次太平洋之旅。

　　珊瑚的生物学地位一确定下来，人们的注意力便集中在了它们的地质表现上，作为礁石，它们连通了生命与无机世界。首批真正系统研究珊瑚的人里，包括让－勒内－康斯特·盖伊及其伙伴医生兼博物学家约瑟夫·保罗·盖马尔，在他们1824年发表的题为"从地质学角度思考石生珊瑚虫增长"的研究报告中，两人详述了珊瑚的这种连接性。

关于这种地质，人们最初的体验是航行的危险与崎岖的死亡陷阱，其中最著名的一次可能就是库克船长的首次太平洋航行。（图55）班克斯在他的"奋进号"日记中写道：

> 我现在说的这种礁石，在欧洲甚或在除这些海域外的任何地方几乎都是闻所未闻的东西：一面珊瑚礁墙几近垂直地从深不可测的海中突起，它在深水里常常被淹没在约2米～2.5米的水下（高于船的吃水线，光照条件令我们无法从甲板上看见它，因此它对水手来说是一个噩梦），在浅水中则基本裸露在外。广袤海洋中的大浪遇上这样突兀的阻力，便在此形成了极其恐怖的、如山崩般的巨浪，尤其在我们的航程里，信风是直接吹向它的。

班克斯和库克常常阅读彼此的日志，库克用完全相同的词描述了这块礁石。

在库克的时代，众所周知这样的浅水礁石是由一些所谓的虫子、蠕虫或微生物建造的。（库克自己在1774年也提到过，在第二次太平洋航行中，他在"皇家海军决心号"上写道："珊瑚岩最先是由动物在海水中构成的。"）后来，雄心勃勃的马修·弗林德斯根据他1802—1803年"环航南陆"以及对"大堡礁群"扩展制图的经验，表达了自己的观点，这些观点盛行一时：珊瑚的工程从深海开始，向上挺进，"这些微小的动物的未来族群在上升的礁

下页图55 ／ 大堡礁珊瑚上的"奋进号"模型。

No. 2.

堤上建造自己的住所，并依次死去以升高礁石，但主要是为了升高这座记录它们壮观工程的纪念碑"[32]。珊瑚礁与珊瑚岛也将牢牢嵌入查尔斯·赖尔的

图56 / 博拉博拉岛的高峰，在它周围有堤礁。

《地质学原理》中（图56），"今日的地质学家可能会在其上研究造物的最初起源"[33]。

## 被照亮的珊瑚

身兼医生及博物学家的盖伊和盖马尔（他们之后参加了1817—1820年"乌兰尼号"和"医师号"的航行）已经确认了造礁珊瑚只生长在相对较浅的水域中。两位同僚抛弃了珊瑚礁是从海底深处长上来的观念，（据博物学家让·樊尚·费利克斯·拉穆鲁称）这种观念还认为，珊瑚最终可能会使宽广的太平洋中布满威胁航行的礁石：

> 那是什么引发了这个想法，认为石蚕会阻塞海洋盆地，从其深渊底部升起低矮的岛屿，给水手们带来危险？几乎没有人深入研究这些植形动物，仅向它们投去漫不经心的一瞥。[34]

但根据库克和其他航海家的说法，那陡峭的热带礁壁的确像是从深不可测的水底冒出来的。如果盖伊和盖马尔在活珊瑚的水深分布方面是正确

珊瑚：美丽的怪物 ————

的，库克的观察报告就需要一片浅表的基质，以供大洋珊瑚礁在此生长。就那些远离任何一片大陆的、田园诗般的环礁来说，海底火山从深海升起的环形边缘提供了一种似乎可行的解决方案。[35]

然而，作为一位以深刻洞见确立声望的人，达尔文凭直觉发现环礁的形状和火山缘形状并不一样，他在1842年的《珊瑚礁的结构与分布》里解释道：珊瑚裙礁是由更早前从海中升起的火山浅堤上发展而来的，当火山在之后的地质时间里开始沉降后，裙礁朝外生长，"因此转变为堡礁，当堡礁群环绕岛屿时，只要岛屿最后一处尖顶沉入海面下，它们便转变为环礁"。（图57）为了持续存在，礁石向上生长的速度必须和火山沉降的速度一样快。

就像戴维·多布斯在《疯狂暗礁》（2005）里讲的故事一样，达尔文刚从"小猎犬号"之旅中返回，就在午餐时向赖尔陈述了自己的沉降理论

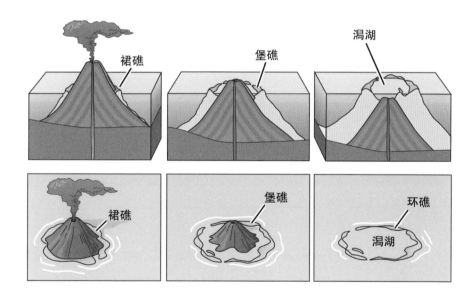

图57 / 达尔文的环礁构造沉降理论。据达尔文在《珊瑚礁的结构与分布》（1842）中所述，"在环礁和堡礁中，珊瑚主要依附的基础已经沉降；而且……在这个向下的运动中，礁体向上生长"，依次形成裙礁、堡礁和环礁。

（六年后这一理论才发表）。赖尔立刻接受了这个理论，将他自己的礁石环绕火山口上升的理论丢弃了。"珊瑚礁不是那些迅速陷落的火山顶上的帽盖。就像赖尔写给［约翰·］赫舍尔的信里说的那样，它们是'被淹没的大陆向水面抬头的最后努力'。"[36] 今天，"达尔文点"指的就是这类珊瑚礁的淹没阈值，在这个时间点上，由于地质沉降、礁体侵蚀或海平面升高（如今这个现象在加速，我们将在第七章阐述），珊瑚的网状垂直生长不再能与相对海平面保持同步。

达尔文的理论没有得到广泛的赞美，反而遭到了排斥，排斥者中最著名的是亚历山大·阿加西斯（伟大的地质学家、博物学家及教师路易斯的儿子），部分是因为他讨厌达尔文，后者关于物种和进化的理论最终代替了他父亲的宗教理念。阿加西斯坚称珊瑚岛和环礁是从深海海床向上生长起来的，珊瑚相继在早前年代的石基上建造礁体。如果他是对的，那从环礁里钻出来的长长的核心就只会包括珊瑚和岩礁，并直至这片海域的海底。若是相反，如果这样一个核心中除了珊瑚，还包括珊瑚在较浅的水深处所依附的火山岩，那达尔文的理论就会得到支持。达尔文甚至在一封信中鼓励富裕的阿加西斯试行这样的钻探项目，后者的确做了，但始终未能获取长度足够的核心。

直到1952年，人们才有机会使用更新的钻探技术，那是在马绍尔群岛的埃内韦塔克环礁上进行氢弹试验之前，人们在此做了一次地质勘查。多布斯在《疯狂暗礁》里汇报了结果：

> 如预料一般，首批核心显然都是珊瑚岩礁。当钻探超过头几百英尺，离开珊瑚礁范围后，核心就略微改变了。它们依然像是岩礁……最后到了约1280米处，钻头毫无悬念地撞上了基质，那是绿色的玄武岩，是珊瑚源起的火山……这块礁石已经在一座不停沉没的火山上生长了超过3000万年——每千年约2.54厘米，当它下方的火山岩沉降时，

它在往上加厚。达尔文是正确的。阿加西斯错了。

但为什么造礁珊瑚要向上挣扎，它们又为什么只生长在相对较浅的水域里？尽管人们长久以来都将它们的树状形态与植物类比，但看来很少有人注意到阳光在它们的生长中可能扮演的角色。之所以会有这样的疏忽，可能是因为人们知道某些石质珊瑚也会在永恒冰冷的深暗海底生长，我们如今在那样的水域里发现了大量的深海珊瑚丘。（图58）

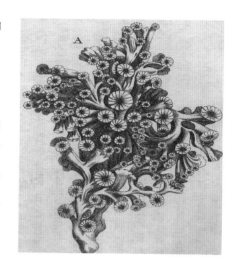

图58 ╱　一株活的深水珊瑚（几乎可以肯定是佩尔图萨深水珊瑚），蓬托皮丹将此图放在他的《挪威博物志》第一部（1755）中，整页插图 XIV，图 A。它"像完全绽放的花朵一样展开"，明显更像植物，而非刺胞动物。

实际上，深水珊瑚生活在北极与南极的海中：据儒勒·米什莱的英文译本，"在南极极点的极度寒冷中，在离埃里伯斯火山不远处，詹姆斯·罗斯船长在冰冻海面下方约1828米的深处，找到了活的珊瑚虫"[37]。（图59）罗斯的珊瑚显然主要是柳珊瑚和水螅珊瑚（以及一些苔藓虫）。但米什莱热情洋溢地把热带珊瑚描写为：

一种动物群体，它们恒久地分泌着黏液，持续不断地将环形越升越高，直至低潮线。它们不会升得更高，否则就会干掉；也不会更低，因为下面缺乏光照。也许它们没有特别用来感知阳光的器官，光线环抱、渗透、弥漫过它们的整个存在。热带灿烂的阳光直接穿透了它们透明的小骨架，这阳光似乎对它们有着无法抗拒的吸引力。当潮汐退去，珊瑚露出时，它们依然保持敞开，沐浴在鲜活的光线里。[38]（图60）

图59 / 皇家海军"幽冥号"和"恐怖号",J. E. 戴维斯于1841年所绘水彩画,《博福特岛和埃里伯斯火山》。画中背景为火山,发现于1841年1月28日。

图60 / "也许它们没有特别用来感知阳光的器官,光线环抱、渗透、弥漫过它们的整个存在。热带灿烂的阳光直接穿透了它们透明的小骨架,这阳光似乎对它们有着无法抗拒的吸引力。"儒勒·米什莱,《海》(1864)。

同样地，令人敬畏的恩斯特·海克尔在他1876年的小册子《阿拉伯珊瑚》里写到，尽管珊瑚没有眼睛，但它们能够分辨光与暗。他也曾在纤毛虫中观察到微观叶绿素"颗粒"，但是在《阿拉伯珊瑚》里没有提过这一点。在本书装饰首字母"A"中，他刻意将珊瑚虫和开花植物融合在一起，所以，如果他知道珊瑚中存在金褐色的微藻细胞，他肯定会写到它们。水螅体的舒张与收缩表现出了令人迷惑的反应性——菲利普·亨利·戈斯点着烛光造访水族馆中的海葵时，曾因此将其称作"开花美人"——除了会引起这种反应外，海克尔还提出了阳光在珊瑚生长中起什么作用。（图61）

一直到19世纪的最后二十几年，人们才开始理解光线对于某些刺胞动物的关键生物学作用。人们当时刚刚发现，包括海葵在内的一些无脊椎动物含有叶绿素，这些物质被假定为动物源色素的一种特殊形态。直至1878年，据 T. H. 赫胥黎的描述，"某些动物……拥有叶绿素，但没有证据表明这些物质在它们的生理活动中起到了什么作用"[39]。赫胥黎承认植物存在光合作用，这个过程会产生有机物和氧气（普利斯特里和拉瓦锡称之为生命气体），并且需要叶绿素和光照，但他没有将它与珊瑚联系起来。

图61 / 恩斯特·海克尔的《阿拉伯珊瑚》（1876）中经过装饰的文本的首字母，典型采用了他有时程式化而非写实的插图手法，图中用来装饰的珊瑚虫是以过去观点中的植物角度来呈现的。

在赫胥黎如此描述后不久，也就是距达尔文1882年去世不到六个月时，卡尔·勃兰特和帕特里克·格迪斯各自发表了论文，确认了包括海葵在内的各种无脊椎动物体内出现的微观"黄色细胞"的藻类性质，两篇论文间隔不到两个月。第二年，勃兰特画出了他从不同无脊椎动物中分离出的黄色细胞，其中包括一株石珊瑚，他还为归类这些细胞而设立了虫黄藻属（*Zooxanthella*）。事实证明，这些"虫黄藻"在分类上是混杂的，不过这个名称一直保留下来，用来容纳各种直径几微米的腰鞭毛藻类，它们参与了许多海洋生物的共生过程。格迪斯是一位社会改革家及环保人士，他在这些关联中看到了"互利共生"的关系，将它们比作"动物地衣"，虽然在更复杂的共生关系里，"其生理是独特的，是动物界与植物界的互惠主义……的最高级发展"[40]。不过在19世纪晚期的后续论述中，几乎没有人提及勃兰特关于造礁珊瑚体内藻类的发现。

1887年，C. F. W. 克鲁肯贝格描述了几种红海石珊瑚的色素，它们一致显现出与海葵"黄色细胞"一样的黄褐色[41]，但他看来并没有联想到藻类内共生体。迟至1893年，威廉·萨维尔－肯特（和格迪斯一样，他在皇家矿业学院时曾是赫胥黎的学生）出版了一本关于大堡礁的书，其内容包括他对珊瑚的实验性观察，他研究并用图展示了一个由束形真叶珊瑚（*Euphyllia glabrescens*）和其他珊瑚组成的群落，但并没有提及群落中可能有藻类内共生体的存在。他写道：

> 某些水螅体向下方投下了影子，并且被周围生长的珊瑚遮蔽了光线。在这完全荫蔽的位置上，触手是透明的白色……当光线只是部分照在它们身上时，触手是灰绿色……而当整个区域都完全暴露在阳光里时，所有的触手都是暗褐色……在所有命名的属中，被遮蔽光线的水螅体都一样被漂白了，就像海白菜或芹菜一样。[42]（图62）

右页图62 ／ 彩色版画IX，W. 萨维尔－肯特的《澳大利亚大堡礁》（1893），造礁珊瑚灿烂的色彩源自共生藻类从绿色到黄褐色的各种光合色素，以及其动物宿主组织中各种颜色的色素。

珊瑚：美丽的怪物 ——————

W. Saville-Kent, del. et pinx. ad nat.

Riddle & Couchman, Imp. London, S.E.

GREAT BARRIER REEF CORALS.

萨维尔－肯特在他更早的《纤毛虫手册》（1882）中写到过，许多这样的“微动物”都含有“叶绿素颗粒”。但他却没有联想到，照明之所以对他明确称为珊瑚动物的色彩有影响，其作用基础正是这种色素，要知道，他本已经将这种作用与海藻和蔬菜的漂白过程联系在了一起！显然，他也不知道悉尼·J. 希克森的《北苏拉威西的一位博物学家》（1889），希克森在书中提出，珊瑚的褐绿色是源自一种动物“物质，它在功能上类似于植物的叶绿素”。

　　关于珊瑚体内藻类内共生体的营养作用，第一个清晰的猜测可能出现于1898年，J. 斯坦利·加德纳在一篇论文中，把珊瑚的光合作用归因于生活在消化腔中［内胚层细胞内］的单细胞藻类。[43] 他记录了氧气生产量的测量数据——它是被照亮的珊瑚（就像格迪斯对海葵做的那样）光合作用的副产品，并提出光合作用“从碳酸气体［$CO_2$］中吸收碳，这在珊瑚生长中是一个非常重要的因素，它将会被用于构造珊瑚礁”。

　　随着越来越多的证据出现，加德纳于1901年声称，光照良好的珊瑚能更蓬勃地生长，这是因为它们容纳的“共生藻类”。[44] 到了1903年，基于对两种特殊物种的显微切片观察，他已做好准备加以概括：“它们没有在大多数*造礁珊瑚*中发现的那些共生藻类。”[45]［楷体文字原文为斜体，系本书作者所标示］总之，到了20世纪之交，藻类共生已被视为珊瑚礁的正常配置，珊瑚再次变成植形动物，只不过这一次命名的原因让人意想不到。在接下来的一个世纪或更长时间里，珊瑚藻类共生在整个珊瑚研究中普遍存在。

　　加德纳帮助组织了英国科技进步协会的大堡礁探险，这次1928—1929年探险的目的地是凯恩斯市外的洛岛，由 C. M. 尤格领队。[46] 探险的结果促成了大量的科学出版物，对环境影响珊瑚生理的知识做出了空前的贡献。

　　在探险之前，尤格从未见过一块珊瑚礁，不过得到了经验丰富的加德纳的建议，他最终推断共生藻类在珊瑚获取营养方面不起作用，不过

*如果我们必须要用上这些植物（藻类），那我想它们处理珊瑚排泄*

物的速度能提高后者的效率，而且它们显然提供了丰富的氧气，没有氧气，组成珊瑚礁的如此巨大的生物聚合体……就不能产生及繁荣。[47]

但实际上，尤格基本上无视了加德纳的观点，后者在自己关于马尔代夫和拉克代夫群岛的探险的详尽报告中已阐明珊瑚的确需要进食，但同时"绝大多数［珊瑚］无疑主要是通过它们的共生藻类代理而获得营养"[48]。

又过了40年，伦纳德·马斯卡廷等人才实验证明藻类不仅"清理了珊瑚产生的废物"，而且还能将它们光合固定成有机分子，并将其作为营养重新转移给珊瑚宿主。[49]他们清晰地将两者的关系从中性共栖或单方面利用，转变成了互利（协同）共生。珊瑚将藻类容纳于自己的细胞里，并直接从胞内共生体处获得光合产物，这令它们可以有效地利用阳光中的能量，对珊瑚礁生态的巨大成功贡献良多。

在光合作用中利用宿主的废物是很重要的，因为珊瑚礁——尤其是那些深海中的珊瑚礁——存在于缺少浮游生物的清澈的蓝色海水中：之所以清澈而且呈蓝色，是因为海水中可以支持浮游植物生长的无机营养浓度不够，营养浓度足够的海水会更偏向混浊的绿色。珊瑚中这些营养关系的发现，极大地促进了现代观念的形成——虫黄藻是珊瑚缺乏营养时的再循环器。珊瑚宿主同时也以相对稀少的浮游动物为食，从而为虫黄藻提供代谢废物，使珊瑚礁在缺少营养的蓝色热带荒海中变成苍翠的绿洲。

接受光照的腰鞭毛虫内共生体还能加快其珊瑚宿主的钙化速度[50]，这可能是通过提供有机分子和氧气以促进宿主动物的呼吸作用来供给钙化过程所需的能量。它们也可能提供了一部分无机碳（$CO_2$），最终被整合进了骨骼的碳酸钙（$CaCO_3$）中。这些藻类可能有助于形成有机基质，那是碳酸钙结晶化的场所。它们可能还间接帮助清理了宿主新陈代谢产生的质子（氢离子$H^+$，其浓度表现于酸碱度中，其值低于中性值7便呈酸性，高于7则呈碱性），包括钙化反应本身。[51] 由此，它们可以协助控制pH值，使矿化场所更偏碱性，更有益于沉积碳酸钙。诚然，缺少藻类同伴的深海珊瑚也会钙化，不过其钙化率只达到光照下共生珊瑚的十分之一。

但是，为了获得其光合内共生体的产物，珊瑚必须将自己暴露在灼热的热带阳光下，自然避不开紫外线（UV）波长，而紫外线有很多不利影响，其中包括使人类晒伤和患皮肤癌。那么，为什么珊瑚不会被晒伤？[52] 在一个共享的代谢复合体中[53]，珊瑚及其藻类共生体协同合成一种被称为类菌孢素氨基酸（MAAS）的天然防晒物质，它能拦截活性紫外辐射，并在其接触到敏感的细胞成分之前，使其以无害的热量方式消散。[54] 野外及实验室研究结果表明，紫外辐射作为剂量效应因子，能刺激珊瑚合成类菌孢素氨基酸。因此，比起深水珊瑚，生活在浅水中的珊瑚中有浓度更高的类菌孢素氨基酸，因为海水能使紫外辐射衰减，深水中的紫外辐射水平更低。在人类紫外防护和皮肤护理中使用类菌孢素氨基酸（尤其是由某些海藻生产的类菌孢素氨基酸）有相当大的好处。

虫黄藻共生珊瑚在光合作用中能产生大量的分子氧，而高浓度的分子氧会变成一种威胁，在明亮的阳光中尤其如此，它们会促进生成对细胞DNA、蛋白质和细胞膜有害的氧自由基和其他活性氧（ROS）。在人体内，活性氧密切涉及造成衰老的各种不同病理。史蒂夫·琼斯在《珊瑚：天堂里的厌世者》（2003）中写道："没有这种气体，我们活不过几分钟，但有了它，我们活不过几十年。"为了抵御这样的"光氧化胁迫"，珊瑚（包括宿主动物和内共生藻类）还必须维持生化屏障——包括DNA修复系统、过氧化物歧化酶这样的抗氧化酶、过氧化氢酶、各种氧化物酶和小分子抗氧化物，以移除活性氧。[55] 类菌孢素氨基酸让高能紫外辐射无法接触细胞内的敏感目标，从而也有助于避免光氧化胁迫。就像我们看到的，对某些珊瑚来说，它们防御细胞受损的强大能力可能也有助于减缓衰老的速率，长寿的金珊瑚和黑珊瑚都生活在黑暗的深水里，这可能并不是一种巧合。

## 珊瑚的色彩，蓝色荒海中的绿洲

共生珊瑚还有其他屏障可以抵御这把双刃剑——必需的阳光辐射及其如影随形的危险。没有光照就没有色彩。年复一年，总有人痴迷地描述珊瑚，它们灿烂的，甚至闪烁着荧光的色彩迷惑并困扰着观察者——就如一位作者给论文起的标题："为什么固着海生无脊椎动物有这样鲜亮的色彩？"这个问题一直没有令人满意的答案。一个理念是，珊瑚的荧光色彩是吸引猎物的诱饵，但这其中还有其他因素。

1867年，巴龙·厄让·冯·朗索内-维尔兹出版了他的水下珊瑚礁风景图，草图是在一个潜水钟内画出来的。其中一张名为《有绿色珊瑚的海底岩石》，几种珊瑚清晰地凸显于较暗的背景上，因明亮的绿色而格外显眼。朗索内惊奇于"绿色本身有令人惊叹的光辉，从遥远的距离看甚至变得更明亮了"[56]。这光辉部分是源自海水的光学环境和朗索内观察时所处的深度（见第四章），以及人类视觉的特点（我们眼睛感光器的整体亮度响应或知觉亮度在感应绿光波长时是最强的，并且在昏暗处还会增强），但也许不止于此。（图63）

人们最初是在珊瑚的亲戚海葵身上发现荧光现象的，但珊瑚为此呈现了一些最壮观的范例，在这些例子中，本来发出短波光（包括不可见的紫外线）的样本改变了，重新放射出了波长更长的可见光。1944年，川口白发表了相关的第一篇科学报告，当时他正在密克罗尼西亚的帕劳群岛研究珊瑚，报告指出绿色是最常见的荧光色，但他错误地将其归因于虫黄藻。最后，人们将这颜色与绿色荧光蛋白（GFP，见第45页图39）联系了起来，这种蛋白是在水母身上发现的，它经过分子扭转能产生额外的色彩，随后人们将其运用在商业中，并在生物医学里广泛使用它"以揭示不可见的"[57]细胞内工程。2008年的诺贝尔化学奖肯定了这些发现与进展。

朗索内的其他出版物呈现了荧光珊瑚色素的各种天然色彩。接着到了

图63 / 绿色荧光蛋白加强了某些珊瑚在水下的亮度。版画压印Ⅶ，"有绿色珊瑚的海底岩石"，出自巴龙·厄让·冯·朗索内-维尔兹的书籍《锡兰低地与高山的居民和动植物写生，及在潜水钟里描绘的近岸海底风景》（1867）。

1956年，在新喀里多尼亚（世界第二大珊瑚礁系统所在之处）的努美阿市，勒内·卡塔拉为紫外灯下活珊瑚发出的奇妙荧光色阵列编目：绿、橙、红、蓝、米黄和褐色以及银色。1959年，卡塔拉提供的荧光照片在美国流行的《生活》周刊上占据了一整页全彩版面，引起了更多公众的想象。

这一年晚些时候，卡塔拉用船将荧光珊瑚运到比利时的安特卫普进行展览。1964年，他出版了自己的书籍《海底嘉年华》，书中有珊瑚发着荧光的照片和一位法国科学院成员所写的前言，节选如下：

在一个漆黑的夜晚，卡塔拉将一盏紫外灯的光束转到了深海珊瑚上，一幕令人惊叹的奇景突然出现了。就好像被仙女的魔杖碰触过一样，所有的水螅体都改变了颜色。白昼给它们妆点的各种美丽色彩消失了，它们变成了仙境中闪亮的宝石，让观察者头晕目眩。在触手的尖端、在嘴的周围、在盛开的石珊瑚身体的沿线，到处都闪耀着红宝石、祖母绿和黄玉，而它们的轮廓融进了水槽深处的暗影中。（图64）

与此同时，在亚瑟·C. 克拉克根据个人经验为青少年读者书写的小说《海豚岛》（1963）中，夜里投向大堡礁的一束蓝色/紫外闪光变成了一根"魔法棒"，使珊瑚"爆出了火焰，在黑夜里闪耀着蓝色、金色与绿色的荧光"。

在白天的光线里，珊瑚（见第81页图62）与其他珊瑚纲动物的美丽色彩是源自不同的分子，比如类胡萝卜素（常见于橙色、黄色和红色蔬菜以及秋天的树叶中），不过更多的是源自色蛋白，但并非所有色蛋白（特别是蓝色与紫色变体）都会发荧光。无论是荧光色素还是非荧光色素，它们都只存在于宿主动物的细胞里，并不出现在共生藻类的细胞中。（高密度的藻类会将自己的绿色、橄榄色和褐色传递给周围的珊瑚组织，这些色彩要归功于藻类的叶绿素以及参与光合作用的辅助光色素。）每个色蛋白分子都有

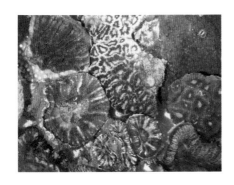

图64 / 在短波蓝光下发出荧光时，彩色的珊瑚变得更加灿烂。白昼（左）和短波蓝光（右）的对比照片。

一部分担负"发色团（色彩携带者）"功能，负责呈现可感知的色彩。发色团结构（氨基酸组成、序列和配置）的不同使它们呈现不同色彩。珊瑚纲动物的荧光蛋白（FPs）组成了一个生化分子家族，由分子序列和合成结构决定其表达。在氧气存在的条件下激发波长的吸收会引起发色团（尤其是荧光发色团）的结构改变，使其重新发出波长更长的光，也就是荧光。

如此惊人的现象需要功能性的解释。人们研究了四分之一个世纪，还是没有得到一致的答案。无论是昏暗条件下荧光能增强光合作用，还是明亮阳光下藻类的光保护作用，都无法完全确定珊瑚荧光蛋白的作用。[58] 在防紫外线补充作用上，荧光蛋白看来也不太重要，因为类菌孢素氨基酸的紫外线吸收效能比之强大得多。和荧光蛋白不同，类菌孢素氨基酸在日光照射更强的浅水区浓度更高[59]，而且暴露在日光的紫外辐射下能极大地增强其生物合成量和细胞浓度。[60]

尽管荧光蛋白的防护功能和作用机理一直难以捉摸，但是它在某些珊瑚组织中的浓度和这些珊瑚抵御白化（失去内共生藻类）的能力有所关联。[61] 绿色荧光蛋白（GFP）也许能保护宿主，驱散高能蓝光波长。也有人提出，荧光蛋白和非荧光色蛋白（CPs）作为辅助抗氧化剂能帮助移除过氧化物和过氧化氢之类的活性氧。[62] 在珊瑚白化过程中，当海水的高温使抗氧化酶开始失活时，耐热的荧光蛋白可能有更重要的功能。在这样的压力下，有色藻类离开宿主或被宿主排出，人们可以透过宿主由荧光蛋白和色蛋白染色的半透明组织，看到其苍白的骨骼。现在珊瑚失去了最重要的营养源，很可能减缓生长，而如果藻类不能重新归位，它们甚至有可能死亡。珊瑚白化是全球工业化导致气候变暖的最引人注目的表现之一。（图65）

---

右页图65 ／ 在失去共生藻类的白化鹿角珊瑚中，宿主中的色蛋白为珊瑚尖端贡献了它们灿烂的蓝色。

人们对珊瑚礁，尤其是海洋环礁有一个流行的幻想，认为它们是热带蓝色荒海中的彩色田园绿洲，这个幻想不是源自珊瑚共生的知识——其可在缺少营养处形成物质再循环，而是因为低矮的珊瑚岛作为海洋避难所，可以为未来的陆地植被提供移植之处。据约翰·巴罗称："一旦珊瑚岩礁的尖端抵达海面，为漂浮在海浪中的不定芽生长形成一个屏障，并持续升高形成小岛，植物世界的种子就可以迸发出蓬勃生机。"[63]

1802年，马修·弗林德斯在《南方大陆之行》中赞颂了珊瑚壮观工程的纪念碑，在同一个段落中，他描述了珊瑚岩礁的构造和绿化：

> 过不了多久就会有海鸟来拜访新的堤岸；盐土植物在上面扎根，土壤开始形成；一个椰子或露兜树的核果漂流到海滨上；陆上的鸟开始来访，为这里带来了灌木和树木的种子；每一次满潮和每一次大风，都会给堤岸带来新的东西；岛屿渐渐成形，人类终将占领此处。一旦人类进驻，他们将带来新的植物和动物，持续的废物沉积将改善土壤情况。

珀西·R. 洛在《荒岛上的博物学家》（1911）中重述："这赤裸的岩礁从深海诞生，升高到微微越过波浪之处，通过它们（漂来的植物和鸟类带来的种子）的努力，开始在这茫茫的蓝色水域中央形成一个小小的绿洲。"（楷体文字原文为斜体，系本书作者所标示）幻想诞生了。（图66）20世纪60年代，尤金·P. 奥德姆和霍华德·T. 奥德姆两兄弟出版了他们的先锋生态学教科书《生态学基础》，他们在书中为这一幻想加入了珊瑚本身的再循环功能。随后，尤金于1998年的一篇短文中将这个概念作为实际教训，甚至是道德教训，传递给了更多读者。他在文中重新启用了"植形动物"一词："在当时，珊瑚是一种植物–动物互助合作复合体或系统这一想法还是

珊瑚：美丽的怪物 —————

一种过于激进的概念，但人们现在已经接受了它，并将它视为珊瑚礁能在低营养环境中繁荣生长的主要原因之一。"[64] 讽刺的是，在一个气候变暖的纪元中，正是珊瑚白化过程——藻类损失以及这种亲密关系的崩溃——在杀死珊瑚，并威胁到全世界的礁石。

下页图66 ／ 珀西·R. 洛在《荒岛上的博物学家》（1911）中写道："这赤裸的岩礁从深海诞生，升高到微微越过波浪之处，通过它们（漂来的植物和鸟类带来的种子）的努力，开始在这茫茫的蓝色水域中央形成一个小小的绿洲。"

# 第三章　珊瑚的传奇、恐惧与愁思

它们是怪物，没错，但是美丽的怪物。

——翁贝托·埃科，《昨日之岛》( 1995 )

这意识暗处的造物，

是从深渊升起的珊瑚堤，

但漫不经心的人们乘风而至

无视，无闻，直到——瞧啊，礁石——

礁石与碎浪，沉船与悲伤。

——赫尔曼·梅尔维尔，《克拉雷尔》( 1876 )

　　古希腊和印度神话在描述贵重的红珊瑚的起源时，总有一个关键性的变化，要么是英雄杀死的怪物的血变成了珊瑚，要么是流动的血染红了植物使其免于被怪物的力量石化。对萨勒曼·拉什迪而言，这些再三讲述的故事"失去了最初的特征，但保有了本质上的纯粹"——血。造礁石珊瑚在分类与文化起源上不同于红珊瑚。在波利尼西亚，珊瑚虫是最初从原始混沌中出现的生物，接着珊瑚促使人类与神明诞生。太平洋的某些英雄和神祇依然与珊瑚及礁石相关，它们的形态和坚硬程度被视为神性的象征或尸体化成的丰碑。光辉的红珊瑚是血，骸骨般的石珊瑚是骨骼。

## 珊瑚的神话

在《变形记》中，奥维德（公元前43—公元17）讲述了珀尔修斯从海怪刻托手中解救安德洛墨达的故事。这位英雄已经杀死了能用目光将人变成石像的戈耳工·美杜莎，为了妥善保管她那有着石化之颜的蛇发头颅，他将它放在了一片海草与细枝上。在之后的版本里，这些海草与细枝是被戈耳工的血石化的。不过在描写细枝从戈耳工头中吸收的东西时，奥维德用的词是 vim（意为力气、力量），而不是 cruorem 或 sanguinem（意为血），细枝一碰触（tactus）它就变硬。查尔斯·马丁提供了一份忠于原作的现代译文：

> ……在英雄清洗杀死毒蛇的双手时，他谨慎地在海滩上用一些柔软的叶子造了一个小窝，上面铺了海草，然后他把美杜莎的蛇发头颅放在了窝里，唯恐它被海滩的碎石划伤。
>
> 新鲜的嫩枝仍然活着，仍然能够吸收，饥渴的它们饱吸了怪物的力量，每一根枝条和每一片叶子都在触碰到头颅时开始僵化。震惊的海之女神用其他细枝试了试，得到了相同的结果。她们高兴地把这些细枝当作种子扔回了海里，以传播这新的物种！
>
> 今天的珊瑚呈现了相同的性质，它的枝条暴露于空气中就变硬，在水里还很柔软敏感的嫩枝一被举出水面就变成了岩石。[1]（图67）

最初的版本中并没有血液的存在，众所周知，美杜莎的脸——蛇发魔

珊瑚：美丽的怪物 ————

图67 / 在《奥维德的变形记回旋曲》（1676）中，这张雕版画的法文说明："当珀尔修斯解救了安德洛墨达并杀死怪物时，他把美杜莎的头，也就是他的盾牌放在了一些草上，这些草一被它碰到就变成了珊瑚。"

女头——散发出的力量能将人类变成石像（图68），可能也是这种力量将她的头被放置处的细枝、叶片和海草都石化了。在此，细枝因与怪物的"碰触"而僵化了，在一个认为视觉是一种远距离碰触方式的年代，古代的读者会觉得这个动作隐含了视觉的意味。另外，奥维德的确给植物用了 *bibula* 这个词，意为"饮用"或"吸收"，因此，它们吸收的东西以及他所指的转化媒介可能是以血液为代表的生命力量。

奥维德还进一步软化了活珊瑚：在第四卷中它是细枝，到了第十五卷里，它变成了波浪下的香草或青草，只有暴露于空气中时才会变硬：

图68 / 美杜莎的石化之颜，作者卡洛·帕拉蒂二世，20世纪80年代末，日本桃红珊瑚、钻石、珍珠、18K黄金、孔雀石和大理石。

珊瑚也是如此，在水下像草一样摇曳，

　　但一暴露于空气中就立刻变硬。


　　这样的柔软意味着奥维德此处指的可能是柳珊瑚——这些细长的海鞭或网状的海扇是更坚硬的红珊瑚的亲戚——在珊瑚礁的电影里，它们在水下摇曳生姿，尤其是加勒比海里的那些代表种类。

　　在最早的古希腊罗马时期，希腊的宝石说明文本中有各种神话版本。法国学者收集了它们，这些文本描述了不同矿物的性能，珊瑚当时也被视为矿物。首先：


　　他们说它的存在要归功于珀尔修斯，他从美杜莎身后斩下了她的头，将剑上杀戮的脏污洗进了海水中。为了洗剑，他把她的头放在了青草上。血滴在了植物上，将它们染成了紫色，而海洋之神的女儿们——轻快的微风——用呼吸凝固了这些血。植物变成了僵硬的石头，但保留了植物的形态。[2]


　　神话的这个版本称，珊瑚在今天可以被称为叠层制件——美杜莎的血染上了植物，先是盖住了它们的表面，然后像外壳一般在植物外层变硬。珍贵的红珊瑚实际上是这样一种叠层复合式结构的镜像，不过需要反转，它有一个坚固的红色钙质中轴，外层是一层层钙化更松散的柔软组织，有着可变的色彩。在这个版本的其他故事变体中，海洋植物的根吸收了那些血，它充满了整株植物，与珊瑚的红色中轴核心很相符。

　　第二个版本让人想起奥维德（第十五卷）最后的段落，他在这个段落中没有提及珊瑚诞生于美杜莎之死，只说到柔软的草本珊瑚在空气中会变硬。我们在安·沃罗的《俄耳甫斯：生命之歌》（2012）中听到它的韵律：

他吟唱着*kouralion*（珊瑚）的特殊魔力，它像植物般诞生于深海，如此精巧，如此轻盈，像一只微小的生物般游向海面，游累了就在海岸晴朗的"天空"下停下来，变成了石头。

这个版本源于难以捉摸的俄耳甫斯的诗作《石》（但它大概是一位伪俄耳甫斯在公元4世纪时写的，还收入了其他宝石的说明文本）。俄耳甫斯可能生活在荷马之前的时代，是一位"经常被提到但作品很少保留下来的古典时期的作者"[3]。

到了文艺复兴时期，人们重新发明了红珊瑚的起源，使之更明确地与血产生了联系。迈克尔·科尔也注意到，奥维德的《变形记》段落文本中并没有提及美杜莎的血，他引用了该作品最早（14世纪）的意大利文译本，其作者是乔瓦尼·邦西格诺[4]，文中将细枝的石化与其被血液染色两个过程分隔开来，就如宝石说明文本中的"叠压珊瑚"一样。

本韦努托·切利尼①在1548—1552年之间铸了一尊青铜雕塑，名为"珀尔修斯和美杜莎的头"（图69），科尔对这尊雕塑发表了一份论述，在其中阐述了他的洞见。切利尼也许从邦西格诺的译文中了解了奥维德，但在构想雕塑时，他忽略了细枝，将血直接转变为了珊瑚，专注于美杜莎（难免血腥）的斩首。科尔敏锐地从中察觉到了文艺复兴审美中的关键转变：戈耳工不仅石化了人类，连她自己——她的生命之血——都开始僵化。

切利尼最初神秘地提及铸造*due gorgoni*（两个戈耳工），他在别处详细说明它是"美杜莎颈部与头部的*gorgoni*"，即从她身体这两部分流出的血。对科尔来说，他的领悟进而也阐明了切利尼的这个理念。在阅读了一本19

---

① 本韦努托·切利尼（Benvenuto Cellini）是15世纪文艺复兴时期的意大利金匠、画家、雕塑家。

珊瑚：美丽的怪物

图69 / 本韦努托·切利尼,《珀尔修斯和美杜莎的头》(1548—1552),青铜雕塑。

世纪中叶的意大利文词典后，科尔解答了这里的疑惑："gorgonii这一复数词汇指的并不是其本意'戈耳工'，而是一类特别的水螅体——珊瑚。"看来是切利尼引发了这一幻想：美杜莎流尽的血变形成了珊瑚——因此这珊瑚是直接因她的死亡而诞生的。

更早的时候，安德烈亚·曼特尼亚[①]的画作《圣母荣耀像》（1496）中有一簇华美的红珊瑚，就悬吊在圣母和圣子的头顶。这簇珊瑚的形状和颜色都预示着基督受难及其复活中流动的血（也可能是抵挡邪恶的角状象征）。（图70、71、72）珊瑚，实际上应该是珊瑚虫本身一直与血液保持着联系。人类心血管循环系统及其分支或根系般的形态在解剖学上的树脂模型，也能让人想起红珊瑚。（图72）在塞缪尔·约翰逊[②]的《约翰逊词典》（1755）中，"polypus（水螅）……同样可以用来表示心脏和动脉中坚硬的血［凝块］"。1989年，现代艺术家丹尼尔·阿努尔创作了乌木雕塑《战神的手指》（图73），他将地中海红珊瑚磨光塑形，用来表现一根被刺伤的手指上滴下来的血，这是血液变成珊瑚的意味深长的反转。

美杜莎及其血腥死亡的故事无疑有其古老的渊源。巴西利奥·利韦里诺在《红珊瑚：海中宝石》（1989）中提醒我们，最早的捕猎者应该已经将猎物因伤流血和它们逐渐死去的事联系起来了。"可能是出于本能，人类意识到没有那些'红色的东西'，生命就无法存在。本能再次提示他们在自己的身上穿戴一些同色的东西，必要时它们可以代替那些红色的东西。"

血液与生命的联系不可避免地会滋生神话和宗教。G. 伊夫林·哈钦森（因在水产科学方面的工作而闻名的学者）对珊瑚做了一番思考，提出：

---

① 安德烈亚·曼特尼亚（Andrea Mantegna）是15世纪的意大利画家，也是北意大利第一位文艺复兴画家。

② 塞缪尔·约翰逊（Samuel Johnson），18世纪文评家、诗人、散文家及传记家，是英国文学史上的著名人物。

图70 / 安德烈亚·曼特尼亚，《圣母与圣子》，又以《圣母荣耀像》而闻名（1496），帆布油画。

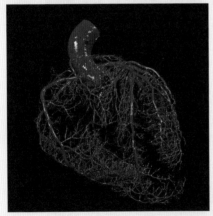

左上图71 / 悬在上一页画中圣母头上的珊瑚的细节图。

左下图72 / 人类心血管树脂模型，看上去很像一个红珊瑚复体。

右图73 / 丹尼尔·阿努尔，《战神的手指》（1989），由乌木、地中海红珊瑚、玛瑙、黄金做成。

我们可以猜测，在乌拉诺斯、克洛诺斯和宙斯①相继上位的过程背后，有一系列神圣国王被自己的继任者谋害或杀死，而人们认为水的生产力和海的丰富性从某种程度上仰赖于如此血腥的惯例……通过对一位神灵的某种暴力……使其在这种伤害中成为人类的施恩者。很难不去怀疑珊瑚的颜色……意指他的血。[5]

乔瓦尼·泰肖内在他的《历史与艺术中的珊瑚》（1965）一书中引用了一位20世纪那不勒斯无名诗人的句子，后者精简了这画面：

> 珊瑚生成了痛苦之花，
>
> 在闪耀的血块中，
>
> 萃取并用自己制造了光之精华。

地中海红珊瑚与血液的古老联系在一个仪式中一直延续下来，在这个仪式中，尼日利亚的古贝宁国王将他的红珊瑚饰品浸在一个人牲的血液（如今用的是牛血）里，以修复它们的精神力。而且，在塔巴卡和突尼斯，连现代的珊瑚捕捞船上都会献祭一只黑牛，将它的血洒在船上、网上和海中，以确保安全的航行和富足的收成，并促使珊瑚繁荣生长。[6]

乔尔乔·瓦萨里将切利尼血腥的变形意象融合到了他自己的画作《珀尔修斯解救安德洛墨达》（1570）里，画上美杜莎的头被端正地放在被砍断的脖子上并直接放在海岸上，而不是放在由细枝和海草组成的柔软小窝里，分股的血流将海水染红了。（图74）海妖们从这红色水流中收集不断浮现的珊瑚枝。在瓦萨里的指导下，他多年的助手弗朗切斯科·莫兰迪尼为弗朗

---

① 乌拉诺斯、克洛诺斯和宙斯是古希腊神话中的三代天神，每一次都是儿子推翻父亲的统治而上位。

图74 / 乔尔乔·瓦萨里，《珀尔修斯解救安德洛墨达》（1570），石板油画。

切斯科·德·美第奇大公的藏宝室装饰出了一份力，其中包括更衣室拱顶上的画作《水》，就如瓦萨里的画作人物一样，海妖特里同和海仙女涅瑞伊得斯在画上摆出漂亮的姿势，展示着他们由珍珠、贝壳和红珊瑚组成的标志性特征。

雅各布·祖基的《海之珍宝》（约1585）几乎完全复制了瓦萨里画作的地形、光影和摆姿势的人物。（图75）在两张画里，大量的珊瑚立刻吸引了人们的视线（祖基画里的中心人物拿着典型的分枝状地中海红珊瑚，包括红色和更稀有的白色种类——让人想到血液、血肉或骨骼）。两者中都有珊瑚或有红色斑块的衣着（在祖基的画中甚至有一只鹦鹉的头是红色的），相继将视线吸引到画作的不同部分，并协调各方元素，同时点缀蓝色的天空和大海。但祖基的珊瑚另有用处：这幅画作还有一个更知名的标题——《新世界发现之寓言》，那琳琅满目的新奇的珊瑚、珍珠、珠母贝、外国动物和非欧洲人类，象征着海底与海外的财富和奇迹。塞莱斯特·奥拉尔基亚加对这一场景的解读是："连海床都屈服于各种各样的殖民幻想。"[7]

之后也有其他人描绘珀尔修斯解救安德洛墨达的场景，但是当画家描绘被锁在岩石上的少女时，这场景与珊瑚的联系从他们的表现手法中消失。直到17世纪中叶，塞巴斯蒂安·布尔东画出《解救安德洛墨达》（图76）时，珊瑚的传说才再度出现。布尔东在画中将蛇发女妖的头安置在了珀尔修斯反光的盾牌上，海仙女在上面放了植物，它们变成了红珊瑚的枝条，

图75 / 雅各布·祖基，《海之珍宝》（约1585），铜版油画。

图76 ／　　塞巴斯蒂安·布尔东，《解救安德洛墨达》（1650），帆布油画。

但让它们转变的不是美杜莎的血，而是她的脸。

　　1679年，皮埃尔·米尼亚尔（路易十四的宫廷画师及皇家学院的主管）在自己的《珀尔修斯解救安德洛墨达》中重复了这一主题。（图77）在画中，美杜莎的蛇发头（脸朝下）倒在一片海草上，没有流淌的血，取而代之的是逼真的红珊瑚枝条（当时常见于藏宝柜中以及餐具的手柄上）直接从她的蛇发中倾泻而出。

　　在印度，红珊瑚的来源极为珍贵，它们出现在毗湿奴打败魔王巴利的印度传说中。一种说法是，主神因陀罗被巴利领导的魔族推翻，为了拯救人类，因陀罗向毗湿奴求救。因此，为了因陀罗，筏摩那（毗湿奴的侏儒

图77 / （上图）皮埃尔·米尼亚尔，《珀尔修斯解救安德洛墨达》（1679），帆布油画；（下图）美杜莎蛇发头细节图。

婆罗门化身）请求巴利给他一个避难所，其大小只要够他走三步就好了。巴利同意了，于是毗湿奴现出了他的神身，两步就包含了天空和大地。因为没有地方给毗湿奴走第三步，巴利便将自己的头供给他踏脚。毗湿奴立刻踩碎了巴利，将他的身躯化成了宝石。巴利的血滴变成了红宝石，流进海里的血变成了分枝状的红珊瑚。[8]

在另一个说法中，因陀罗的雷电将巴利的身体劈碎了，它们变成了宝石，他的舌头则变成了红珊瑚。[9]宝石在仪式中的核心地位可能是近代装饰的需要，吠陀占星术尤其看重宝石。[10]包括珊瑚在内的宝石也经常出现在更古老的佛教传统文化中。

中国或日本缺乏地中海红珊瑚起源的相关资料，不过因其吉利的颜色，它在贸易市场上受到热烈的追捧。在中国，它代表长寿和新的开始，还有升官的意味。韦应物在8世纪写了诗作《咏珊瑚》，他认为珊瑚的诞生地在中国东海的蓬莱岛上，那是神仙居住的传说之地。中国的西藏人珍视红珊瑚，认为它是佛陀的神石之一，象征着生命力。他们将珊瑚用作个人装饰物，希望它能带来成功，另外它也被用在医药和宗教艺术上。[11]

日本的神话里，龙神住在由红珊瑚和白珊瑚建造的水下宫殿里。[12]在9世纪初一个古老的民间传说里，一只海龟（另一种长寿的象征）驼着年轻的渔民浦岛太郎去了龙宫，他在一片奇异的海底风景中见到了珊瑚树。（图78）太郎还拜访了蓬莱山，他在那里见到了由珠宝和珊瑚环绕的宫殿。

珍贵的红珊瑚还出现在日本民间流行的桃太郎传说中。[13]在桃太郎年轻时，一群妖魔迫害村民。于是桃太郎带着他的几个动物帮手前往妖魔的岛屿，与它们战斗。被打败的妖魔承诺改邪归正后，桃太郎和他的伙伴们带着妖魔的宝藏回到了家乡。（图79）珊瑚树作为宝藏的一部分，初次出现在该故事1785年的印刷版上，而后于1805年再次出现。此时，异域的珍贵红珊瑚（之前仅供幕府将军、高阶武士和富裕的商人使用）被越来越广泛地应

　　　　　　　　珊瑚：美丽的怪物 ————

图78 / 高知县（日本早期宝石珊瑚捕捞中心）西部大月町西泊天满宫神社的天顶绘画，呈现了浦岛太郎带着宝石珊瑚和一个装着神秘礼物的小箱，从龙宫返回的场景。

用于配件和装饰中，甚至贫民都渐渐认识它了。在其他文化里，它可作药用，其中包括抗毒功能，而对日本江户时代（1603—1868）的人来说，它是"对抗恶灵的法宝，是好运的吸铁石，是稀有的异域珍宝"。

古代苏美尔史诗《吉尔伽美什史诗》是乌鲁克英雄国王（约公元前2700）的编年史，在这本书中可能出现过一种相当不同的珊瑚。在史诗的尾声，吉尔伽美什知道如果他能获得一种生活在海底的像树一般的多刺植物，就能返老还童并永葆青春。吉尔伽美什在脚上绑了沉重的石头沉入海底（可能是波斯湾的巴林岛附近），采集了这种植物，双手流着血返回水面。但他想在自己使用它之前先给一个老人试用。伊丽莎白·杜林·卡斯

图79 / 菱川师宣绘制的一幅桃太郎民间传说的场景，描绘了桃太郎在杀死妖魔后带着宝藏返乡，1890年纸上印刷的三联画。

佩斯意识到，这种不可思议的海底植物（被比作"野蔷薇"或"鼠李木"）可能是一种角珊瑚，它们长着能戳伤双手的棘刺，而且有滋补甚至催情的功效，并因此而闻名。[14]（图80）

越过印度洋，在澳大利亚北岸阿纳姆地的东北部，在卡奔塔利亚湾和阿拉弗拉海的海水冲刷下，雍古族瓦拉米利部落的幻想故事里有一个名为恩古尔瓦多的造物主，他是海之王。这位创造者的形象是珊瑚礁，也就是造礁珊瑚在海底基岩上的产物。在珊瑚的"实验室"里，恩古尔瓦多将他自己变成了各种各样的海洋生物。鲸是瓦拉米利部落最重要的海洋生物图腾，它的骨骼是由恩古尔瓦多的珊瑚制成的。[15]

在东面更远的地方，波利尼西亚人分散于太平洋中，常常生活在珊瑚岛上（被一个远古的渔人从深海中拉上来），这些岛屿变成了波利尼西亚文化在广袤海洋中的坚固王座。在夏威夷的一个创世神话里，细小的石珊瑚

图80 ／ 多刺的角珊瑚，路易·鲁莱，《角珊瑚和角海葵》（图III）：格里马尔迪黑珊瑚（*Leiopathes grimaldii*）和刺隐角珊瑚［*Aphanipathes（Antipathes）erinaceus*］。出自《摩纳哥亲王阿尔贝一世在其游艇上的科学实践成果》，第XXX卷，《摩纳哥亲王S. A. S.在北大西洋收集的角珊瑚和角海葵（1886—1902）》（1905），平版印刷。

"虫"或水螅体名为库木里坡，它们是黑暗混沌中浮现的最初生命，组成了"多孔的"珊瑚群落，最后形成礁石。他们认为珊瑚是所有生物的起源。波利尼西亚的创世过程中包含"演化序列的概念"[16]：植形动物之后是蠕虫和软体动物，海洋生物腐烂的躯体——烂泥——最终升到了海面，陆地生物相继在这烂泥地上出现，最后以神灵和人类的出现为终曲。一篇向创世神肯恩祈祷的祷文里列举了他的各种名字，其中包括几种珊瑚。[17]在别处，斐济北部的第一个人类是直接从珊瑚岩冒出的蒸气中形成的。

除了夏威夷的神与半神外，还有低神级的女神（夏威夷语为akua），比如奥普哈拉，她创造了珊瑚及其岩礁，它们是她的一种形态。[18]奥普哈拉提供了由珊瑚（或者贝壳）制成的巨大挂钩，英雄毛伊才用它钓起了太平洋中的岛屿。与奥普哈拉相关的不只是珊瑚，还有独木舟水斗。[19]这个搭配也许不是巧合，我们可以想想库克船长的故事，当"奋进号"在一座珊瑚礁上撞了个洞时，船员们用上了水泵来拯救这艘船；还有塔希提岛的民间传说，其中的普阿图塔希或珊瑚独岩是一个海底怪物，它会升上海面，变成崎岖的岩石，撕裂渔船的龙骨。[20]

夏威夷有一首谱系圣歌是诗人科鲁莫库在1700年写的，其大纲与1779年人们念给詹姆斯·库克船长听的库木里坡创世神话一样，当时船长在凯阿拉凯夸湾被当作神灵洛诺而受到欢迎。玛尔塔·沃伦·贝克威思提醒我们："珊瑚是大地基底中的最初基石。"[21]夏威夷最后一位女王是被废黜的利留卡拉尼，她于1897年在监禁生涯里完成了那首圣歌的英文译稿，特别注明珊瑚"虫"是"多孔珊瑚"的创造者。[22]

## 珊瑚圣像与护身符

在描述一块由上侏罗纪珊瑚标本制成的燧石的碎片时，考古学家肯尼思·奥克利确定了"多孔珊瑚"（石珊瑚化石）的最早使用日期。这块人工制品与泥盆纪斯旺斯科姆的阿舍利文化时期（约公元前20万年）的工匠相关。这样一块珊瑚的横断面或抛光面呈现了放射状对称的珊瑚体，可能会"让人想起纯朴精神之天堂"，因为在英国的民间传说里，这样的岩石被称为"星石"。[23]比起本地火石来说，这种燧石不那么好打磨，但人们从很远的地方将它运来，其中的象征意义似乎大过于实用意义："是否连我们这一物种的最早期成员都觉得其［星石］花纹有象征意义……？""是不是可以想象它们早在20万年前就让人想到夜空？"在一处与尼安德特人晚期莫斯特时代工业（公元前35 000年）相关的区域，人们还找到两块化石——一块是腹足类动物化石，另一块是"石蚕"或星石化石，"近旁还发现了两块黄铁矿和一个完美球形的石制'流星锤'"。这四种物体是不是某种装置的一部分，这个装置属于某个除了武器外还依赖施咒去获得成功的莫斯特猎人，又或者属于某个莫斯特"巫师"？[24]

在俄罗斯西部的某个克鲁马农人奥瑞纳文化中，单体珊瑚化石被穿孔制成珠子。[25]远在半个世界的距离外，4万年前人类居住的一个马来西亚洞穴中有一柄手斧，它的斧头是从一块半球形的珊瑚化石上掰下来制作而成的，上面呈现出相似的星形花纹，它是魔力存在的证据。[26]

在约15 000年前的欧洲马格达林文化时期，到处可见人类装饰品。其中一件吊坠是用一片珊瑚化石制作的，将神圣的恒星图案与一个引人注目的人类形象结合在一起，也许是怀孕的维纳斯。（图81）

让我们快进到16世纪的欧洲，瑞士动物学家康拉德·格斯纳描绘了被称为"星彩石"（*Astroites*，德语为Sternstein）的珊瑚化石，它们与英国的星石是一样的。人们认为这些幸运星能带来好运，不仅在战斗中把它们当作护身符，巴伐利亚人和奥地利人还把它们切割成心形，当作辟邪吊坠佩戴。[27]（图82）这

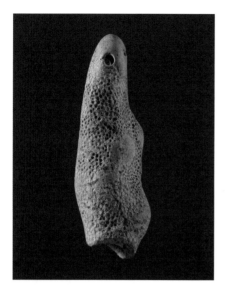

左图81 / 旧石器时代晚期（马格达林文化时期，约公元前1万年）珊瑚化石吊坠。
右图82 / "星之心"（或"魔力之心"）吊坠，亚历山大·冯·舒佩，《18世纪以前的珊瑚研究趣闻》（1993），图8。

与帕拉塞尔苏斯[1]的信仰相符，他认为星辰与人类的器官和疾病相关。

　　时间再往后推移一些，佩托斯基石（密歇根州州石）拥有与天空的联结，但没有超自然力量。这是泥盆纪珊瑚岩礁上的群体皱纹珊瑚易变六放珊瑚（*Hexagonaria percarinata*）的化石，它们被抛光以突出珊瑚骨骼的放射状花纹，用于装饰和纪念。这种石头的名字来自18世纪的一个渥太华美洲原住民：当旭日的光芒幸运地照在刚出生的他的脸上时，他父亲叫他佩托斯基，意为"旭日"或"破晓之光"。抛光的佩托斯基石被当作"担忧之石"使用，人们焦虑时就抚摩它以寻求放松或安慰。巴拉克·奥巴马在白宫的桌子上就有一

---

① 帕拉塞尔苏斯（Paracelsus），文艺复兴时期的瑞士医生、炼金术士和占星师。

块佩托斯基石。（图83）

对"邪眼"的信仰是一种普遍的迷信，部分是因为它看上去非常神秘，因此被人们认为与巫术相关。[28] 一只凶恶的耶特托里[①]会投出邪恶的视线，可对接受视线的人施加恶意的影响——拉丁文里称为 *fascinare*[②]。因此，不同的文化都发展出了对抗"邪咒"的防御魔法，F. T. 埃尔沃西在《邪眼》（1895）一书中曾对此有详细说明。大多数办法都是在女人，尤其是孩子（被认为最易受影响）的颈部挂上一个护身符——一个符咒，以转移耶特托里的邪眼视线。这样的符咒如果还能混淆并抑制耶特托里，转移他邪恶的意图，就会有双重效力。阳具形状的物品也能满足预防的要求。（图84）

图83 ／ 2012年12月6日，巴拉克·奥巴马正在办公室里一边打电话一边抚摩一块佩托斯基石。

在古罗马，父母会在婴儿和孩童脖子上挂一个阳具形状的护身符，用

① 耶特托里（jettatore）在意大利传说中是邪眼的持有者，有引人注目的脸，眉弓高耸、视线冷酷。后来一些极具个人魅力的成功人士也被称为 jettatori，人们认为他们的眼睛有黑暗力量。

② 古罗马神话中有一位名为法瑟勒斯（Fascinus）的生殖及魅惑之神，是男性生殖器的化身。古罗马人认为他能驱除"邪眼"的影响，常将护身符做成生殖器的形状，这种护身符也名为 fascinus。人们认为它也有催眠的作用，使用 fascinus 来催眠他人叫作 fascinare，意思是"施展法瑟勒斯的魔力"。

图84 / 古希腊罗马时代的阳具吊坠，约公元前3世纪至公元前1世纪，红珊瑚与黄金制品。这枚抢眼的阳具吊坠是用红珊瑚雕成的护身符，当一只耶特托里将邪恶之眼望向佩戴者时，它能转移前者的视线。

以抵御妖术。在文化上被广泛接受的阳具形象是红色的，有时这护身符不是用更常见的青铜或其他金属制成的，而是用珊瑚制作。如老普林尼所写，一个明亮的红珊瑚物件既抢眼又有趣，其材质还不会伤到儿童。他还说，印度的算命师和占卜师都会把珊瑚当作神圣的防护器具，抵御一切疾病和魔咒，查拉图斯特拉[1]也信奉珊瑚的这一属性。普林尼只列举了珊瑚的五六种药用价值，但它在全世界的文化中都是一种灵丹妙药，以药酒、干药糖剂（加入蜂蜜的药膏）、粉末和糖浆的形式，出现在各种各样的药典里。其益处不仅仅在于药用，还能促进女人甚至土地的生产力，抵御暴风雨、冰雹和闪电，治疗蝎子蜇伤和狗的狂犬病。

罗马的阳具护身符（称为*resturpicula*，意为"不雅物件"）常常是一种双重符咒，一端是阳具的样子，另一端是无花果手势（*mano fico*）——这种手势是将拇指握在食指和中指之间，代表女性的生殖器官。现在，意大利南部和其他地区还在使用这种手势，它既是一种防护信号，也有轻蔑猥亵之意。另一种手势称为角手势（*cornuto*），像两角一般伸出食指和小指，把

---

[1] 查拉图斯特拉（Zoroaster），古波斯国教琐罗亚斯德教的创始人。

拇指和另两根手指曲向手掌，一样是祈求防御邪恶的意思。人们常常用珊瑚雕出无花果手势和角手势，用作护身符，意大利南部和西西里岛的人尤其如此。也有珊瑚被雕成简单的弯角，作为净化的阳具挂在颈部。（图85、86、87）

在中世纪的意大利，形同生命之树的珊瑚枝丫对孩子们来说是一种不错的护身符，它出现在圣母与圣婴的各种宗教画像上。在法衣、十字架、圣餐杯和各种宗教雕刻品上，也能看到珊瑚的宗教用途，它们在符咒串珠和念珠制作中风行一时，尽管天主教教义认为其过于奢侈。在14世纪和15世纪的画作中，幼年耶稣的脖子上常常挂着一枝珊瑚，这是方济会教化的一部分，好让圣子显得更加慈悲。一直到文艺复兴时期，珊瑚枝仍然是孩子的护身符。珊瑚的红色在多种层面上都象征着基督徒的虔诚，特别是在皇家与富人之中。在文艺复兴时期，有越来越多的人使用它。有些时候，珊瑚会和另一种护身符——十字架搭配，正如雅各布·迪·米诺于1342年创作的《圣母与圣子》中所绘。（图88）

图85、86、87 / 红珊瑚雕刻的护身符。从左到右为：无花果手势、角手势、弯角状吊坠。

左图88 / 雅各布·迪·米诺·德尔·佩利恰尤，《圣母与圣子》细节图（1342），板上蛋彩画，藏于意大利萨尔泰阿诺的圣马蒂诺教堂。圣子的项链上罕见地搭配了一簇护身红珊瑚枝和一个十字架。

上图89 / G. 伊夫林·哈钦森在他的论文"奇幻之旅：研究海洋对人类文化某些方面的影响"（1995）中画了这张圣子所戴吊坠的细节草图，载于《海洋研究杂志》。

## 重访危险的珊瑚

毁灭与死亡的二重奏可追溯至珊瑚礁相关的最早论述中。老普林尼重复叙述着印度洋海底森林从罗马船舰上撕下船舵的故事。关于这些珊瑚礁造成的危险，在最早的第一人称汇报中，有弗朗索瓦·皮拉德·德拉瓦尔在1602年于塞舌尔遭遇的海难报告：

> 在一个环礁的中央，你会看到周围有巨大的岩架，扎牢并保卫着群岛，抵御海洋的狂暴。但哪怕是最有勇气的人，也会觉得靠近这岩架是极度令人恐惧的，看着海浪从四面八方汹涌而来，暴烈地拍碎在岩石上……大浪或巨浪比一幢房子还高，像棉花一样白：……像雪白的墙，尤其从高处拍下时……海水中常常有非常尖锐的岩石，会给撞上

它的东西造成可怕的伤害。[29]

在皮拉德的这份体验过去20多年后，荷兰东印度商船"巴达维亚号"于1629年首航，却在澳洲西部印度洋的阿布洛斯豪特曼群礁处满帆撞上了一块珊瑚礁。弗雷德里克·德豪特曼在不到10年前刚刚于海图上标出这片群岛，阿布洛斯这个名字源自一位葡萄牙水手的警告：睁大眼睛（*abri vossos olhos*）。船难引发了暴动和大规模的屠杀，迈克·达什的《巴达维亚之墓》（2001）曾经根据历史第一手资料重述过这件事。

一个半世纪后，在大陆的另一侧，目光敏锐的詹姆斯·库克中尉带领"奋进号"穿梭于被班克斯称为"浅滩迷宫"的礁群迷障，尽管测深员的探测显示前方的深水正处于涨潮状态，船还是撞上了现在的奋进礁，并牢牢卡在了上面。关于这些威胁水手的障碍，许多其他资料都描述过这险滩的奇峻（尤其是在礁石的向海面或迎风面——也就是水手恐惧的背风岸，即礁石在航行船只的背风面）。船员和绅士们不顾一切地为"奋进号"减轻负荷，并操纵水泵。他们抛下一支锚，在下一次涨潮时用绞盘卷动锚索将船移出了礁石，而后又花了两个多月时间，才将船维修至足以继续航行的程度。（图90）

活珊瑚礁最危险之处在于它很尖锐，达什将其活灵活现地写进了小说中，"巴达维亚号""在珊瑚碎片一路凿进它的侧面时咆哮着……它的底部在珊瑚上摩擦出了不祥的声音……"。很快，船难的幸存者"发现他们被怒浪与珊瑚之爪从三面包围……听着船体发出可怕的摩擦声"。库克亲身描述了"奋进号"船身上的切口，"几乎看不到一个碎片，但整个船身被切开，就好像是人拿着钝器划出来的一样"。班克斯在日志中写道："我们正位于没入水面的珊瑚岩上方，这是所有珊瑚中最恐怖的，它们锋锐的尖端和粗粝的质地能一瞬间割穿船底。"[30]太平洋岛屿上的文化群落充分利用了珊瑚的这些特质，将它们当作工具用来钻孔、研磨和打磨。

1828年，在一位爱尔兰海军上校的带领下，朱尔·迪蒙泰·迪维尔船长乘崭新的"星盘号"航向瓦尼科罗群岛，搜寻拉彼鲁兹伯爵让-弗朗索瓦·德加洛的探险队，他们在1788年的一次灾难中惨遭不幸。这次灾难影响到了之后许多年里法国的海事计划和远征行动。和迪蒙泰·迪维尔同行的还有医生兼博物学家盖伊和盖马尔，他们一直在持续研究珊瑚。盖伊记录了拉彼鲁兹舰队在群岛周围堡礁上的损失[31]，儒勒·米什莱在他的畅销书《海》（1864）中煽情地引用了这段记录，一片"可怕的背风岸"，有着"高耸且参差的岩石……像剃刀般锋利"。

库克和班克斯提供了关于这次搁浅的惊人细节，这些细节后来被多产的远洋冒险小说家帕特里克·奥布莱恩用在了《十三枪礼炮》（1989）中，故事发生在拿破仑战争时期。在《海底两万里》（1870）[32]中，儒勒·凡尔纳笔下的小说角色也置身于一样可怕的海峡里，这让人想起库克，但更像是

图90 / 1770年6月11日晚11时，英国皇家海军"奋进号"牢牢卡在了苦难角附近的一处礁石上。在离礁后，船员将船拖上了奋进河河口，在那里修好船，然后继续航行。图来自安德鲁·加兰，《风景如画的澳洲地图集》，第一卷（1886）。

珊瑚：美丽的怪物

迪蒙泰·迪维尔，后者于1840年撞上了澳洲北部与新几内亚之间的托雷斯海峡中的一块珊瑚礁，"几乎全军覆没"。

彼得·马西森将他的现代冒险小说《遥远的龟岛》（1975）的故事发生地设定为开曼群岛和加勒比海洪都拉斯外的偏远岩礁。在悲剧的开始，作者就营造了不祥的氛围，当一艘捕龟纵帆船的船员小心翼翼地在暗礁间的水道中行进时，水下的珊瑚就像水底风暴云一般聚集着。小说的末尾，在这神秘莫测的海岸上一个风雨交织的暗夜里，这艘船"在如白色幽灵般礁石的包围下"碎裂沉没了。

在现代探险生态旅游中，又出现了新的危险。对于库克和其他水手来说，珊瑚礁在浅水中突出的锋利边角很危险，而对于水肺潜水员来说则相反。自由潜水员詹姆斯·汉密尔顿－佩特森在《深渊》（1992）的"礁石与视觉"一章中写道："礁体延伸向海面的高崖崖顶离水面只有几英寸远，而峭壁可能向下直落约1000米，陡坡上的颜色和生命形态清晰且稳定地变化着。"对于阿瑟·C.克拉克的《海豚岛》（1963）主角而言，"他迟早必须跟着米克潜下那蓝色的神秘斜坡"。除此之外，查理·贝龙还警告水肺潜水者：

> 水深始终都是个威胁，向深处坠落的净水珊瑚礁可能很具迷惑性，它们对一位热情的潜水者来说往往有着致命的吸引力，这些潜水者总是想再多下潜一点点，直至超出自己的生命旅程……因为海水的清澈和礁坡的陡峭，50米深处的礁面看上去和10米处没什么差别——这对潜水者来说是个死亡陷阱，因为它令你对深度毫无感觉……
>
> ……到处都是丰富的生命，潜水员会因此停下来——停驻，休息，思考，惊叹于周围的生命……但这些想法必须是转瞬即逝的，潜水员绝不能屈服于珊瑚礁魅惑的呼唤。[33]（图91）

图91 / 一位潜水员在探索大堡礁泰德蒙礁的陡坡。

## 死亡与感伤

在诗歌与文学中，总是存在死亡与感伤的暗流，它们与珊瑚暗礁相关。一代又一代的水手认为淹死便会失去一切永生的希望，因此船难能带来可怕的危险：这让人想起《克拉雷尔》（1876）的开篇，精通文学的水手赫尔曼·梅尔维尔阐明了隐藏的危险：

> 看不见也听不到，直到——瞧啊，礁石——
> 礁石与碎浪，残骸与悲伤。

　　　　　　　　　　珊瑚：美丽的怪物 ————

菲利普·弗瑞诺（"美国革命诗人"）自己是个水手，他在1784年牙买加海岸外的"海上刮起狂风"时写了《飓风》，想到在那深海之中，死去的水手"沉睡在珊瑚床上，无人垂怜"。大堡礁启示了澳大利亚诗人J. J. 唐纳利，在透着阴暗与潮湿的《海之幽灵》中写到一位海难牺牲者：

> ……水手渴望沉眠，
> 在深海珊瑚园中。

珊瑚与珊瑚虫那模棱两可的神秘特性，以及它们潜藏于令人恐惧的深海中的生活习性，都使它们长久地与死亡联系在一起。在威廉·布莱克（他了解珊瑚）的神话诗中，"珊瑚虫"是个反复出现的象征，在《四天神》（约1796—1802）的第四夜中这样写道：

> 阿尔比恩的尸体躺在岩石上，
> 四周拍打着时空之海有力的波浪，
> 与海下植物般生长的珊瑚虫一样，
> 这个人的四肢以怪异的死亡形态生长，
> 成为死之人虫。

当人们意识到礁石和环礁是由动物建造的以后，他们的关注点就一直落在建造者——珊瑚上，在诗歌的想象中尤其如此，这些诗歌常常触及死亡。关于这些建造者的最伟大的文学纪念碑，当然要数詹姆斯·蒙哥马利的史诗《鹈鹕岛》（1828）。他明言是"受了弗林德斯船长的《南方大陆之行》的一个段落"的启发。蒙哥马利将礁石看作一个"石峰"，它处于"光明与幽暗交汇之处，居于海面与深渊之间"，并且是一个"向日光攀升的惊人构造"——一个"不灭的石造""迷宫",由"蠕虫"凭借本能用"石化之指"建造而成,这些蠕虫"像星辰般向外放射","繁荣衰亡",在它们的祖先上建造它们自己的"坟墓"——"从水中生出坚固的岩石"。

蒙哥马利对珊瑚和礁石的研究做了诗意的描写,然而他的诗充满了死亡的色彩,在诗中,这些生命短暂的"建筑师"在"向上衰亡"的过程中,建立它们自己的"遗忘神殿",其中包括了"陵墓"与"墓穴"两个词(1810年,罗伯特·骚塞在《克哈马的诅咒》第十六篇的标题中也用过后一个词,标题中包含他对珊瑚礁的植物性描述)。在质疑是否"在科学范畴内质疑诗人"[34]时,詹姆斯·达纳(1838—1842年间美国探险队中的一位地质学家,后来成为耶鲁大学的教授,他还为达尔文的沉降理论提供了第一份证据)认为蒙哥马利的想象源自他过度的拟人化和对珊瑚体连续堆叠本质的误解。他认为,每只水螅体在分泌一个新的珊瑚体时,就会封闭之前的珊瑚体,自身向上移动,而不是将自己埋葬在密封小室里。

库克在测绘北昆士兰的堡礁群时,将它们标为"大迷宫"而不是"迷阵",因为迷宫隐含了致命的意思:一只怪物和一个在此被骗至死的英雄。鉴于那些礁石的范围跨越了至少5个纬度(678千米),库克也需要一个更长的词来标注它们!

在蒙哥马利的史诗出版的同时,迪蒙泰·迪维尔从塔斯马尼亚岛航行至宿命的瓦尼科罗群岛。[35]本地人告诉盖马尔博士,"大海保存着所有在海难中死去之人的骸骨",但迪维尔的团队没能找到拉彼鲁兹探险队中任何人的遗骨。迪蒙泰·迪维尔记录了"瓦尼科罗可怕的礁群"和拉彼鲁兹船队的遗迹发现,他在其中用"悲惨"来形容残骸。团队造访了被珊瑚包裹的沉船,找回了一些人工制品,而后着手为遇难船只(用珊瑚岩礁)建造一座纪念碑。(图92)迪蒙泰·迪维尔最初称其为"陵墓",但由于其中没有任何尸骨,后来又将其改成了"衣冠冢"。由于疾病在他的船员中肆虐,他自

珊瑚:美丽的怪物 ————

已也在遭受高烧的折磨，他担心这建筑可能会成为他们自己的纪念碑。儒勒·凡尔纳读过迪蒙泰·迪维尔的报告，在《海底两万里》的"瓦尼科罗"这一章中，他重述了这个故事，阿隆那克斯教授在"鹦鹉螺号"上，而非一艘小船上，"张口结舌地看着这可怜的残骸"。

约瑟夫·比特·朱克斯乘英国皇家海军"飞行号"在托雷斯海峡航行时，曾爬上一处在礁石上撞毁的船只残骸，狂暴的碎浪重重拍打着礁石，这是一次令人抑郁的体验：

时不时就有比平常的浪头更高的大浪冲上失事船只的船头……在

图92 / 在船的礼炮声中，崭新的"星盘号"上的官员与水手努力用珊瑚岩为拉彼鲁兹探险队建造了一座纪念碑。当地的岛民看着这一切，"瓦尼科罗可怕的礁群"也在视野范围内。平版印刷画，路易·奥古斯特·德圣松（约1828），出自朱尔·迪蒙泰·迪维尔的《轻巡洋舰星盘号的航行：阿特拉斯三世的历史》（1830—1834），图187。

它边上航行时激起的波浪拍打着它的船舵，让它前前后后地摇晃着，发出嘎吱嘎吱的缓慢呻吟，就好像那老船在抱怨自己长久忍受的痛苦。[36]（图93）

在查尔斯·达尔文的《"小猎犬号"航海记》中，关于"珊瑚建筑师"的内容包括以下这段哀凄的文本：

> 到时候，中央的陆地将沉入海面以下，从此消失，但珊瑚将筑完它的围墙。于是我们不就得到了一座环礁岛吗？在这个角度下，我们不得不把环礁岛看作一座由无数微小的建筑师搭起的纪念碑，它纪念这个场所——曾经的陆地在此埋葬于深海之下。

A. FLOTSAM.—WRECK OF NEW GUINEA MISSION SCHOONER "HARRIER."

图93 / 库克敦附近大堡礁上纵帆船"猎鹞号"的遗骸，W. 萨维尔－肯特摄，出自《澳大利亚大堡礁》（1893），图XXX。

珊瑚：美丽的怪物 ————

回忆一下赖尔写给赫舍尔的信，其中有关于达尔文沉降理论的内容，环礁是"被淹没的大陆向水面抬头的最后努力"。我们的当代作家亚当·高普尼克写得简明又形象："珊瑚礁只是一个葬礼花圈，环在死去的山尖。"[37] T. A. 斯蒂芬森是1928—1929大堡礁探险队的海洋生态学家，他从更高的角度看，"尽管这些礁石又大又坚固，它们看上去……就像浮在海面的幽灵"。[38] 哀凄的珊瑚礁是花圈和幽灵。

珊瑚礁古怪的生长形态导致了这样令人不安的阴森外观，还有人将它类比于某种时代作品的象征。爱德华·约翰·特里劳尼是珀西·比希·雪莱的"朋友及拥护者"，诗人于1822年溺亡，葬礼在海滨举行，在此后的50年中，特里劳尼反复写关于此事的段落。浪漫传记作者理查德·霍姆斯认为这些润色"累积起越来越多的巴洛克式细节，就像某种凶兆般的传记珊瑚礁"[39]。

珊瑚与人类的死亡、葬礼和石化的联系在19世纪随处可见。巴龙·厄让·朗索内-维尔兹是第一个在水下描绘珊瑚礁景色的人（见第四章），他在一幅出色的画中画了一颗人类头骨，令画作有了一种"空渺感"，这种感觉与19世纪人们对深海的想象相一致。（图94）朱尔·朗加德把珊瑚海写成船舶吞噬者，死者"永远埋葬在它阴郁的洞穴中"[40]。在《海底两万里》中，儒勒·凡尔纳描绘了两次关于埋葬的景象。其中一次是在"瓦尼科罗"这一章，阿隆那克斯和尼摩看见了拉彼鲁兹伯爵舰队的残骸："啊，对于水手来说是多么美丽的死亡，"尼摩船长说，"珊瑚之墓是和平之墓。若天国允许它们陪伴我，那我就不会安息在别处！"

在"珊瑚王国"这一章，图景就更加形象了，尼摩吟诵道："我们挖掘墓穴，我们委托珊瑚虫将我们的死者封入永生。"[41] 有了阿方斯·德纳维尔的

下页图94 ／ 厄让·冯·朗索内-维尔兹，《锡兰近岸海底风景》，未注明出版日期，1865年之后，帆布油画。风景元素来自朗索内的各幅画作，以平版印刷的方式发表于他记叙自己的旅行以及在锡兰水下观察所作的书中。

图95 / 阿方斯·德纳维尔的画作中，"每个人都以祈祷者的姿势跪下"。亨利·希尔迪布兰德所绘版画，场景出自儒勒·凡尔纳的《海底两万里》(1871)。

插画，凡尔纳的散文体变得更加令人难忘，"每个人都以祈祷者的姿势跪下"，"鹦鹉螺号"的船员们跪在一处敞开的墓穴周围，墓穴前端有一块粗粗劈就的珊瑚十字架，还有高耸的珊瑚群矗立在后方。(图95) 1916年，斯图尔特·佩顿大致基于这本小说拍摄了电影，其中运用了这一场景，威廉森兄弟在这场景中开创性地使用了水下摄影技术。1954年华特·迪士尼的电影版本更受欢迎，这个版本同样留恋这幕成功的场景。(图96)

凡尔纳的语言和之后的电影组成了意象的十字镐，凿穿了珊瑚的石质基底，挖出了墓穴，令人回想起皮拉德·德拉瓦尔、库克和班克斯、弗林德斯和盖伊对刀锋礁石参差锐利之危险的注释。当越来越多人造访珊瑚礁时，与它们的相遇也变得越来越痛苦。在梅尔维尔的传记《奥姆》(1847)以及翁贝托·埃科的《昨日之岛》(1994)中，极度锋锐的珊瑚被植入了虚构角色中。詹姆斯·邦德系列电影《007之最高机密》(1981)中，反派略施小计，便将丰富的石生植物变成恶毒的石蚕——能将人千刀万剐的死亡工具——并用一艘飞驰的小船把邦德(和总是出现在他身边的女伴)拖过一处珊瑚礁，让鹿角珊瑚的碎片散落在血腥的尾迹中。

在超现实主义电影《海底两万里》(1907)中，乔治·梅里爱早已将珊

图96 / 拍摄水下葬礼，华特·迪士尼的电影《海底两万里》（1954）。

瑚设定为有害的生物，它们威胁到了从潜水艇中出来后如梦如醉的渔人伊夫。不过，梅里爱在此颠覆了珊瑚是固体石质的概念：它们锯齿般的枝条如铰链一样能够移动，当伊夫试图轻嗅"珊瑚之花"时，它们几乎诱捕了他。

在21世纪的线上短故事《我，划船》[42]中，科利·多克托罗对珊瑚陷阱是一种武器的概念又做了一番加工，用有知觉的、能移动的珊瑚，将水肺潜水员诱捕进一处由错综复杂的钙化手臂组成的牢笼里，以报复人类对珊瑚礁的破坏。梅里爱和多克托罗的意象都让人回想起乔治·居维叶，后者用piège（陷阱或圈套）一词来描述构成岩石和礁石的珊瑚枝杈带来的危险。[43]在汉斯·克里斯蒂安·安徒生的《海的女儿》（1837）中，小美人鱼居住在她父亲的海底宫殿中，宫殿由珊瑚、贝壳和琥珀搭建而成，而在巫师的森林中，那些总想抓住什么的植物潜藏着危险。寥寥数句中交织着许多关于珊瑚的幻想，在那里：

> 所有的树和灌木林全是些珊瑚虫——一种半植物和半动物的东西。它们看起来很像地里冒出来的多头蛇。它们的枝杈全是长长的、黏糊糊的手臂，它们的手指全像蠕虫一样柔软。它们从根到顶都是一节一节地在颤动，它们紧紧地盘住它们在海里所能抓得到的东西，一点也不放松……她看到它们每一个都抓住了一件什么东西，无数的小手臂

盘住它，像坚固的铁环一样。那些淹死在海里和沉到海底下的人……露出了白色骸骨……还抱着一个被它们抓住和勒死了的小人鱼——这对她说来，是一件最可怕的事情。[44]① （图97）

除了人类的死亡外，人们还常常把一边钙化一边再生的珊瑚与变形和永生联系在一起。关于这种转变，最早的文学表达来自莎士比亚的《暴风雨》（约1610）中关于阿隆索的段落，在如今广为人知的第一幕第二场的"爱丽儿之歌"中：

> 五呼的水深处躺着你的父亲，
> 他的骨骼已化成珊瑚；
> 他的眼睛是耀眼的明珠；
> 他消失的全身没有一处不曾
> 受到海水神奇的变幻，
> 化成瑰宝，富丽而珍怪。②

死后的骨骼化为珊瑚，莎士比亚在此意喻什么？一个猜测是，阿隆索的海中化身意味着他的复活，红珊瑚一直以来都在宗教里象征着复活。珍珠和珊瑚总是成对出现（两者自远古以来就是海仙女涅瑞伊得斯的标志），喻为珍贵的不朽之物，它们将在阿隆索化身之后巩固他的海下躯干，这一灵感可能受到伊尼戈·琼斯和塞缪尔·丹尼尔的假面剧《泰西丝，水泽女神与河流之母》（1610）中服装的启发。[45]

---

① 译文摘自《海的女儿》，叶君健译，上海译文出版社1978年版，第134—135页。
② 译文摘自《暴风雨》，朱生豪译，中国文史出版社2013年9月版，微信读书第36页。

图97 ／ 古斯塔夫·福楼拜认为珊瑚（木珊瑚，*Dendrophyllia ramea*）有巨大的手臂；汉斯·克里斯蒂安·安徒生则觉得它们黏滑，而且有虫一样的手指，能抓住深海里倒霉的人类和其他生物。

但是在艺术或文学传统中，珍贵的红珊瑚与人类骨骼并没有联系。可以肯定的是，莎士比亚在学校里研究拉丁文时阅读了奥维德的作品（他大量引用了奥维德的《变形记》[46]），又或是读了亚瑟·戈尔丁1567年的英文译本，从而了解了美杜莎的神话和红珊瑚的起源。他也许是从中萌生了珊瑚与人类化身的灵感。莎士比亚可能只是看到了石珊瑚的骨骼或宝石珊瑚的白色变种，认识了它们的骨质特征，便萌生了骨骼被海洋塑造成珊瑚礁的想法，这念头甚至比细枝变成宝石珊瑚的主意更加丰富、更加奇怪，而且化形成红珊瑚的人骨从颜色上看并没有很突兀。（图98、99）

之后，梅尔维尔将在他的小说《玛地》（1849）中使用这样的石珊瑚骨骼意象，以重述与环绕热带岛屿的珊瑚礁起源相关的神话。神灵乌匹是一名弓箭手，他杀死了一个邪恶巨人，后者的"残骸石化成了珊瑚的白骨"，从过往的船舷上能看到它们。在马克萨斯群岛（法属波利尼西亚）上，肌肉发达的12世纪英雄欧挪的相关传说中也出现过类似的化形。欧挪在阿图

图98 / 马克·迪翁，《骨骼珊瑚》（幻影博物馆，2011），纸胶混合物和玻璃制品。

珊瑚：美丽的怪物 ————

图99 / 埃德蒙·杜拉克，"五㖹的水深处躺着你的父亲，他的骨骼已化成珊瑚"，
莎士比亚喜剧《暴风雨》（埃德蒙·杜拉克插画版，1908），纸上水彩画、水粉画、铅笔
与褐色墨水画。

奥纳（保罗·高更后来葬于此处）被斩首后，身躯化成了珊瑚礁。

在《玛地》的其他内容中，梅尔维尔在描述一个太平洋岛国国王时将人骨和珊瑚混合在了一起：

> 但他手上摇晃的是什么？一根权杖，还有很多与之相似的权杖埋藏在他脚边的珊瑚中。一根抛光的股骨……为了强调他彻底的统治意志，玛角拉自己选择了这种支配人类的象征。

神圣的住所则：

> 主要因其路面而显得不同，根据岛上奇怪的习俗，路面嵌入了据说是唐加洛洛王骨骼的东西。每一块骨骼都由珊瑚镶嵌环绕——红色、白色和黑色……"你自己的骨，你自己携带，以这凡人之身，若无善性的遮掩，人们便将看见，你这活着的死者……"巴巴兰加沉思着，在珊瑚国王的身上踱步。

在1876年的史诗《克拉雷尔》的一段葬礼诗篇（背景是耶路撒冷的一处陵墓）中，梅尔维尔再次运用了人骨与珊瑚的比喻，并且为这一场景增添了花朵的意象：

> 有一次，运气使然，他看到了海珊瑚般的骨骼，
> 还有一具发白的头骨，
> 像一个花瓶，被花朵优美地攀爬环绕，
> 屏息感觉，花朵在死亡之上狂欢。

詹姆斯·W. 霍尔在他的神秘惊悚小说《珊瑚骨》（1991）中告诉我们，

珊瑚或其他海洋生物包裹，这些生物总是抓住机会在硬质人工制品上聚集，因此这些人工制品会变成新珊瑚礁的基底。当代艺术家贾森·德凯雷斯·泰勒为菲尔波特的雕像注入了生气，他将人形混凝土铸件放在珊瑚礁群落里，聚集在这些铸件上的生物为它们包上了外壳，随着时间的推移改变了它们的样貌和质地。（图102）

菲尔波特的雕像可能象征着古希腊或古罗马文明的终结，又或是当时战争临近对欧洲文明的威胁。[49]苍白的无臂雕像让人想起米洛的维纳斯，没人比1820年时年轻的迪蒙泰·迪维尔更明白它的重要性，当它在爱琴海的米洛岛上出土后，他立刻为法国购买它做好了准备。菲尔波特的水下场景中出现的古典雕像和伤感的氛围也可以让人想到亚特兰蒂斯：想起赖尔对被淹没的大陆的评论，以及高普尼克将珊瑚礁视为献给沉没大陆的葬礼花圈的比喻。

淹没于珊瑚中的孤独身影也让人联想到理查德·加尼特的诗作《珊瑚深藏之所》（1859），爱德华·埃尔加在1899年为其编曲。诗人可能是自杀了，但在曲子里，他是因为被"珊瑚深藏之所"迷人的美引诱而溺毙：

> 深处有轻柔缓慢的乐声，
> 当风唤醒那缥缈空灵，
> 它诱惑着我，诱惑着我向前，
> 去寻找那珊瑚深藏之所。

> 在山川与牧场边，在草地与溪流边，
> 当夜已深，月已明，
> 那乐声仍然寻找着，并找到我，
> 告诉我珊瑚深藏之所。

啊，合上我的眼睑，就这样，

但那倏忽的幻梦飞远了，

去那波浪与贝壳翻涌的世界，

还有一切珊瑚深藏之所。


你的唇像落日的余晖，

你的笑像晨曦的天空，

但离开我吧，离开我，让我去，

去看那珊瑚深藏之所。


在观察红海的珊瑚礁时，19世纪的医生C. B. 克伦金尔也感觉到了这种诱惑：


我们感觉到了向下的吸引力，有一种神秘的力量将我们扯向这些事物，它似乎很近，却又被如此遥远且难以企及的异域元素渲染。我们如在梦中般凝视着深处，沉浸在不可名状的感觉与朦胧的感想中。[50]


珊瑚与礁石不分你我地吸引着有浪漫倾向、习惯内省、有避世心理，甚至气质忧郁的生物学家。阿尔弗雷德·戈尔兹伯勒·梅厄曾经是亚历山大·阿加西斯的一名助手，他在珊瑚的实验生物学方面颇具开创性，曾穿上潜水衣探索大堡礁，而后于1904年佛罗里达州德赖托图格斯群岛建立了美国第一所热带海洋实验室。1922年，《科学》上发布了他的讣告，称梅厄是"一位独特的艺术家，有着诗人的气质"。也是这位梅厄，在他优美的自

左页图102　/　贾森·德凯雷斯·泰勒，《兴衰》（2007），混凝土铸件。

绘插画著作《世界的水母》（1910）中写道："推动博物学家工作的不是逻辑，是爱。"[51]

伊恩·麦克考曼引用了梅厄未出版的日记，那是他在阿加西斯1896年大堡礁探险中，造访库克敦外海龟礁时写的：

> 凝视那蓝绿色的深处时，你会看到色彩美好的变幻，日光在珊瑚森林的枝条间狂欢，而阴影与日光争抢着引诱你的视线，那就像是尘世之外的另一个世界。一个远离上层世界纷争的所在，那里没有悲伤，生命在散漫又慵懒的快乐与美中永恒。[52]

之后，回到佛罗里达时，梅厄写信给他的妻子："我……向下望着珊瑚洞穴的凹处，深处冰凉的暗影在邀请着我，离开我们平凡的世界，跃入下方那灿烂的魔法王国。"[53]

　　　　　珊瑚：美丽的怪物 ————

# 第四章　珊瑚的魔法

那些绝致的花束由海鸡冠和石蚕在深处形成。死与生如此接近，以至于想象力能无拘无束地塑造出这些好似矿物的形态……石泉中汲取的一簇。

——安德烈·布勒东，《疯狂的爱》（1937）

忧郁的人会如何看待珊瑚的各种样貌？人类的集体想象孕育着它们，这些树状实体渐渐被点缀上了同时代的文化幻想。因为其植物形态，人们把珊瑚布置在花束、花圃或是植物园里，宝石珊瑚的红色让它们看上去像生命之树，或基督受难及复活的象征。其钙化质地使人们把珊瑚当作自发形成的晶体，就像冰晶一样，坚固但又精美且短暂。坚固恒久的珊瑚岩见证了许多博物学家和亲王建起藏宝柜收藏珊瑚来满足他们的好奇心。因其浓郁的红或光裸的骨质，珊瑚被当作人类的解剖结构，比如血肉或骨骼。艺术家和科学家将孤绝的环礁画成宁静的田园，如同自然和谐的标志，引诱着人们去探索。礁石上气势磅礴的海浪、珊瑚的文学与诗之历史都为音乐艺术品注入了灵感，将听众带入波浪下不那么寂静的世界。

## 珊瑚花圃

19世纪的航海家和博物学家常常殚精竭虑，有时也欢欣鼓舞地体验并书写珊瑚礁那暧昧属性中蕴藏的危险、悲郁和美，尤其是美——有时这些韵味是由新发现的知识带来的。1802年10月9日，"调查者号"的指挥官马修·弗林德斯扩展了库克的"大迷宫"海图，将此地命名为"大堡"：

> 我和一群绅士一起登上了礁石，边缘的水非常清澈，我们的视野中出现了一个新的造物，它对我们来说是新的，但形式上是对旧造物的模仿。我们看到水下闪耀着小麦、蘑菇、牡鹿角、卷心菜叶等林林总总的形态，它们鲜亮的色彩在各种绿色、紫色、褐色与白色间过渡。它们美得各有千秋，其壮丽程度胜过了园艺大师种出的最受人喜爱的花园……但是，在凝望这华美的场景时，我们并不能完全忘记它隐藏的毁灭性。[1]

那个时候，珊瑚是动物的事已广为人知，但在这段话里，弗林德斯依然强调了珊瑚和陆地植物的相似性。不过，这种植物的意象已经在人们的脑子里扎根了许多个世纪，它的生命力还很强健。而且，只有用熟悉的事物来形容陌生又新奇的东西才是自然的，因为人们会把自己知道的事物映射在自己不知道的事物上。作为舰船指挥官，弗林德斯要为船的安全负责，尤其还因为此时他正在找寻驶出迷宫的安全路径，所以在这段充满被浪漫化的诱惑和壮丽的文字最后，他提醒大家注意珊瑚礁的危险性。

实际上，弗林德斯在别处描述过，珊瑚礁的构造是由"微动物"搭建的，约翰·巴罗也是这样说的，作为一名皇家学会成员，他早前曾参加过前往南圻（如今越南的一部分）的一次航行。但博物学家巴罗也充满热情地说过："多么美妙，多么不可思议，这样了不起的构造能够屹立于世，全

珊瑚：美丽的怪物 ————

靠如此微不足道的虫子安静的、毫不间断的且几乎难以察觉的劳作!"[2] 巴罗是否读过伊拉斯谟斯·达尔文的史诗《植物园》(1791)? 在诗中,珊瑚礁是"虫建珊瑚活岩的低语之处",在对这一行的"哲学注释"中,达尔文写到了"由无数珊瑚虫搭建的巨大且危险的岩石"[3],并且使用了库克的描述,将它们写作垂直的岩墙。在这一行的前几行中,老达尔文触及了珊瑚的动物性、植物性及矿物性的所有根基:

> 喂养着她那虫之花的鲜活花瓣,
>
> 还有她布满贝壳的花园,她海浪轻摇的凉亭,
>
> 用矿石和宝石装饰她的珊瑚小室,
>
> 在每个张开的小室中丢一颗珍珠。(图103)

同样的还有威廉·布莱克约1805年出版的印刷品,在这幅广为人知的作品中,艾萨克·牛顿坐在水下,他坐着的显然是一块色彩鲜明的珊瑚礁活岩,上面还长着海葵。(图104)布莱克可能清楚珊瑚特质的多样性,1783年,年轻的布莱克写了《致缪斯》一诗,在他的诗中,缪斯"被深海怀抱",徘徊于"无数珊瑚林间的……水晶之岩上"[4]。

罗伯特·骚塞是英国湖畔诗人之一,并于之后被封为桂冠诗人,他在1810年出版了史诗《克哈马的诅咒》,在第十六篇中描写了一个水下印度城市,拥有"古老的坟墓"、"珊瑚的凉亭、石蚕的岩穴和石头连成的灌木","鲜活的花朵开放绵延,无数寻觅的花蕾像绿色的花药般舒展",而且"海仙女喜欢将那深处的树木、灌木、果实与花朵编入她们的发绺"。在此,浪漫的诗意与自然历史的熟悉感扑面而来,也许还透露出文艺复兴时期绘画的韵味,而珊瑚依然保持着它们古老的植物及岩石的双重特性。

珊瑚的石植二元性也出现在其他文本中,比如赫尔曼·梅尔维尔在《奥姆》(1847)中对帕皮提港口"珊瑚林"的描述:

图103　/　埃德蒙·杜拉克，《珍珠的诞生》（约1919—1920），收于伦纳德·罗森塔尔的《珍珠王国》（1920）。

图104 ／ 威廉·布莱克，《牛顿》（1804—1805），彩墨钢笔画，彩色印刷。

在这透明如空气般的水下，你能看到许多珊瑚植株，它们有着各种你可以想象到的颜色与形态：鹿角状、蔚蓝的簇状、像谷物的茎秆般摇曳的芦苇状、淡绿色的芽状与苔藓状。在某些地方，你能看到多刺的枝条下方有雪白的沙地，那里长出了坚硬的球状珊瑚⋯⋯（图105）

詹姆斯·盖茨·珀西瓦尔因其诗作《珊瑚林》（1863）而闻名，在诗中，他将农业和森林植物学，与一定程度的海洋生物学和地质学结合在一起。在维多利亚水族馆时代，海洋渐渐被纳入版图，使越来越多人能够体验海洋生物的奥妙，法国作家阿瑟·曼金在《海洋之谜》（1864）中轻笑

图105 / 克里斯·加罗法洛,《无物居住的珊瑚》(约2005),釉瓷。这些陶瓷嵌合制品展现了珊瑚的特性。有些让人想起梅尔维尔的环礁湖及其"雪白的沙地,那里长出了坚硬的球状珊瑚",在儒勒·米什莱的《海》(1864)中,那里"有强壮的芦荟和仙人掌的集合体"。

道:"让低等动物模仿陆地植物的形态,海洋似乎以此自娱自乐。"

在珊瑚变成动物后,水螅体依然保持着花朵的意象——马尔西利的"珊瑚之花"。当菲利普·亨利·戈斯在《刺胞动物大英百科全书》(1860)中写到海葵时,水螅体的收缩舒张是一个著名的比喻,他在书中运用了它:

当白日的光芒照在它们上面时,它们常常羞于展示其盛开之美。但一个小时的黑暗往往足以克服腼腆的犹豫……如果你想确保自己能看到它完全盛放的华美,那就在入夜的一两个小时后,点着一根蜡烛

珊瑚:美丽的怪物 ——————

去造访你的水槽。[5]

1893年，古巴出生的法国诗人若泽－马里亚·德埃雷迪亚于黎明造访了温暖深水下的一处珊瑚礁，以便在《珊瑚礁》的第一篇里将盛开的珊瑚动物与开花植物重新结合起来：

> 水下的太阳，神秘的极光，
> 阿比西尼亚珊瑚森林中的光，
> 在温暖的深池里，
> 混淆了盛开的动物和鲜活的植物。

保罗·波尔捷是刺胞动物刺伤过敏性反应的共同发现者之一，在《海洋动物生理学》（1938）一书中，他写到了他在大堡礁平静阳光中的经历。在那里，"多亏了完全透明的水质，我们才能观察到……'开花的'珊瑚"。

到了19世纪晚期，走进柏林水族馆人工洞室的诗人朱尔斯·拉福格沉浸在了自己的内在世界里，同时又像是与宇宙融合，自我无限扩张，他将这种感觉形容为珊瑚的舒张或盛开，"化为珊瑚"。[6]约翰·考珀·波伊斯也在他的小说《波利乌斯》（1951）中将珊瑚和想象的精神扩张联系在一起："他的思维自动更新，舒展它们纤细的卷须，在它们由阳光孵化的远占的清新中闪耀着浓郁的珊瑚红。"（图106）

珊瑚所造的礁石为无数其他动物提供了栖息地，人们逐渐认识了它们。1847年，也是梅尔维尔出版《奥姆》这一年，博物学家及地质学家约瑟夫·比特·朱克斯出版了他在"飞行号"上的勘测航行记录，他和不久前的查尔斯·达尔文一样，"就美感而言，迄今为止都对珊瑚礁的外观相当失望。尽管它们非常奇妙，但我看不出有什么可赞赏的。"[7]但也和达尔文一样，

图106 / 地中海红珊瑚舒展的水螅体伸出它们的触手。

在探索了一块外堡礁的背风面仅仅一天后，朱克斯就改变了态度：

> 那里的每一簇珊瑚都生机勃勃又华美丰茂。脑珊瑚和星珊瑚的光滑大圆块有别于盘珊瑚精致的片状与杯状展开，还有石珊瑚和列孔珊瑚无穷多样的分枝……它们的颜色无与伦比，有鲜亮的绿色，对比于更朴素的褐色和黄色，混合着浓郁的紫色，从浅粉色到深蓝色……在珊瑚的枝条当中，就如鸟儿在树枝间一般，游动着许多美丽的鱼，闪耀着金属绿或深红色，又或是长着奇特的黑色和黄色条纹。[8]

因此，在说明珊瑚类型时，浪漫主义者朱克斯（和与他同一时代的达尔文一样，就读于剑桥大学神学院，却被博物学——尤其是其中的地质学所吸引）甚至比船长弗林德斯更加热情洋溢，并且在描述珊瑚以及在珊瑚枝条间穿梭的鱼时也更加精细。但朱克斯无法放弃他固执的实践派园艺学：几页之后，他又把成片的草绿色珊瑚（可能是叶状陀螺珊瑚）看作"一个巨大的海底卷心菜花园"。（图107）

在《马来群岛自然考察记》（1869）一书中，阿尔弗雷德·拉塞尔·华莱士描述了安汶岛港口的壮美珊瑚群，他再次写到了在"这动物森林"中移动的彩色鱼类，不过没有像朱克斯一样联想到鸟类。而在《海底两万里》的"珊瑚王国"一章中，儒勒·凡尔纳比喻道："鱼扇动着鳍……像成群的鸟飞在珊瑚树枝间。"（图108）

在通俗演讲合集《植物档案》第2版（1853）英译版中，马蒂亚斯·雅各布·施莱登运用了朱克斯的整段描述，在"海与其居民"这一章节中将这一段落用作文字核心，描写了一块珊瑚礁及其中的居住者。朱克斯的珊

<hr>

下页图107 ／　在约瑟夫·比特·朱克斯对造礁珊瑚的园艺性描述中，陀螺珊瑚群像是"一个巨大的海底卷心菜花园"，就如这张在基里巴斯所摄的照片一样。

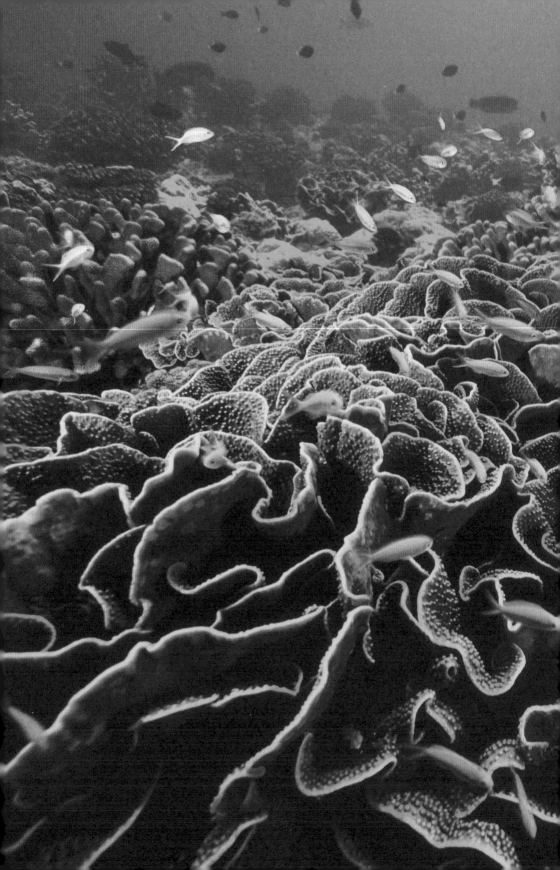

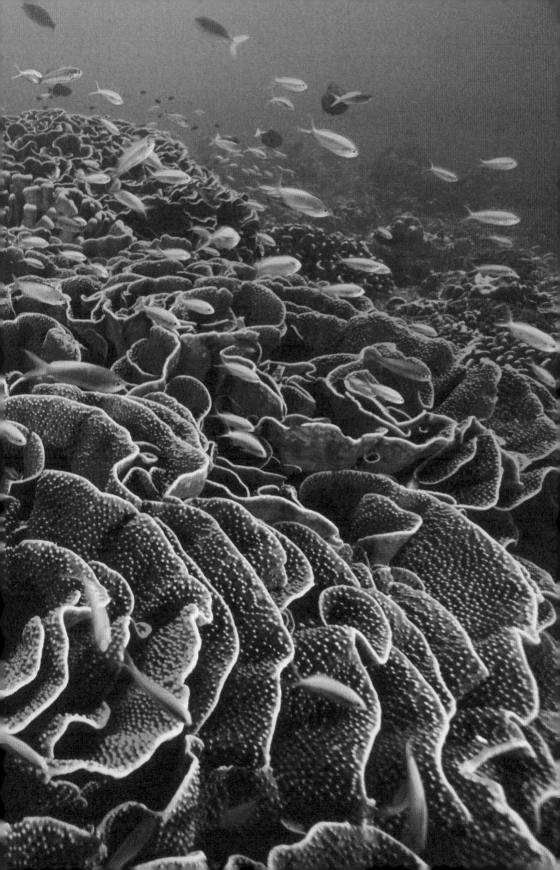

图108 / "浪与千鸟"，日本装饰发簪，玳瑁与粉红珊瑚雕刻制品。

瑚枝条间的金属色鱼类，变成了施莱登的"绕着珊瑚花朵玩耍游弋的海洋蜂鸟"。后者还提及了它们金属色的看似羽毛的部位，以及它们盘旋在花形动物之上的能力。

不过第一个把漂浮的鱼类比作盘旋的蜂鸟的人并不是施莱登。C. B. 克伦金尔在《上埃及：它的人民和产品》中描述了红海珊瑚礁，其中，他引用了原始资料——德国博物学家及显微镜学家克里斯蒂安·戈特弗里德·埃伦伯格在1832年描述了同一片珊瑚礁，"就像美洲蜂鸟在热带植物的花朵间玩耍一样，这些小鱼也是如此，它们有着金、银、紫和天蓝等美丽的色彩，大小只有几英寸，绝不会比这更大，在花一般的珊瑚动物间玩耍。"[9]

恩斯特·海克尔在1876年的《阿拉伯珊瑚》中也从蜂鸟类比中获得了

灵感，还让整个场景的光彩壮丽胜过了神话中的金苹果园。在《昨日之岛》（1995）中，翁贝托·埃科泛滥成灾的比喻变成了对此类珊瑚园描述的拙劣模仿，那里长满了植物，挂满了织物，飞着上釉的蜂鸟。

## 水晶般的珊瑚

恩斯特·海克尔看到了有机体至原子间的生命连续性，模糊了有机与无机间的差异性。在探索动物发育中的组织原则时，他期盼着一种"有机形体的结晶学"，一种"晶体之魂"的特性——这是海克尔最后一本书的标题，而且早在《自然的艺术形态》（1899—1904）一书中，放射虫和珊瑚骨骼的插图便已显示出他的这种思想倾向。（图109）

珊瑚的这种矿物晶体幻象已经膨胀了数世纪，就像福楼拜在《圣安东尼的诱惑》里写的，铁矿床里发现的霰石晶体——铁之花或霰石华——很像织锦挂毯般打褶的珊瑚。某些石膏和硬石膏晶体（硫酸钙，不是珊瑚骨骼中那种碳酸钙）也像珊瑚，比如羊角石膏和沙漠玫瑰石。罗伯特·波义耳（1627—1691）是现代化学以及皇家学会的创始人，他研究炼金术士的工作，并根据他们的经验，通过沉淀铜和钴盐，实验生成了类似于珊瑚或"有根有枝的可爱树木"的色彩鲜明的晶体。

安德烈·布勒东在他的超现实主义小说《疯狂的爱》（1937）中，也比较了珊瑚和晶体，称"没有什么艺术教育比了解晶体更高雅"[10]，他从中看到了"创作、自发行动"的完美范例。接着他指明了活珊瑚的无常性，它们总是不断地在海中形成又毁灭。关于矿物和植物意象，他并列放置了两张照片，一张是岩盐晶体的放大图，另一张是先锋海下摄影师J. E.威廉森拍摄的，后者被布勒东称为"澳洲大堡礁的珍宝之桥"（实际上是巴哈马群岛的一处礁石结构[11]，照片中引人注目的加勒比鹿角珊瑚可以证实这一点）。（图110）

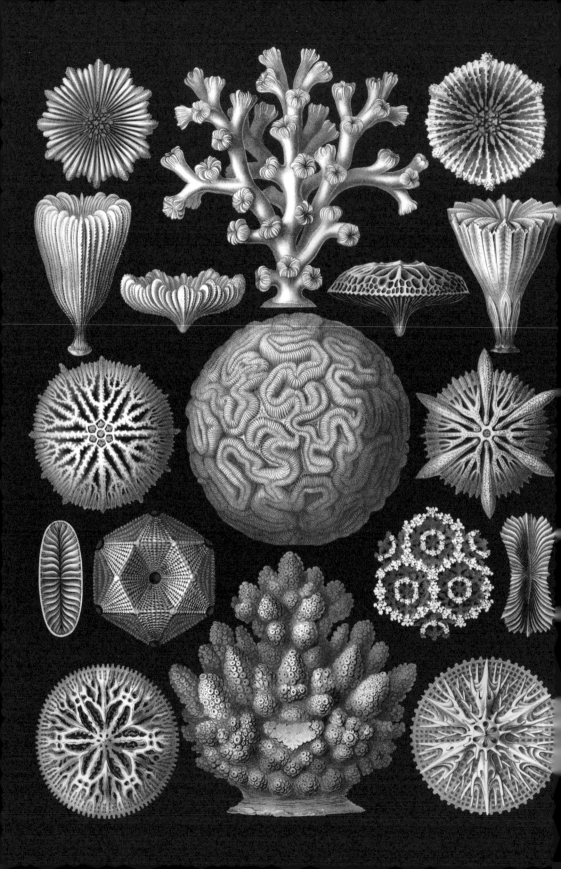

布勒东使珊瑚晶体化：

　　那些绝致的花束由海鸡冠和石蚕在深处形成。死与生如此接近，以至于想象力能无拘无束地塑造这些好似矿物的形态……石泉中汲取的一簇……整个花园都像是……花之洋，霜之风。[12]

恩斯特·海克尔，《自然的艺术形态》（1899—1904），强调了石珊瑚骨骼通过扩大水螅体个体以扩大构件体规模的结晶性质，每个群落都有自己不同的形态和水螅体大小（中央群落，从上到下：佩尔图萨深水珊瑚、脑珊瑚和粗野鹿角珊瑚）。

上图110　/　对安德烈·布勒东来说，珊瑚就如 J. E. 威廉森于1934年左右拍摄的照片中那样，"岩晶塔的塔尖指向天空，塔座沉在迷雾中"。

将矿化珊瑚呈现为"霜之风"和"石泉中汲取的一簇",这一妙语瞬间具象化了珊瑚的形态、晶体之美与无常性。这样的意象并非史无前例:8世纪的中国作家仲子陵早已将珊瑚树的硬化状态与冰冻现象联系在一起。[13]

与布勒东形象的文字在创造性和精雕细琢之美方面相媲美的,有同一时代丹尼尔·阿努尔的雕塑作品,后者常常把红珊瑚、水晶、其他矿物和金属结合在一起。他的《自画像》(约1989)中描绘有一个银制的中世纪村庄,这个村庄与那些依据地形而建的村庄一样(在此,它微缩于一个晶洞中),上方有一个岩晶方尖碑(如埃及方尖碑一样代表阳光)和一支如生命之树般的血红色珊瑚。红珊瑚也出现在一个洞穴中,就像它在自然中常常呈现的那样。整个村庄从艺术家想象出来的半沉没于水中的、无表情的青铜头颅上生发出来。(图111)

图111 / 丹尼尔·阿努尔,《自画像》(约1989),晶洞、水晶、各种矿物、红珊瑚、银、锈铜、青铜和陨石组合制品。

珊瑚:美丽的怪物

## 珊瑚牧歌

珊瑚礁和牧歌式环礁是水螅体与人类大脑灰质的共同产物。众多探索之旅将热带珊瑚岛连带其异域植被和生物烙印在了欧洲人的想象中，比如路易斯-安东尼·德布干维尔的"塔希提快乐岛"，居住着让-雅克·卢梭所谓的未腐化之"自然人"。生态学家马斯顿·贝茨和唐纳德·阿博特在《珊瑚岛》（1958）中讲述了他们暂居于加罗林环礁科研的生活，简要总结了数代人的描述，这些描述常常染上殖民主义的气息："'环礁'（atoll）一词隐含着温暖阳光、长着优美棕榈树的白色沙滩、友好的深色皮肤的人以及牧歌式生活的意思。"从微缩角度看，这样的景象总有一片耸起的珊瑚环堤和一棵棕榈树，往往还有一两个因遭船难而流落至沙滩的毛发蓬乱的人，现在这已经成为热带荒岛的滑稽写照。

19世纪牧歌式的珊瑚环礁景象也出现在1836年4月1日达尔文的"小猎犬号"探险日记里：

> 就像蓝天上白云朵朵看着让人赏心悦目一样，环礁湖碧绿的海水中透出活珊瑚暗色的堤岸也给人这种感觉。
>
> ——看那每一个小岛，尤其是更小的小岛，你很难不去欣赏它优美的风姿：幼小的和高大的椰子树错落有致地拥成一片树林，白色钙质的沙滩闪闪发亮，为这些仙境围出了疆界。[14]（图112）

在整个19世纪，达尔文描述的元素——长着棕榈树的耀眼白沙滩，礁湖内外灿烂的水色、白云和浪花的点缀——反复出现在各种旅行见闻和文学作品中，包括朱克斯、巴兰坦、施莱登、戈斯和梅尔维尔的作品。

1930年5月，亨利·马蒂斯到访塔希提岛，他再度效仿了这熟悉的场景，并将其浪漫化，分析了礁石的颜色，甚至实验了自己对水上与水下的光的感知：

> 一朵柔美的白云俯瞰着……环礁湖……在连绵不绝的信风吹拂下，优雅的椰子树叶沙沙作响，和着礁石上海浪的低语声，反衬出礁湖水安稳的宁静……泛灰的绿玉被浅海海底染上波光，枝状的珊瑚透着各种柔和的粉蜡色，环绕着它们的是成群游动的小鱼，有浅蓝色、黄色和褐色的条纹，其色彩可媲美珐琅。黑褐色的海参点缀在这整个场景中，它们呆滞无力，几乎一动也不动。这片礁湖可以潜水，来度假的画家可以将头沉入水下再迅速浮起，在连续的印象中分析水下与水上

图112 ／　埃内斯特·格里泽，无标题三联画（1871），纸上水彩画。这张环礁水彩画本是查尔斯·达尔文的邻居约翰·卢伯克送给他的生日礼物，背景中间停在近海处的显然是皇家海军"小猎犬号"。

　　　　　　　　　珊瑚：美丽的怪物 ─────

光影的特征，探寻前者淡金色和后者柳青色之间的联系。[15]（图113）

　　在这次游访中，马蒂斯以裂焦视野给法卡拉瓦环礁的礁湖底与上方的椰子树和云朵画了铅笔素描，画面映射了他和达尔文的文字描述。在《爵士乐》（1947）一书中，他感叹道："礁湖，对于画家来说，你难道不是天堂的七大奇迹之一吗？"随后附上了抽象的剪纸《礁湖》，展现了礁湖的色彩以及云朵、珊瑚和水的轮廓。在他1946年创作的涂绘剪贴画和后来的羊毛挂毯《波利尼西亚的海》和《波利尼西亚的天空》中，呈现了风格化的珊瑚、水母与其他热带海洋生物的形态，背景则是深深浅浅的海蓝色。（图114）

　　英国海洋生态学家T. A.斯蒂芬森也是一位技艺精湛的艺术家[16]，他参与了1928—1929年C. M.尤格带领的大堡礁探险。斯蒂芬森通过潜水装置金属头盔的视窗观察了珊瑚礁（一位访问科学家的澳大利亚记者受到了惊吓，以为自己看到一个全身盔甲的丛林大盗正准备与警察决一死战），他意识到光线的限制同时在色彩上影响了水下全景和珊瑚礁细节。和马蒂斯一样，

图113 / 亨利·马蒂斯，《阿帕塔基水道》（这是一幅致作者路易·阿拉贡的信中的插图，经马蒂斯同意，它在《诗42首》中占了两页篇幅"），路易·阿拉贡的《亨利·马蒂斯，罗马书》，第一卷（1998）。

图114 / 亨利·马蒂斯，《波利尼西亚的海》（1946），水粉上色剪纸拼贴画，裱在帆布上。

他使用裂焦画法来同时呈现令人难以置信的水下礁前地和水面礁坪，以及远处的棕榈树。

　　大多数随意的观察者是从船甲板或沙滩上观看珊瑚礁体之上的海水颜色。（图115）马蒂斯和斯蒂芬森在太平洋上，以及50多年前恩斯特·海克尔在西奈半岛埃尔托市外红海上（见第258页图181），以截然不同的艺术风格呈现了这些颜色，而它们惊人的一致，反映了作者的科学及艺术眼光。博物学家及画家菲利普·亨利·戈斯描述了水面的景象和色彩：

　　　　白色的珊瑚滩，林间巨大的叶片，还有被环抱的湖水……礁湖水的颜色往往和海水一样蓝……不过也掺杂着深浅不一的绿和黄，其间点缀着小片贴近水面的沙丘或珊瑚丘，绿色是柔和的苹果绿……这些碧绿的花环像是立在杯沿上，杯脚扎在深不可测的海底。[17]

**图115** / 　托马斯·阿伦·斯蒂芬森"在一艘汽艇甲板上观察外堡礁尤格礁靠向陆侧的一部分。远处的山是蜥蜴岛，更远处可见昆士兰主陆"。（《奋进》，1946，第5期）

珊瑚礁之上的浅水看起来是"柔和的苹果绿""泛灰的绿玉"或"铜焰色"（分别源自戈斯、马蒂斯和斯蒂芬森），这颜色并非来自珊瑚，而是源自波长决定的光线衰减、阳光在洁净海水中的散射，以及从浅水中灰白色的珊瑚沙底反射入眼的光线。当光线穿透海水时，最容易被吸收的是波长较长的光（红光和橙光），它们也是最先被滤出的。黄光和绿光的波长不那么容易衰减，蓝光则是最少被吸收的。只要不开闪光灯，这种差异也会让水下几米深处拍摄的照片呈现熟悉的蓝色。

　　因此，在深度不超过10米的礁石浅水中，红色和橙色波长的光都被吸收了，留下黄色、绿色和蓝色的光，被水底的沙向上反射。在这个范围的更深处，光线穿过了更长的滤光水柱，被移除了更多的黄色，使背景光在抵达水上观察者的眼睛时呈现更浓郁的蓝绿色。（图116）另外，当水分子吸收蓝光时，某些蓝光会偏离（散射）并失去能量，被转化成波长更长、能量更少的蓝绿光，从而增强了这种光的被感知程度。较少被过滤的光从浅水水底反射回来，对水上观察者来说显得更黄（图117），尤其因为金褐色珊瑚本身就很显眼。从飞机上或航天器上看，海洋环礁就像是天青石之海中的绿松石，因为当光线穿透远离礁体的深水时，甚至连绿色波长的光都会被吸收并衰减，唯独留下蓝光被散射回观察者的眼睛，让深水呈现出普鲁士蓝的颜色。

　　与戈斯同一时代的巴龙·厄让·冯·朗索内–维尔兹是一名漫游在中东与东亚的外交家，他透过一口铁质小潜水钟的玻璃观察孔，在水下观察光对珊瑚和其他物体外貌的影响（图119）。朗索内在几米深的水下完成他的观察和草图，并出版了第一份在水下观察珊瑚礁的图画记录。在他的平版印刷品中，海下的色彩变化立刻变得显而易见。在1867年的一本书里[18]，他描述了水下色调，注明了占优势的蓝绿色、迅速消失的红色和亮得惊人的绿色（如我们在珊瑚中所见，这现象可能涉及绿色荧光蛋白）。

珊瑚：美丽的怪物 ——

图116 ╱ 被掩蔽的平顶礁、大堡礁，罗杰·斯蒂恩摄，出自约翰·贝龙的《世界的珊瑚》（2000），第3卷，第viii页。

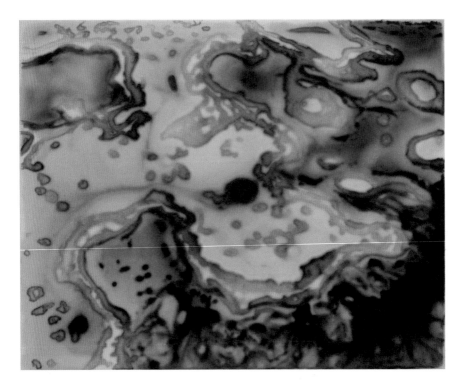

图117 / 雅克·沙尔捷，《大堡礁》（2013），丙烯酸着色喷染木版画。

朗索内在他的书里用四张全彩平版印刷画，图示了他在水下对珊瑚的研究：占优的环境色是马蒂斯的泛灰绿。在朗索内的早期珊瑚礁插图（图118）中——1862年他于埃尔托坐在一艘船上所画，相同的灰绿色映照着分枝状的、片状的、覆瓦状的珊瑚以及软珊瑚，在这个场景中，前景有天使鱼，远处还有瘦长的鲨鱼。朗索内的插图有着严谨的现实主义风格，他注意到了更广阔的水域和不同深度下珊瑚更全面的多样性，不过在特定场景下只呈现"该处实际发现的物种"[19]。之后，海克尔几乎照搬了朗索内画的场景，并（照自己的习惯）将其风格化。他没有采用原图逼真的水下色调，而是用了他自己典型的更明亮的色彩，并且使珊瑚群的形态更多样化，让

珊瑚：美丽的怪物 ————

上图118 / 厄让·冯·朗索内-维尔兹，《埃尔托近港口处的珊瑚礁》（1862），平版印刷，由朗索内手工补色。

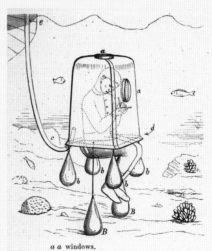

右图119 / 欧仁·德·朗索内，《锡兰低地与高山的居民和动植物写生，及在潜水钟里描绘的近岸海底风景》（1867）。

*a a* windows.
*b b b b B B* weights.
*c* air-tube.
*d* level of the water inside the bell.
*e* boat.

鲨鱼移到了更危险的近处。(图120)

在朗索内之后,在斯蒂芬森和马蒂斯传播他们在海下看到的珊瑚颜色之前,扎尔·普里查德曾在20世纪的头15年里给这个领域上过色——也是在水下。早期,他给自己绑上一块珊瑚岩(让人想到吉尔伽美什沉入水中去收集"带刺玫瑰"),沉入水底飞快地速写,后来他用上了带头盔的潜水装置,以便更长久地潜在塔希提水下工作。(图121)对于普里查德来说,"没有什么东西能在远于中景的距离呈现,物体形态隐没在环境色的面纱中"。他运用这种模糊感表现他的印象主义海下景象。[20]

有许多人参观普里查德的展览,其中包括天文学家珀西瓦尔·洛厄尔(他想象火星上有运河,写到"下面[世界]的奇迹诱惑我去重访祖先的家

图120 / 恩斯特·海克尔,《西奈半岛埃尔托附近的阿拉伯珊瑚礁》,收录为《阿拉伯珊瑚礁》(1876)图III。

珊瑚:美丽的怪物 ————

45ᵉ ANNÉE — Nᵒ 2317    HEBDOMADAIRE : **20** CENTIMES    DIMANCHE 21 AOÛT 1921

# Le Pèlerin

## REVUE ILLUSTRÉE DE LA SEMAINE

— Abonnement Annuel :    Abonnement annuel combiné :

FRANCE... **10** fr.    ETRANGER... **12** fr.    Croix et Pèlerin............ **18** fr.

RÉDACTION ET ADMINISTRATION — 5, RUE BAYARD — PARIS - VIIIᵉ.

Le peintre Zarh Pritchard est arrivé à peindre au fond de la mer,
dont la richesse de décor est incomparable. (Dessin de Lecoultre.)

图121 / 20世纪的头15年中，扎尔·普里查德描绘水下世界的画作俘获了公众的想象力。

乡"），还有作家杰克·伦敦（"你美丽的作品让我思念南海的故乡。它真美，充满了奇迹"）。[21]

## 古怪又具色欲的珊瑚

数世纪前，奇妙珊瑚的风干骨骼被收藏在各个珍宝柜中，呈现在当代的各种雕刻品中。有几个例子就足够了。1599年，费兰特·因佩拉托的《博物志》卷首插画中呈现了各种各样的珊瑚，其中包括木珊瑚，它被安置在因佩拉托博物柜的顶层架子上。一个世纪后，莱温努斯·文森特的"珊瑚馆"几乎和因佩拉托的卷首插画一样频繁被复制，只是它在分类学上更加精确，反映了发展中的科学知识与科学专业化。（图123）

1700年左右，彼得大帝开始建立他在圣彼得堡的"自然珍宝馆"，并在1717年购买了荷兰标本制作家弗雷德里克·勒伊斯收藏的数千珍品，大幅度扩充了自己的藏品。[22]勒伊斯将自己的许多标本布置成令人不安的造型，其中常常有人类胎儿的骨骼被摆在微缩景观里，典型象征了死亡或生命的无常。这一类景观里的岩石可能是肾脏或胆结石，而且他还运用自己在医学解剖上的知识与标本制作的技巧，用分叉的人类脉管制作分枝状"植物"。

海洋标本被保存在液体里，罐子的塞子也被精心装饰过。勒伊斯的首个珍宝柜的说明清单中，包括黑色的安汶岛石生植物（角珊瑚目，非常像人类的脉管系统，被他用来做静态造型）、分枝状的白色珊瑚（石珊瑚）和管状的红色珊瑚（笙珊瑚）。在他1710年《第一动物馆》图VI中的罐塞上，能看到这些珊瑚和一些脉管系统标本。（图122）

亲王收藏家们的珍宝柜里渐渐有了越来越丰富的藏品，包括但不限于琥珀、象牙、鹦鹉螺壳、矿物和各种珊瑚这样的自然物件，还有用金银精心装饰的工艺品，比如萨克森选帝侯，其藏品如今置于德累斯顿城堡的绿

图122 / 弗雷德里克·勒伊斯的《第一动物馆》（1710）图 VI，图中两个罐子的塞子上装饰的标本包括角珊瑚、石珊瑚、笙珊瑚、贝壳、鱼类和血管组织。

穹珍宝馆中。哈布斯堡家族[①]的珍藏也是如此，这些珍藏组成了欧洲最重要的一些历史收藏系列。在德累斯顿和哈布斯堡的藏品中，与珍贵的红珊瑚相辅相成的，是文艺复兴的审美标准与巴洛克式装饰艺术，它们常常反映了珊瑚的象征意义和神话色彩。这些工艺品的流行文化魅力十分明显，因为它们填满了社交媒体照片分享网站，比如"拼趣"和"脸书"。虽然并不总是附有背景介绍，但观众们接触到它们的机会已远超过收藏家们曾经的想象。

2011年，艺术家马克·迪翁再次探访那些最初让人敬畏、激发想象、意图教育的自然的及人造的艺术品珍藏，在他自己于摩纳哥海洋博物馆开办的"海洋狂热"展览中，创作了一个11米高、18米宽的百科全书式中心展品。在这个展品中，他使用了各个收藏系列中的物品，尤其是阿尔贝一世亲王的藏品，包括自然收集品、美术品、人类学人工制品，还有航海及潜水技术展品——"要么古怪、要么漂亮、要么惊人的艺术品和科学用品"[23]，尤其还使用了大量的珊瑚。迪

---

① 哈布斯堡家族是欧洲历史上最显赫、统治地域最广的王室之一。其家族成员曾出任欧洲各国的皇帝，包括罗马、奥地利、西班牙、葡萄牙等国家。

图123 /　　18世纪的珊瑚珍宝柜，里面放置了各种各样的珊瑚。

翁的展示柜重申了艺术与科学间的联系，这也是阿尔贝一世建立自己的博物馆"海之神庙"时的指导原则，他曾在1910年同样致力于此。

珊瑚和其他植形动物都有一种让画家痴迷的魔力。由多种石灰质动物组成的最具艺术性的组合，是1769年安妮·瓦拉耶-科斯特的《海扇，石生植物和海贝》，其中包括地中海红珊瑚及其近亲柳珊瑚，还有海绵和软体动物的外壳，它们依然精巧地组合在一起，而且颜色栩栩如生。她是玛丽·安托瓦内特的宫廷画师，而这一作品是个别具一格的珊瑚珍宝柜。（图125）

更早些时候，回溯至17世纪90年代，多梅尼科·伦普斯所作的《静物骗局或珍宝柜》可以说是17世纪珍宝柜的典范，这一视觉陷阱画作中齐聚了自然与人工的物件。（图124）无论伦普斯是否有意分类，他在这张画中

图124　/　多梅尼科·伦普斯，《静物骗局或珍宝柜》（17世纪90年代），帆布油画。

图125 / 安妮·瓦拉耶-科斯特,《海扇,石生植物和海贝》(1769),帆布油画。

收集了珊瑚的三个主要类群：硬化的黑色角珊瑚；重度钙化的白色造礁石珊瑚（这两者都属于六放珊瑚纲）；还有贵重的红珊瑚（八放珊瑚纲的一种柳珊瑚）。红珊瑚和黑珊瑚的分枝状形态能让观察者想到它们作为海中树木，甚至是帕拉塞苏斯所写的海中天堂之树。

在1570—1575年，纽伦堡金匠温策尔·雅姆尼策制作了一尊镀银雕像，这尊正在变成月桂树的达芙妮女神像，明确地展现了树和珊瑚的象征关系。（图126）在雅姆尼策手中，女神并非幻化成了真正的月桂，而是一棵红珊瑚树。丹尼尔·阿努尔也在一个胜利的骑士头上安置了一棵红珊瑚树，它有金色的橡树叶子（象征力量和长寿）和月桂叶子（代表胜利和奖赏）。（图127）

在伦普斯的画作中，有一具抢眼的人类头骨，其前额长出了一丛惊人的红珊瑚。约瑟夫·皮顿·德·图内福尔曾提及，他在1700年于比萨的珍宝柜中见过这样一个物件。[24] 这画面立刻让人想起朱塞佩·阿钦博尔多于1566年创作的艺术大杂烩《水》，红珊瑚从一个人形的前额伸出，而这个人形完全是由海洋生物组成的，本身便是一个肉体的珍宝柜。（图128）

这幅画是阿钦博尔多受雇于神圣罗马皇帝马克西米利安二世时所画，他非常擅长符号学，因此，这珊瑚枝及其升起之处可能有某种含义。珊瑚可能象征着智慧、内在力量的净化与统治权的崇高联结，类似于佛教和印度宗教里前额的"第三只眼"，又或是埃及统治者前额的神蛇饰物（乌赖乌斯）。

可能还有一种猥亵的解释，阿钦博尔多并非有意如此表达，但看到这显眼珊瑚的人会受到这个概念的冲击。它显著的位置、盘旋的形态和红色都能让人清晰地联想到鸡冠（中国古典文学中也会出现的明喻），在欧洲中世纪它直接喻为阴茎。珊瑚不仅被当作护身符佩戴，也可以是和生产有关的爱情魔咒，不过"材料被做成阴茎符咒的样子，挂在孩子的颈部（还被

图126 / 温策尔·雅姆尼策，《达芙妮》（1570—1575），用红珊瑚和石头制成的镀银工艺品。

图127 / 丹尼尔·阿努尔,《骑士》(1990),18K金、红珊瑚、标准纯银、紫水晶、锈铜、乌木镶嵌天青石组合制品。

图128 / 朱塞佩·阿钦博尔多,《水》(1566),帆布油画。

用来做磨牙棒），有时会装配上铃铛……
铃铛可以隐喻为睾丸"[25]。（图129）

在诗作《致孩童》（1845）中，亨利·华
兹华斯·朗费罗写到过"珊瑚和铃"纯洁
的用法，也让人注意到红珊瑚的海洋起源
（虽然是在错误的海里）：

> 一个神气的眼神，
> 你便在你的小手中摇起了
> 那叮当相撞的珊瑚和银铃，
> 它们发出了快乐的曲调！
> 数千年里在那印度洋中，
> 珊瑚生长着，慢条斯理，
> 直至某次致命且疯狂的季风刮起，
> 将它冲上科罗曼德的沙滩！

但也有不那么纯洁的用法，1791年，
珊瑚和铃出现在一本连环画中，被用来讽
刺一位英国男爵和银行家罗伯特·蔡尔德

图129 / 《珊瑚和铃》（18世纪），英国，银和红珊瑚制品。

遗孀的婚姻。（图130）在这个片段里，新丈夫把遗孀抱在膝上，而她抓着
珊瑚，上面的铃铛被鼓起的钱袋取代了。弗朗西斯·迪西男爵在卡通片中
被称为朱西大人，他是皇家海军的一名船长，皮特凯恩群岛中有一个岛是以
他命名的。那里曾是皇家海军"邦蒂号"反叛者的流亡所，现在是一处大型
海洋保护区。

孩子的磨牙装备显然已另作他用——性欲的、隐喻的用途。[26]《杰克和情

妇的快活摇》是塞缪尔·佩皮斯收集的17世纪晚期歌谣，一个女人试图引诱她丈夫的马车夫，对他说："你的珊瑚和铃铛，还有口哨声……它们的快乐比镇上最棒的还棒。"弗朗索瓦·拉伯雷在他的16世纪童话《巨人传》中写到，"一根精美的11英寸①长的红珊瑚枝"被一位旅行者带回家，要送给他妻子做圣诞礼物，这里的"珊瑚枝"清晰地意指阴茎，尤其因为巨人的育婴女佣把他的阳具称为她的"珊瑚"。当时这个喻义在英国很常见。

对于诗人们来说，光洁的红珊瑚映射的是他们爱人的嘴唇，这没有拉伯雷的比喻那么公然淫色，但也并不总是纯洁的。在6世纪的中国，徐陵在《宛转歌》②中描述了一位娇媚女子"盈盈扇掩珊瑚唇"。[27]

在许多个世纪中，这一比喻反复在欧洲诗歌中出现，其中包括塞万提斯的田园小说《拉加拉塔》（1585）和莎士比亚的"十四行诗第130首"（1609）。这幻想渐渐变得足够平庸陈腐，使翁贝托·埃科在《昨日之岛》（1994）中让卡斯帕神父抨击它：

> 这些珊瑚是什么……他［罗伯托］只知道它们是珠宝，诗里说它们的颜色就像美人的嘴唇？
>
> 对于珊瑚，卡斯帕神父始终无话可说……罗伯托所说的珊瑚是死去的珊瑚，就像高等妓女的贞操一样，浪荡子们总在她们身上使用这平庸的比喻。

在莎士比亚的《维纳斯和阿多尼斯》（约1590）里，拥有潮湿的"甜美珊瑚唇"的是年轻的男性爱人。詹姆斯·盖茨·珀西瓦尔在《追忆》（1823）中将嘴唇与花的意象融合在一起："她的珊瑚唇张开了，就像花朵盛

---

① 1英寸约为2.54厘米。
② 此处《宛转歌》应是江总所作，由徐陵集校。

开一样。"珊瑚的色欲总是会被反复提及。(图131)

　　法国最早的海洋站位于阿卡雄,奥迪隆·雷东很大程度上被他在此处水族馆中看到的海生生物影响,从1900年左右开始,他就经常在自己的符号学画作中明确纳入海洋生物。尽管我们在他的蜡笔画《血之花》(1895)中没有看到实际的珊瑚,但这一作品融合了红珊瑚的意象(由一朵表面上的红花代表)、水环境以及女性皮肤的柔和温暖,这一画面几乎阐释了儒勒·米什莱在畅销书《海》(1861)中的对话:

　　　　夫人,在所有的宝石里,你为什么更喜欢这株红得很可疑的树?

左图130 ／ 《朱西大人在逗弄他天使般的宝宝》(1791),手工着色蚀刻版画(画家不详)。

右图131 ／ 巴勃罗·毕加索,《幽默作品:豪梅·萨瓦特斯和吉塔·阿尔·迈》(1957年7月31日),戛纳,杂志印刷纸上彩色脂性铅笔画。

先生，它衬我的肤色。红宝石太明艳了，让我显得苍白，而这个多少暗沉些，对白皙的皮肤来说更适合……珊瑚有某种柔软的感觉，甚至看起来有皮肤的温度。一旦我戴上它，它就好像变成了我的一部分……我知道……它的东方名字以及真名是"血之花"。[28]（图132）

十年后，埃米尔·左拉在一个藏宝洞里布置了一个生动的场面，在那里，每一个女士都佩戴着其性格所代表的珠宝。文中，"万斯卡伯爵夫人将她忧郁的激情借给了珊瑚，此时她躺着，举起的双臂沉甸甸地挂着红色的坠饰，就像某种巨大但迷人的珊瑚虫，在粉色的珠母贝裂隙间展示着女人的肉体"[29]。对于很多人来说，珊瑚的颜色实际上"就像生命本身的粉色与红

图132 / 奥迪隆·雷东，《血之花》（1895），灰纸上蜡笔画。

　　　　　　　　　　　　　　　　珊瑚：美丽的怪物 ————

色，像鲜活的肉体"[30]。

在米什莱的书被翻译成英文的两年后，丹蒂·加百利·罗塞蒂画了《虚荣的女人》（1866），比起雷东的暗喻蜡笔画，这幅作品能让人更直接地想到米什莱书中的对话。罗塞蒂在画到肉欲的、通常为白皮肤褐色头发的女人时，常常会配上红珊瑚珠宝。（图133）

在19世纪符号学艺术中，这一类荡妇将变得极其骇人。美杜莎的面容变成"眼球鼓胀的尖叫的脸……这样的艺术表现形式迫使观众直面自己的痴迷"[31]。这样的面容有很多例子，其中包括吕西安·莱维－迪尔默1897年的蜡笔画《美杜莎》（又名《怒涛》）中，蛇发女妖在汹涌的波浪中尖叫，用爪子般的手撕开胸膛，同时，她头上的一些海草，即她的头发正在变红。（图134）

## 珊瑚曲

珊瑚丰富多样的隐喻、形象再现与象征性使关于它的想象超越了文学和视觉艺术。除了对珊瑚及珊瑚礁热烈痴迷的场景描述外，约瑟夫·比特·朱克斯还在《记叙英国皇家海军"飞行号"的考察航行》（1847）第一卷中，描述了他深受触动的一次声音体验：

> 海浪毫不间断地咆哮着，带来规律的雷鸣般的震动，接踵而来的每一次涌浪先是撞在礁石的外缘，那声音几乎震耳欲聋……声音和景象同时震撼着旁观者的脑海，让人意识到自己是站在一个拥有压倒性威严和力量的存在上。

梅尔维尔在《奥姆》中隐晦地提及了礁石上海浪的威严声音："当我们

图133　/　　丹蒂·加百利·罗塞蒂,《虚荣的女人》( 1866 )，帆布油画。

图134 / 吕西安·莱维-迪尔默，《美杜莎》(又名《怒涛》，1897)，在画板上贴纸后以蜡笔和木炭作画。

继续前进时，礁石区依然陪伴着我们……将它遥远的低音隆隆传进我们的耳中。"马蒂斯在塔希提的一个礁湖上度过的时光就像一个神谕般，永久地影响了他的艺术，但他超越了视觉，感觉到了"浩瀚的孤独统治了这一切，可媲美哥特式大教堂（亚眠）中殿引发的情感，在殿堂里，礁湖的隆隆声被管风琴的声音取代"[32]。在《海底两万里》中，儒勒·凡尔纳也用到了管风琴的意象，在书中，红海中的笙珊瑚"正等着潘神的吹奏"。

第一首明显与珊瑚有关的曲子可能是一支中世纪初的二部卡农曲，由17世纪蔷薇十字会员米夏埃尔·迈尔作曲。在《阿塔兰塔疾走》一书中，迈尔在曲中重复奥维德版的珊瑚起源，用它来装饰炼金术士的红珊瑚符号。就其本身而言，这支曲子的创作目的不同于稍后的珊瑚音乐作品，后者寻求听者心境的共鸣，又或只是单纯地展现珊瑚的文化风尚。

像水族馆一样，钢琴在维多利亚时代的会客室里渐渐变得常见，成为流行的家庭娱乐设施。在维多利亚时代和20世纪早期，声乐和钢琴乐的内容涵盖了之后人们对红珊瑚珠宝以及牧歌式热带珊瑚岛的广泛痴迷，它们标题明确，有时作曲的目的就是为了唤起人们的共鸣——不过并非总是如此。小查尔斯·米尔索姆的《珊瑚华尔兹》（1849）和塞普蒂玛·莫尔顿的《珊瑚玛祖卡》（1896）都是值得一听的活泼曲目，但并没有明显与珊瑚相关的和弦，标题显然只是利用了珊瑚的流行风潮。（图135）

阿方斯·莱杜克的《珊瑚项链》（1861）是一首苏格兰慢步圆舞曲，它差不多是在红珊瑚珠宝和钢琴时代的巅峰时期创作的。这支曲子有一种舞厅的意境和节奏，但没有明显的关于珊瑚的含义，只不过其回旋曲式能让人想到项链。

在《珊瑚：海之牧歌》（1919）钢琴独唱中，布赖森·特里哈恩和佐薇·阿特金斯运用了许多熟悉的联想。乐曲以"一种温和流淌的风格"演奏，歌唱家的珊瑚串珠来自南海的一处洞穴，一只美人鱼献出了"一串玫

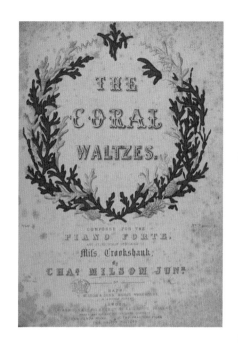

图135 / 19世纪中期，贵珊瑚在珠宝与文学中的流行也延伸到了流行乐上。

瑰"，她本身的水下城堡里也有"海之花"（见第8页图6）。

罗伯特·M.巴兰坦经久不衰的小说《珊瑚岛》（1858）也许给了阿瑟·W.波利特灵感，让他创作了《珊瑚岛》（1922），这是一系列共六篇引人入胜的音乐短剧，每一篇都和小说里的一部分对应。比如说，"礁石船难"在两种音乐状态中交替，一种是表现船在远海庄严航行，一种是表现礁前起伏的碎浪；"孤独的棕榈树"摇晃叶片的方式一定会迷住马蒂斯。

1899年，爱德华·埃尔加为理查德·加尼特的诗歌《珊瑚深藏之所》（1859，见第三章）做了管弦乐编曲，作为埃尔加的组曲《海图》的一部分。在歌曲中，企图自杀的诗人被"珊瑚深藏之所"迷人的美诱惑而淹死了。这精致的篇章以高扬的弦乐表达阳光照耀的浅滩，接着叠句出现在渐渐降低的弦乐（某些部分是拨弦）、木管乐及次女高音中，以表现更暗的深水。

霍勒斯·基茨（1895—1945）在他所移居的澳洲风景与海景中得到灵感，为描述这些景色的诗篇添上音景，将它们置于钢琴声中。在约翰·惠勒的十四行诗《珊瑚礁》（1940年谱曲）中，灰色的影子滑过"弥漫着暗绿色光晕"的海峡，渐渐显现出如同经久不衰的建筑外观般的柱子与廊道，我们将会看到，那是珊瑚礁的幻景。优美而疏淡的和弦唤出了"粉白色的庙宇"和活珊瑚的"脆弱高塔"。[33] 而基茨所做的远不仅是为惠勒的十四行诗配上乐曲，这十页雄心勃勃的乐曲中交织着钢琴和声乐段落，如魔法般唤出变幻的水流与珊瑚礁舞动的光芒。（图136）

日本作曲家武满彻（最出名的是他的电影配乐）将传统日本与西方的音乐和乐器结合在一起。武满彻的作品往往被视为音色与静默的听觉万花筒，他1962年的早期作品《珊瑚岛（环礁）》将女高音和管弦乐结合，可谓个中典范。唱片套上的说明文字告诉我们，洪亮的开篇管弦乐部分召唤着"环礁上回荡的海浪之乐"。女高音所唱的诗篇来自诚·奥克哈，在第一个段落中，人声与乐器的交织如"魔法的彩色音乐空间"，也许是在展现海浪

图136 / 霍勒斯·基茨（1895—1945）创作的《珊瑚礁》选段，词作者是约翰·惠勒（1901—1984）。

珊瑚：美丽的怪物 ————

下方浅水礁前面的明亮与喧闹。第二首诗让人想到水晶般的珊瑚礁如明亮的树林：

> 阳光穿透我的贝壳林，
> 我化为一座透明的珊瑚岛……[34]

在1969年胜利唱片（RCA Victor）封套上，詹姆斯·亚历山大描绘出了风格独特的粉色与黑色珊瑚画面，它让人想起奥斯卡·多明格斯和马克斯·恩斯特的贴花印刷中那流动的、如珊瑚般的花纹。

多才多艺的珊瑚也将自己借给各种各样的爵士作品，只不过"珊瑚"一词唤起的意象在音乐中并不总是很鲜明。小号手尼尔·埃夫蒂曾为20世纪60年代的流行电视剧《蝙蝠侠》和《单身公寓》创作主题曲，并因此闻名，在专辑《畅游于珊瑚礁》（印有珊瑚唱片的商标）中，他用自己的作品《珊瑚礁》（1953）作为开篇曲目。不过这支曲子里几乎没有关于珊瑚礁的即兴乐段，只是由始至终都有清脆的钢琴声奏出动人的活泼音律，可能是想从某种程度上表现珊瑚礁上丰富多彩的生命与活动，但在旁人听来，可能更像一个晴日里通往海滩的熙熙攘攘的洛杉矶车流。

在不同的光照强度和水流状况下，珊瑚的生长轨迹和个体形态会产生不同的变化，这是一种即兴的改变。凯斯·杰瑞是最伟大的爵士钢琴即兴创作者，他在为电颤琴演奏家加里·伯顿创作叙事曲《珊瑚》（1973）时，可能注意到了珊瑚的这种特性，伯顿是另一位著名的爵士乐即兴作曲家。后来有一位评论家写到约翰·斯科菲尔德2000年的吉他演奏，称他的演奏"漫步于'珊瑚'间"，这支雅致的曲子就像一名潜水者在悠闲地观赏珊瑚，它的名字也正是《珊瑚》。在伯顿四重奏的联合CD《四重奏现场！》（2009）中，伯顿和吉他演奏者派特·麦席尼一同演奏了这支曲目。

在爵士大融合黄金时代的末尾，比尔·埃文斯（不是钢琴家而是萨克斯管演奏家）领导了一支混合乐队，并将自己作曲的《礁石狂欢》放入专辑《活在浪尖》（1984）中。埃文斯演奏合成器和中音萨克斯管，为这支曲子带来电音的、几乎是霓虹般的感受，让人想到《海底嘉年华》中勒内·卡塔拉彩色照片上的荧光珊瑚，以及更近期迈阿密的科学艺术表演《珊瑚形态》。《礁石狂欢》中时不时出现的拉丁节奏和旋律带来了一种热带风情，不过它未必是珊瑚礁的感觉。

波多黎各的次中音萨克斯管演奏家戴维·桑切斯在他的专辑《珊瑚》（2004）中融合了爵士、拉丁和古典乐，致敬巴西音乐家海托尔·维拉–罗伯斯的作品《巴西的巴赫风格》（第4号）的第二乐章"珊瑚：荒野之歌"。这位作曲家及编曲家随心所欲地安排珊瑚，而这支曲子既令人感伤又多姿多彩，就算没有加尼特直率的诗句，也几乎能让人想到埃尔加的珊瑚礁，这部分是因为桑切斯扩充了交响乐团演奏的六重奏。

智利诗人巴勃罗·聂鲁达深受海洋吸引，而且非常了解其中的居民，他收藏了众多海贝和其他遗骸，有时形容自己为"遇难者"。在融合了管弦乐、双合唱与童声合唱的大型作品《海》（1996年发表，2004年重录）中，作曲家奥斯瓦尔多·歌利亚夫将聂鲁达变革性的诗句用作歌词。第七章与终章"珊瑚赞美诗"运用了西班牙语coral的双关含义，它既有珊瑚的意思，也有赞美诗的意思。珊瑚本身并没有出现在诗句文本中，不过它是"礁石的壳"，这壳中包括海菊蛤和骨螺，两者庄严地染上了高贵的红珊瑚的色彩。在双合唱中，亚特兰大交响乐团的节目讲解员说："人声催眠般让人想起由礁石、贝壳和水手组成的古老画面。"

海洋及其生物——座头鲸、海牛、海马、鹦鹉螺、海豚和蝠鲼——还有珊瑚都吸引着新世纪音乐的作曲家们，使他们追求安宁、放松的感觉，并以气氛和情境安抚听众。于是，斯图尔特·米切尔采用了钢片琴、竖琴、单簧管、长笛等各种乐器，在他的《珊瑚赋格曲》中以现代分子标记探寻一种悦耳的神秘海洋生物学：在《DNA变异I——海洋》（2010）中，赋格曲是"一种柳珊瑚目海扇的DNA诠释"[35]。爱德华·韦斯专门为"新时代钢琴教程"网站（newagepianolessons. com）创作了《珊瑚礁：来一场海底旅行!》（2008），它明显充满了水的感觉，并以许多踏板音强调。

凯特·布什对海底意象亦不陌生。在她早期的一个作品中，珊瑚覆盖了蓝色的"亚特兰蒂斯"城。稍后于2005年，她令人难忘的歌谣重访了一座海底荒城的"珊瑚室"，它挂在一张渔网上，周围全是沉没的桅杆组成的海底森林。这首极其个人化的歌曲表达的是流逝的时光与消失的事物，还有她母亲的死，歌曲把这一切安置在了珊瑚深藏之所。

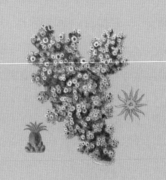

# 第五章　商业中的珊瑚

捕捞珊瑚是非常特别的，我们欧洲海面上其他任何的渔业都不能与之类比。这要归因于它所提供的产品的特殊性质。

——亨利·德·拉卡泽-杜塞尔，《珊瑚博物学》(1864)

第一个定位这些（洞穴）的人……肯定因为发现整个新珊瑚林而得到了回报。接着就会发生与陆地上森林里一样的事，在这些洞穴里用必需的设备长时间劳作后，当一切都被收割走以后，等待下一次森林复兴必定还要再过几十年。

——路易吉·费迪南多·马尔西利，《海洋博物学》(1725)

在上述题词中，亨利·德·拉卡泽-杜塞尔没有提及不同渔业的一个共性：它们最终都会趋向于对资源的过度开采。不过，拉卡泽-杜塞尔将会建议人们对珊瑚捕捞实行有远见的管理和控制，就像捕鱼业所采用的办法一样。而马尔西利伯爵很早就意识到，红珊瑚被收割后需要一段休养期才能恢复群体数量。在这些文字发表的时候，珍贵的地中海红珊瑚已经被追捧了上千年，它们被用于装饰特殊的物品，并以珠坠、念珠、胸针、雕刻、护身符和头饰的样式被用于个人装饰和珠宝制作，还可以被当作万能药，以及藏传佛教僧侣献给菩萨的祭礼，又或是制成奢华的艺术品。当老普林尼在公元1世纪书写它时，罗马早已在发愁如何满足印度对宝石珊瑚的需求。当非选择性渔业装置变得越来越有效（越来越有毁灭性）时，地中海的珊瑚工业已经历过许多繁荣和萧条期，而太平洋的宝石珊瑚种类最终也会经历这样的时期，它们主要由日本和中国捕捞。这些珊瑚奢侈品必然价格昂贵，而且在市场中更新缓慢，这样的地位推动了宝石珊瑚作为商品的世界史，而采集并制作这些商品的手工艺企业往往是家族企业。

## 公元前的珊瑚

在一些没被提到的、零散的描述中，红珊瑚的文化可追溯到远至公元前25 000—前30 000年，这听起来像是夸大之词。现代学术作品中显然极少引用如此久远的旧石器时代红珊瑚的使用资料，在人工制品"可能有超过25 000年历史"的情况下，"不能确保……这遗物真的是宝石珊瑚"[1]。其他考古学家也注明了这类远古物质的不确定性。[2]

珊瑚若是被埋在酸性土壤中或被燃烧，就会改变颜色，变得难以辨认，因而被忽略。[3]旧时器时代地中海海岸线上的考古遗迹中可能会有红珊瑚，不过在冰川期后，海平面升高，现在这些遗迹都已经在水下了。例如，马赛附近的考斯克洞穴中有大约公元前25 000年的壁画，但其入口如今位于海平面下方37米处。西欧依然没有证据能表明旧石器时代的人类使用过红珊瑚。

根据记录，宝石珊瑚（粉色或琥珀色）的加工珠饰，最早可能出现在安纳托利亚（土耳其西部，由地中海、爱琴海和黑海环抱）加泰土丘的新石器时代城市洞穴中，其时代可追溯至公元前7000年。[4]人们在意大利、瑞士和德国发现了地中海红珊瑚（及其罕见的白色变体）加工珠宝的其他例子，

　　　　　　　　　　　　珊瑚：美丽的怪物 ————

它们出现的年代在公元前5265—前3440年之间，证明了新石器时代的欧洲出现过长途贸易。[5]

在多瑙河、莱茵河和马恩河河谷的初期铁器时代（公元前8—前6世纪）遗址中，地中海珊瑚被制成珠串和吊坠等人类装饰品，也被用来点缀金属物件，比如扣针（胸针或斗篷扣子）。[6]之后，在拉坦诺文化（公元前5世纪）中，凯尔特人对珊瑚的使用达到了顶峰，他们用它来装饰铁器和铜器，比如扣针、皮带搭扣、金属领圈和酒壶，还有武器和二轮战车的装置，最著名的是，它们还被用在贵族的葬礼中。（图137）不过，公元前300年左右的拉坦诺文化在阿尔卑斯山脉北部的遗址中很少出现珊瑚，这可能反映了风潮的变化，因为把珊瑚出售给印度更有利可图，据普林尼称，公元1世纪的印度得到了所有市面上可得的珊瑚。

生活姿态中的红珊瑚——头朝下生长在浅水洞穴和岩架下——被用于海洋装饰主题，与章鱼、船蛸以及其他海生动物和海藻一起，出现在克里特米诺斯文化（公元前1700—前1400）的艺术陶器上。（图138）似乎并没有关于米诺斯人捕捞、加工或贸易珊瑚的资料[7]，这可能是因为珊瑚在克里特岛附近并没有在地中海西部那么常见。不过，乔瓦尼·泰肖内在《历史与艺术中的珊瑚》（1965）中注明，这些优美的陶制品是在埃及和马赛发现的，事实上，米诺斯人出口陶器。在米诺斯陶工的手中，哪怕不是珊瑚本身，只是绘有红珊瑚的时髦图案的陶器就已是很有价值的贸易商品。

20世纪初，法国的彩陶餐具上再次出现了红珊瑚（和柳珊瑚）图案，由艺术家马蒂兰·梅厄（他学习海洋生物学，在自己的作品上运用了许多海洋生物图案）绘制。在1925年的国际现代装饰与工艺艺术展览会上，梅厄和制造商坎佩尔的昂里奥工坊以一组104件的作品获得了特奖。[8]（图139）

先知以西结（活动于公元前600年左右）列举了黎巴嫩提尔市腓尼基人的贸易商品。他们在地中海别处贸易红珊瑚，而后在北非迦太基国留下

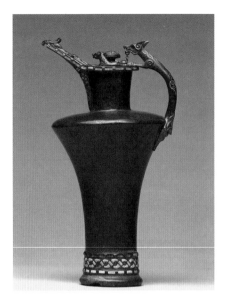

FIG. 312. POTTERY WITH MARINE DECORATION, L. M. I a. _a_, 'MARSEILLES' EWER, CRETAN, FOUND IN EGYPT ; _b_, KNOSSOS ; _c_, GOURNIA ; _d_, _e_, PALAIKASTRO ; _f_, PSEIRA.

左图137 / 　　宝石珊瑚的碎片被镶嵌在这尊拉坦诺青铜酒壶上，它的年代在公元前450—前400年左右，由于被长时间埋藏，珊瑚已经变成了米黄色和白色。

右图138 / 　　绘有海豚、章鱼、海胆、腹足类、藻类和珊瑚的米诺斯文明时期的陶器。阿瑟·埃文斯爵士，《克诺索斯的米诺斯宫殿》第II卷，第2部分："新纪元克诺索斯的城镇房屋和修复的西宫部分"（1928），图312。

成批贵重的红玉髓、玛瑙、象牙和红珊瑚，不过据《以西结书》（27：16）称，他们也从黎凡特南部的以东（罗马人称以土买）收购另一种珊瑚。以东唯一的港口在今天的埃拉特或亚喀巴附近，位于红海的东北尖端，那里并不存在地中海红珊瑚。《以西结书》的大多数译本只提及了"珊瑚"，但至少有一版（《新英文圣经》）具体到了"黑珊瑚"。这很合乎情理，因为虽然红海缺少红珊瑚，但其中的确生长有角珊瑚。中国的资料也同样记录了古时候曾从中东进口黑珊瑚。红珊瑚和黑珊瑚也都出现在中国西藏的唐卡（作为教育工具或冥想辅助用具的叙事画）上。（图140）

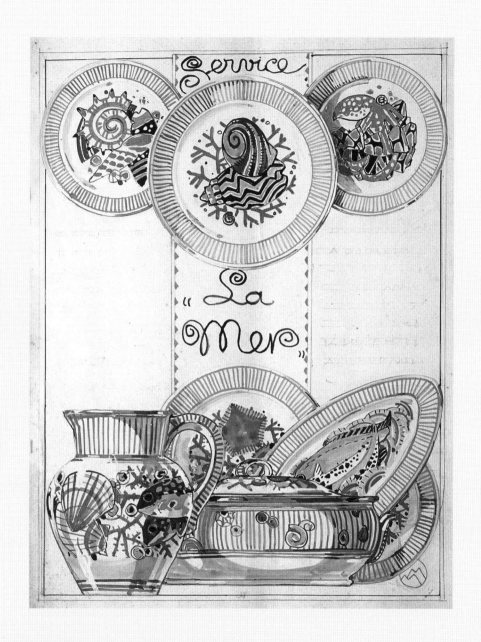

图139 / 马蒂兰·梅厄,《餐具，海洋》(约1920)，展示板：纸上水粉和水墨画。
艺术家的瓷器餐具上绘有红珊瑚、柳珊瑚以及其他海洋动物。

地中海珊瑚直到公元前7世纪才由希腊人带到古埃及[9]，而且看来在托勒密王朝（公元前332—前30）之前都没有什么重要作用。[10]在图坦卡蒙（公元前1332—前1323年在位）的黄金御座上有年轻法老及其妻子的人像，有时人们认为其裸露的皮肤是红珊瑚（比如乔瓦尼·泰肖内的论著《造型艺术中的珊瑚》）。不过，前埃及文物国务大臣扎希·哈瓦斯在他的著作《图坦卡蒙：陵墓宝藏》（2008）中称："王与王后裸露的皮肤处镶嵌的是暗红色的玻璃。"哈瓦斯的书中没有提及红珊瑚，精美的吊坠和法老的其他个人物件中有一些红色，使用的材料包括彩色玻璃、红玉髓和无详细说明的"半宝石"。西里尔·奥尔德雷德的著作《法老的珠宝》（1971）中也没有提及埃及王朝时代的珠宝制作。考虑到红珊瑚和埃及王朝文明各自发展出的神

图140 ／ 《阿逸多尊者》，中国西藏中部，15世纪晚期至16世纪，布面染色。图中的大象正连根拔起红珊瑚和黑珊瑚。

珊瑚：美丽的怪物 ——

秘性，这两者必然有所交集，但我们似乎缺少实质性的证据。[11] 在最早使用宝石珊瑚的埃及人之前，有一些简单的珠子是劈开管状的红色管风琴珊瑚（笙珊瑚）制成的，这些珊瑚来自红海，最早于公元前4400年出现在埃及的史前拜达里文化中。

## 以红珊瑚铺就的丝绸之路

普林尼声称，早在公元1世纪，罗马向东方出口红珊瑚就已经导致地方供应不堪重负，最终，向印度的贸易耗尽了罗马的资源。查拉图斯特拉（活动于公元前1000年左右）是生活在伊朗高原东部的人文宗教改革家，他记叙了红珊瑚辟邪的作用，及其对抗许多疾病的有益效果。因此，这个时代红珊瑚显然已经抵达了中亚。公元前2世纪时，中国人就已经知道珊瑚了，它的名字出现在一首诗里。[12] 到了公元前81年，红珊瑚跟着商队越过边界，出现在西汉王朝的宫廷中，作为国家宝藏被记录在册。[13]

《厄立特里亚海航行记》大约是在普林尼同一时期创作的，其无名作者沿着波斯湾和更大的印度洋中的一部分海上丝绸之路，定期在红海和印度间航行。[14] 他在各种贸易货物中列出了地中海珊瑚。这一类物资沿着从亚历山大港出发的陆路，在地中海和红海间来往运输。有些地中海珊瑚从阿拉伯半岛南岸的迦拿出口，这使也门发展出历史悠久的珠宝工业。（图141）

罗马与希腊商人从红海扬帆起航，在巴巴利康（接近如今巴基斯坦境内的印度河河口）用珊瑚交易印度的珍珠和中国的丝线，而后沿印度海岸线前往更东南方的布罗奇（如今孟买北部），用珊瑚和其他货物交换黑胡椒，后者在罗马非常贵重。珊瑚从两个港口被运往内陆，最终汇入中亚的丝绸之路。在公元1—2世纪，印度的一种世俗大乘佛教——它向外国人展现了对物质财富的理解——提出了菩萨的概念：有些杰出的人类值得进入

图141 / 马尔滕·德·沃尔夫,《也门服装15》(2014),萨那风格的新娘婚服,以红珊瑚点缀,面纱由珊瑚珠串成,可抵御邪眼。

涅槃,但他们选择留在凡世,帮助他人渡过大乘苦海抵达天堂。大乘佛教的佛经详细说明了适合献给佛陀且可以求得菩萨帮助的祭礼。在佛教僧侣中渐渐积攒起来的祭礼有七宝,其中包括珊瑚、半宝石和贵宝石,还有一些《厄立特里亚海航行记》中提及的货品,它们沿着丝绸之路被运送而来。[15](图142)

　　红珊瑚在印度的药用历史也很长久,在科罗曼德海岸,人们还将其制成珠串佩戴,或镶嵌在剑柄上。它被用于火葬仪式中,因为一份17世纪的资料称,"没有珊瑚装饰品的死者会被交到强大的敌人手中"[16]。

　　大乘佛教在公元8世纪已经传入中国西藏,珊瑚制品装饰了那里的寺庙。红珊瑚在西藏文化中有更广泛的运用,《四部医续》中将其作为药物推荐可

珊瑚:美丽的怪物 ————

图142 ／ 《度母救八难》细节图（19世纪），中国西藏东部康区，布面染色。图中，一个僧侣正在祈求圣救度佛母保佑他免遭水难。在他身后是吉祥八宝（海螺壳、宝瓶、吉祥结、宝伞、成对金鱼、莲花、法轮和胜利幢）和七宝石（包括犀牛角、象牙、球形宝石、十字宝石和一枝宝石珊瑚）。

以表明这一点。这部西藏学说可能源自公元8世纪，不过到了12世纪变得更加详尽，融合了印度、中国的其他地域和古希腊－阿拉伯的医药知识。在藏传佛教中，珊瑚的红色及其海洋起源都使其被提升到宗教和日常用度的核心位置，就如生命之树一般。13世纪，马可·波罗沿丝绸之路抵达蒙古忽必烈可汗的宫廷，他发现红珊瑚在中国西藏已经足够常见到被人们用作货币。

在解释贸易记录时有个问题：coral一词往往只代表一种树状的海洋产品。宋朝的记载称，公元971年，从印度科罗曼德海岸来的珊瑚被送给了唐朝官员。[17]这意味着这种珊瑚不是贵重的红珊瑚（那里并不生长），除非红珊瑚先从别处被卖至印度。我们缺少对印度洋和太平洋海域原产彩色珊瑚的贸易研究。[18] 到了14世纪，中国的资料将地中海（北非马格利布和罗马）和印度马拉巴尔海岸的卡利卡特都列为了珊瑚"产地"，但此时，卡利卡特是一个重要的贸易中心，因此红珊瑚可能注定会从别处进口至此。15世纪初，中国派郑和率领的远征舰队抵达印度、东非、红海和波斯湾。第一手资料记录了也门亚丁的珊瑚树（很可能是黑珊瑚）贸易、波斯湾霍尔木兹海峡（这里也产珊瑚树）的（红）珊瑚珠和珊瑚枝销售、麦加的珊瑚"产品"（可能是进口和加工），以及卡利卡特及马拉巴尔海岸别处的珊瑚贸易和珊瑚珠生产。[19]

当英国东印度公司的红珊瑚漂洋过海从地中海到达英国，再从那里前往印度，经过中国的广州港，抵达北京的清朝（17世纪末至20世纪初）皇宫时，其内涵已经"从海物转变成了商品，到古玩，再到国家宝藏"[20]。吉祥的地中海红珊瑚从corallo变为shanhu，最终在宫廷礼仪和区分官员等级上占据了重要地位。一品和二品官员除了一串由珊瑚和其他珠子制成的朝珠外，还会在黑丝绒帽子顶上加一个红色的珠或"扣"：一品官的顶珠是红宝石，二品官的是珊瑚。

地中海珊瑚的贸易不仅向东拓展到了亚洲，还向南延伸到了非洲。在6世纪至9世纪之间，伊斯兰教在地中海周边的传播为红珊瑚珠串打开了新的市场，人们在忠诚记诵真主的99个尊名时会用到它们。早期，来自马格利布东岸的玛苏尔黑利斯（阿拉伯语中"珠港"的意思）的优等珊瑚很受欢迎。到了12世纪初，地理学者伊德里西在他的家乡休达（位于直布罗陀海峡）写到，马格利布采集的珊瑚有着无可比拟的美丽，在那里

有一个集市，满是被收割、打磨、磨圆、钻孔，最后被串起的珊瑚。它们是最主要的出口货物之一，大都被运往加纳和苏丹的城市，在那里会派上大用场。[21]

## 珊瑚作为珠宝和装饰品

在欧洲，"人们对珊瑚念珠不同样式和大小的接受，使世俗的个人装饰与珠宝出现"[22]。珊瑚项链妆点了地中海沿岸以及更远处的人们。从12世纪开始，西西里岛的特拉帕尼就是这类珊瑚的早期加工中心。浮雕一类的珊瑚雕刻从15世纪开始变得流行起来，它们被用作吊坠、戒指和串珠项链的主要部分。在文艺复兴时期，宗教物件变得更有装饰性了，包括耶稣和圣徒像，人们将珊瑚制成耶稣受难的十字架和圣塞巴斯蒂安被杀害处的树。（图143）

金匠和银匠都在他们的作品中象征性地使用红珊瑚，尤其是来自纽伦堡和巴伐利亚的奥格斯堡的匠人。在这些作品中，舌石支架极为令人惊艳，它有一个被用作盐瓶的镀银基座，支撑着令人印象深刻的树状珊瑚枝，枝条上的镀金配件上挂着13枚鲨鱼牙化石。（图144）这个作品可追溯至1500年左右，名字源于上面的牙齿化石，当时人们认为这些是剧毒蝰蛇的舌头，有测毒及解毒的作用。在使用时，舌石支架会被放在边几或餐具橱上，客

图143 / 耶稣诞生场景（17世纪），意大利红珊瑚和其他材料制品。

图144 / 舌石支架。立台：西德或勃艮第（1400）；配件：德国（15—16世纪上半叶）。支架镀银，所用材料有红珊瑚、13枚鲨鱼牙齿化石、红宝石、蓝宝石，自1526年便列于条顿骑士团宝藏中。

人可以拿起一枚牙齿测试自己的酒。这个民间习俗源自马耳他，牙齿化石在那里很常见，它们还与圣保罗船难的传说和他被毒蛇咬伤的传闻交织在一起。

据说红珊瑚也能中和毒性，并被用于测毒。制作舌石支架的金匠是否也想到了这个用处？对于被用来净化一杯酒的鲨鱼牙齿而言，强大的珊瑚枝是否可能是它们恢复力量的"充电站"？同样在16世纪，德国餐桌上有各种珊瑚柄餐具，有时上面还装饰了绿松石[23]，大家公认它们是很难用但确实令人满意的珍品，他们可能还用自己的餐具来测查毒素。（图145）相似的还有佐哈迎客杯，这是一种被用来接待访客的公用酒器，它是一只用红珊瑚制成鹿角的雄鹿，头部可以移去。（图147）一样难用的是蒂罗尔的斐迪南大公的珊瑚柄剑，不过这把剑是礼器，不适合用来战斗。（图146）

在遥远的中国西藏，人们将红珊瑚与最引人注目的彩石搭配在一起，尤其是琥珀和绿松石。藏传

图145 ／ 汤勺，勺柄是用珊瑚制成的。

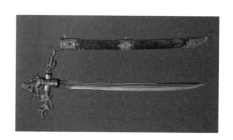

图146 ／ 哈布斯堡家族中蒂罗尔的斐迪南大公的仪仗剑，上有珊瑚手柄（收藏于维也纳霍夫堡宫的军械库）。

图147 / 梅尔希奥·拜尔，佐哈迎客杯（1667），镀银红珊瑚制品。

佛教与它的文化历史结合得如此紧密，以至于珊瑚既成为宗教象征的一部分——代表了生命力及其与远海的连接，也变成个人服饰的一部分。尤其对于游牧民族来说，财富必须是能够携带的，佩戴它同时也宣告了此人的社会地位。经过几代人的累积，饰物作为一个家族的遗产被一代代继承了下来。

在非洲撒哈拉沙漠以南，地中海珊瑚最著名的用法出于贝宁王国，这里的以东人曾经统治过尼日利亚中南部的一大片地区。珊瑚在贝宁城开始变得名贵的时期可追溯至15世纪，那时，厄乌阿勒国王（1440年登基）从水神及繁荣之神的水底宫殿奥洛昆宫偷来了宝石珊瑚。也有不那么富有神话色彩的说法，红珊瑚出现在这位国王的穿戴中时，恰好是葡萄牙人渡海而来的时候，后者准备贩售珊瑚、黄铜手镯、红色法兰绒和其他奢侈品，还提供武器和军事保护，以换得象牙、纯铜和胡椒。借着海上贸易得来的财富和权力，厄乌阿勒国王统一了以贝宁城为首府的帝国。

这位国王改革的事项还包括他的服饰：王冠、项链、汗衫、下裳，甚至鞋子都用红珊瑚珠制作。国王的称呼还包括"珠冠之子""珠袍之子"。（图149）穿着这些东西，国王就变成了神[24]，他的珊瑚珠和红宝石服饰会被浸在人牲的血（现在用的是牛血）中，以重获神力。贝尼的宫廷贵妇们也有以红珊瑚装饰的复杂发型，"贝宁铜像"呈现了这一点，它们是非洲艺术的杰出范例。（图148）

日本江户时代（17—19世纪）女士的发型没有贝宁的那么精巧，她们用长发簪和梳子固定并装饰头发，这些发簪的尖部往往是用地中海珊瑚雕刻的，梳子上点缀有珊瑚、银、金和玳瑁。在17世纪早期，大量珊瑚输入日本，不过多半是荷兰人送给将军和高官的礼物。[25]在很长时间里，珊瑚一直是特权精英的专用品，"普通人从未能……看见它"，不过到了1700年左右，进口珊瑚——尤其是从荷兰进口的珊瑚开始更广泛地被使用在发簪和根付中。[26]（图150）

图148 / 贝宁王国一位皇太后的头像（16世纪初），炮铜制品。在当时，向前梳起的发型外的罩网是红珊瑚珠制成的。

图149 / 在一次皇室访问中，国王阿肯苏阿二世向伊丽莎白女王致意。站在左边的是尼日利亚西域1952—1959年的元首杰里迈亚·奥巴费米·阿沃洛沃酋长。右边的是1954—1960年的西域行政官约翰·兰金爵士。由所罗门·奥萨吉·阿隆格进行手工着色银明胶印刷（约1956），摄于尼日利亚贝宁城。

19世纪，日本海外发现了宝石珊瑚的种类，比如粉红色的瘦长红珊瑚（*Corallium elatius*），它们缠在渔具上浮出海面。相关工业迅速发展，到了1887年，日本珊瑚开始出口至意大利，尤其是用它们雕刻的流行艺术品。在日本国内，日本珊瑚物件被卖给前往四国88座佛寺朝圣的朝圣者。[27]

在一幅1843年的木版画中，一大簇红珊瑚被置于显然是水晶的底座上。（图151）它的枝条，以及近处另一簇珊瑚的枝条成了平知盛的剑架，他是平氏的一位领袖，在1185年的一场海战中败给了对手源氏。源氏的崛起标志

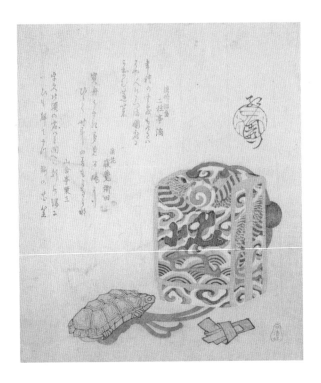

/ 　长山孔寅，《印笼①、乌龟根付②和珊瑚珠》（1828），彩色木版纸上印刷画。

/ 　　歌川国芳，《平知盛》（1843—1844），彩色木版纸上印刷画。在1185年的坛之浦之战中败给源氏后，平氏领袖都自杀了。平知盛把自己绑在锚上跳船自尽。源氏的一位领袖成了第一位幕府将军。

着日本封建时期的开端，其统治者是军事领袖，或称幕府将军，而不是上层贵族。

　　在日本的江户（德川）时代即将结束时，维多利亚时代的英国见证了红珊瑚首饰的一次短暂风潮，它与"水族馆狂热"同时发生，后者是由博

---

① "印笼"原本是收纳印章的器具，到了江户时代，渐渐演变成挂在腰间存放药物的容器。

② "根付"又作"根附"，江户时代用来悬挂随身物品的卡子。

平知盛

平相國清盛の四男にて宗盛の第弟ち智勇
勝れと文武の達人忠孝の道又大兄重盛ふ
劣らひ其死後忠臣先代と専父清盛を補佐
従三位の叔ー中納言ふ任し治承四年四月源三位
頼政友逆の時ふ其討討隊の惣大將とて指揮号令嚴
密へれが終も老功の頼政を遂ふ敗ふて宇治そ
自投て見ふ名を用ひど其子仲獨兼綱みる對る頼政義
仲起兵の時ふ知盛種々計ふべくも宗盛愚
あつて是を用ひず終れふ寿永二年七月味方
花洛を退く時も知盛一人都ふ死んと怒り
止れを宗盛へ從どころ沒落を夫より四国
中国西国武揚ふ一谷ふ諸所の新内裡と
築り姑且先帝を守護せーも全く知盛の熟
功へ依れ其子知章又これふ劣らで一ツ谷合
戦ふ義經ふ攻めて淡路八島の柵（押寄せ）ふ
月義經正風波へ渡ツて此時知
一戰ふ切勝宗盛父子と奴官多く生虜へ此時知
盛げ地ふ在んて長州赤間ふ關ふ城を搆て九州を攻る
功の中ふ久之斯て先帝も既ふ入水ふ給せ一とへて知盛今へ是迄ふそ一

一勇齊

國芳画

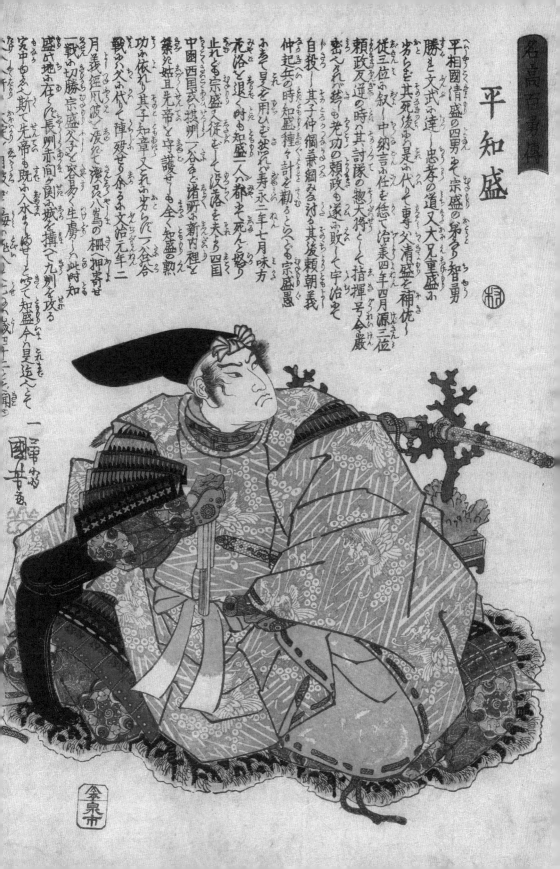

物著作和海洋生物知识的普及所激发的。这类首饰主要来自那不勒斯和热那亚，它们往往被精雕成花朵、叶片和十字架，又或是丘比特裸像和其他经典形象，成套的首饰很受富人追捧。有些珊瑚首饰是在国内生产的：在伦敦，罗伯特·菲利普斯以雕刻珊瑚物件闻名，其中包括冠冕和头饰。菲利普斯接受了意大利的王冠订单，以帮助促进那不勒斯的珊瑚产业。与19世纪初的大陆帝国风格不同，有些作品中使用了自然风格的珊瑚枝，这样的款式在1867年遭到了玩世不恭的伦敦记者及色情文学作家乔治·奥古斯塔斯·萨拉的嘲讽，他称之"看上去好像扭曲的红火漆棍子；珊瑚耳坠令人讨厌地像是……染了红赭色的分叉的家种小萝卜"[28]。（图152）

包括玛丽·林肯（亚伯拉罕·林肯的遗孀，人们对她昂贵的服饰颇有争

图152 / 菲利普斯兄弟（伦敦），珊瑚头饰（约1860—1870），在镀金金属架构上环绕着一圈喷射状及浆果状的珊瑚。

议）在内的19世纪中期的美国人也发现了珊瑚珠宝的美。林肯夫人拥有一串雕刻珊瑚项链，上面有两小簇玫瑰，每簇上都有一个小天使，下方还垂着一块更大的中央吊坠，上面是一个被玫瑰环绕的小天使（象征着永恒的爱）。（图153）有些人认为林肯夫人是在19世纪60年代购买了项链，"以纪念她的大天使（亚伯拉罕，以吊坠为代表），和她的两个小天使（埃迪和威利，她死去的儿子）"。无论这故事是真是假，"那天使都将贴近她的心房"[29]。

图153 / 玛丽·林肯的红珊瑚项链，雕刻着天使和玫瑰。

人们有时会读到，在哥伦布发现美洲之前的墨西哥文化中，红珊瑚也曾被用作装饰品。1539年，弗朗西斯科·巴斯克斯·德·科罗纳多派出一支先遣队去搜寻西博拉七城，队伍在如今的新墨西哥遇上了祖尼村民，那里的人们"戴着许多在南部海中找到的珊瑚珠，还有从北边得到的许多绿松石珠"[30]。不过，地中海红珊瑚一直到西班牙人将它们带到墨西哥时才抵达彼处。在那之前，亮红色或橙色的钙质装饰品都是由彩色的牡蛎壳（海菊蛤）制作的，它们来自墨西哥的两侧海岸。

地中海珊瑚可能最早是以念珠和宗教制品的形式到达了西班牙殖民地和传教士团，到了1750年，这种新的红色物质终于被用来制作珠宝。[31] 19世纪，来自意大利公司的地中海珊瑚被大量卖入美洲西南部，这里的霍皮蛇

舞者会佩戴珊瑚项链。和别处一样，珊瑚珠代表了一种财富形式，项链的长度和珠子数量是其展示方式。美洲原住民工匠从西班牙人那里学到了银器的制作方式，20世纪初，商栈运营者C. G. 华莱士鼓励他们把地中海红珊瑚和本地绿松石搭配在一起镶入银器。尤其是祖尼珠宝匠渐渐变得非常擅长生产这一类作品，到了后期，他们开始使用珊瑚枝。（图154）

图155 / 丹尼尔·阿努尔，戈耳工之戒（1989），红珊瑚枝嵌象牙，缠绕着镶珍珠的黄金。

虽然王朝时代的埃及珠宝和装饰物中没有大量出现宝石珊瑚，但是它们最终出现在了埃及的复兴创作中（1922年图坦卡蒙墓的发掘激发了这股风潮），这些作品都是装饰艺术风的杰作。最近，当代珠宝匠从海洋自然环境中得到灵感，将珊瑚同时作为材料和主题，运用在可佩戴雕刻作品的大量设计中。（图155）

## 捕捞珊瑚

最早收集地中海珊瑚的古代人，可能是在暴风雨后捡到了冲上海滨的碎片。[32]（见第8页图6）在普林尼的时代，罗马人收集珊瑚时要潜下水去，用

左页图154 / 达恩·辛普利西奥，珊瑚枝与雕刻绿松石项链（1945），银珠、珊瑚枝和维拉格罗夫绿松石饰品。这位祖尼艺术家是第一个在自己独特的作品中使用自然形态珊瑚枝的人。

尖锐的铁器把它们割下来，在许多个世纪里，希腊人和其他国家的人估计也是这么做的。他们还有一个办法，是用拖网把它缠住。16世纪晚期的一幅印刷图显示，赤裸的潜水者在西西里岛一处陡峭的海滨外工作，带着硕大的珊瑚出现在船舶附近，但除了早期版本的护目镜外，画中没有出现专门的工具。（图156）考虑到珊瑚在数世纪里大量出口至印度及其他国家，你可能会吃惊于它们还有足够的数量供自由潜水者采集，这些人能在深达20米的水中工作一两分钟。不过，当马尔西利伯爵在他的《海洋博物学》中写到红珊瑚时，他说在浅至4.5米的水中仍然能找到珊瑚，这是自由潜水者能轻松抵达的深度。这本书最终于1725年出版。

不可避免的是，当市场对珊瑚的需求增长，而浅水珊瑚的数量变得稀少时，地中海人就为有组织的珊瑚捕捞业发明了装置，它们能从更深的水中与更大的范围内捕捞珊瑚。马尔西利伯爵在《海洋博物学》中展示了两个这样的装置——"机关"和"抄网"。机关（意大利语是ingegno，字面意义是工具或机器）由两根木梁组成X形十字架，末端挂上渔网，用来缠住珊瑚枝，再由沉重的圣安德烈十字架将其从基底上折下来，这个装置由人员在船上操控。（图157）

伊德里西在12世纪提到了由8个船员操控的船只布置的机关，它被整个地中海地区接纳、改善并使用，不只是北非的阿拉伯，还有加泰罗尼亚、普罗旺斯、那不勒斯和西西里岛的深水珊瑚捕捞业。普罗旺斯和加泰罗尼亚的渔民在近岸海水中使用抄网，它有一根加重的木梁或铁条，一端安装着锉磨金属环，环上挂着抄网（见第62页图49），它被用来收集喜欢长在岩架下的珊瑚。

20世纪，依然较大型的铁质"机关"在海底大肆破坏。破坏性尤其大的"意大利杖"是一根长超过6米、重1吨的金属柱，上面有一排铁链条，每条长5米。它们拖过海床时会造成毁灭性的后果，受到环保组织再三谴责。

珊瑚：美丽的怪物 ————

27　Coralium Siculus folers cautufq; fpecillo
Ante oculos fixo, placidum cum ftat mare ventis,
Pifcatur: fit demptus aquis durufq; ruberq;
Ramus; qui tener, et viridis fuit ante colore.

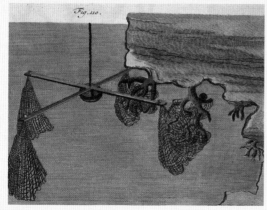

图156 ／ 科内利斯·加勒一世效仿约翰内斯·斯特拉达努斯，《捕捞珊瑚》（约1956），纸上铜雕版印刷画。左侧的拉丁文标题提及西西里岛的潜水者使用护目镜，右侧则重述了当时绿色珊瑚枝移出水面时变红的场景。

图157 ／ 用机关收集红色地中海珊瑚。马蒂斯·波尔的手工上色雕版画［路易吉·费迪南多·马尔西利的《海洋博物学》（1725）图页XXIV，图110］，来自约瑟夫·班克斯爵士的马尔西利著作抄本。

潜水者采集珊瑚时的工作深度有生理上的限制，但近在咫尺的大量财富又令人蠢蠢欲动，因此这份职业危险且疯狂。其局限性令人们采用了半自主性的潜水衣，这种带头盔的潜水服由水面上的气泵持续提供空气。

19世纪末，在加泰罗尼亚克雷乌斯角岩岸上的卡达克斯渔村里，潜水采集珊瑚变成了主要职业，这个渔村离萨尔瓦多·达利在菲格拉斯的出生地不远（图158、159）。空想社会主义者及发明家纳尔奇斯·蒙图里奥尔的家乡也是菲格拉斯，他青年时是巴塞罗那的一名革命者，后来于1844年返回家乡，并目睹了一次意外：一名穿着潜水装的珊瑚采集者在35米深的水下工作时失去了意识，好在被拉上来后他苏醒了。这次意外激励蒙图里奥尔思考如何改善珊瑚采集者的命运，他使用的方法很符合他乐于改革的天性和工程学上的自学所得：一艘潜水艇，它将扩展人们对海洋科学的认识，并开采珊瑚和其他海底资源。[33]

他的潜艇名为"伊克迪内尔号"（*Ictíneo*，取自希腊语 *ichthus* 和 *naus*——

图158、159　/　希腊的孔托什家族，他们正在加泰罗尼亚克雷乌斯角外的渔船上工作（左图158），穿着潜水衣收割红珊瑚（右图159）。由于亲眼看见一个人差点在潜水事故中丧生，纳尔奇斯·蒙图里奥尔发明了一种更安全有效的珊瑚采集方法。

分别是鱼和船的意思，或意为新鱼，*néos* 意为新）[34]，它有两个版本，两者都有特色创新，比如双层船壳（现代潜艇依然在使用这一设计）；有一个系统可以消除船员呼出的二氧化碳，它将二氧化碳和钙结合，形成碳酸钙沉淀——这个装置类似于珊瑚用来沉积钙质骨骼的系统；还有一个蒸汽机用于水下运转，它利用化学反应为锅炉提供热量，并生成氧气，从而为船员解决了长时间潜水过程中氧气供应的问题（图160、161）。这样的高科技设备价格高昂，最终债权人取缔了蒙图里奥尔一贯捉襟见肘的潜艇协会。（图162）1868年，"伊克迪内尔二号"被解体卖掉了，而凡尔纳在第二年便开始连载《海底两万里》，书中出现了高科技的潜水艇。"伊克迪内尔号"在海中已试行成功，而且它们的发明完全是出于一片好心，但这潜艇并未采集过一片珊瑚。使用潜艇开采珊瑚还得再等一个世纪。

莱昂纳多·福斯科是一位使用水肺和潜艇的先锋，他先是用它们采集珊瑚，后来则开始保护珊瑚。他在个人叙事中说：20世纪的人们依然在广泛使用潜水衣，不过在第二次世界大战后，水肺的使用给地中海红珊瑚带来了新一轮打击。[35] 1953年，福斯科在自由潜水时用鱼叉捕鱼，在大约30米处发现了红珊瑚，之后他借用了水肺装置返回此处采集了6千克珊瑚。原则上，水肺潜水者在采集珊瑚时较为从容，比起一位迅速移动、屏息跃入海底的自由潜水者来说，他们的采集可以更有选择性。据此，多年来，福斯科和他的水肺潜水同行们一共采集了数千千克的珊瑚，而且采集地主要是当时还未开发资源的撒丁岛。（图163）

福斯科最终抵达了供氧潜水的极限深处，他能看到大多数高品质珊瑚位于海水更深处，在80米～120米之间。他开始对使用混合气体（氦气和氧气）呼吸器潜水产生了兴趣。压缩空气中的氮气会带来减压问题，而这种呼吸器能减少这种麻烦，而且"没有氮麻醉那种卑鄙的特质"。因此，到了20世纪70年代，他使用扩容氦氧混合潜水装置，潜到了100米的深处，他在

图160 / 蒙图里奥尔的"伊克迪内尔二号"现代模型，船体前方安装着一个类似于加泰罗尼亚抄网的装置用来采集红珊瑚。

图161 / 宣传小册子中的一张图展示了正在打捞大炮和采集珊瑚的几艘"伊克迪内尔号"潜艇。

图162 / 蒙图里奥尔的潜艇协会的丝绸旗帜（由他妻子缝制）。罗伯特·休斯在《巴塞罗那》（1993）中记录了蒙图里奥尔的事迹，将拉丁文格言 *Plus Intra, Plus Extra* 翻译成"更深！更远！"。马修·斯图尔特在《蒙图里奥尔之梦》（2003）中将其翻译成"越深越好"。

图163 / 水肺潜水让潜水者能够收集数千千克的珊瑚，这给宝石珊瑚带来了新一轮严重打击。

2001年的回忆录《红色黄金》中说到了这一点。

　　20年后，福斯科重访他钟爱的一处潜水地点，发现这里已经惨遭破坏，他意识到他和同行们开启的进程已由其他潜水者终结。没有什么人的热忱能胜过热爱这一切的人。福斯科确认了珊瑚群落上遭受的毁坏，开始更严肃地思考如何保护它们。他转而求助于潜水艇，他在一艘小型潜艇里亲眼看到了铁质"机关"造成的破坏，"笨重的铁十字架犁过海底，反反复复地撞在海底山峰上，击打它，将它搅成泥和残骸"。[36] 使用水肺潜水采集珊瑚的过程也改变了：

> 人们找到了能在海中发现的每一小块珊瑚，过去产出大量地中海红珊瑚的礁石现在已被不同的潜水者多次造访，他们为了不空手而归，剥掉了剩下的最后一片珊瑚。甚至有ROV（遥控潜水器）……和它们的液压悬臂……采集走逃过拖网和潜水者的几小块珊瑚残桩。[37]

　　最终，在意大利和之后在突尼斯目睹的现状让莱昂纳多·福斯科感到绝望，他退出了珊瑚相关事业。在职业生涯末期，他从自己的最后一艘船上拆下了一个减压舱，用它在自己建立的一个诊所中提供高压治疗。

　　在太平洋中，其他宝石珊瑚物种展现了各种不同的色调：巧红珊瑚（*Corallium secundum*）是粉红色或"天使白"；瘦长红珊瑚（*C. elatius*）的颜色范围从樱桃红到粉红；日本红珊瑚（*Paracorallium japonicum*）是棕红色；皮滑红珊瑚（*Corallium konojoi*）是白色。第一个有记载的发现来自19世纪初日本的高知县，当时发现的珊瑚是海底拖网捕鱼的副渔获物。[38] 这类偶尔得到的珊瑚被私人买卖，不过德川幕府的一个封建领地限制这一类交易，要求人们捕捞到任何珊瑚都要汇报。[39] 这样的形势一直持续到1868年明治维新终结了封建时代为止。在明治时代末期，日本的珊瑚捕捞产业已拓

　　　　　　　　　　　　珊瑚：美丽的怪物 ─────

展到鹿儿岛县。

在早期，珊瑚群体尚未被开发，人们一直是凭运气靠拖网偶然得到它们。当一处的资源耗尽时，人们就定位另一处海床去捕捞，通常都是本地人乘着小船作业。戎屋幸之丞（皮滑红珊瑚的拉丁文名 *Corallium konojoi* 是以他命名的）是第一个推动日本珊瑚捕捞业组织化发展的人，那是在19世纪的30至40年代。[40] 他发明了更有效的装备，其中包括一种"迷你机关"，由一条竹竿装着渔网，利用石头的重量将其坠入海中，这个装备在小船上操作。（图164）

大多数太平洋宝石珊瑚都出现在水肺可达的深度之下，所以哪怕到了

图164 ／ 西泊天满宫天顶绘画，展现了明治时代一艘渔船在航行中的一次成功捕捞，其拖网上缠着珊瑚。

近代，人们依旧用渔网拖捕珊瑚。捕捞业最终消耗了更多资源，令渔民们向更远处航行，离开中国南部和台湾渔船也参与捕捞的中国台湾海域。20世纪60年代，日本人和中国台湾人在中途岛西北方的天皇海山链400米深处发现了丰富的巧红珊瑚礁，在那里采集了数百吨粉红色的珊瑚。在更深处，有竹珊瑚（八放珊瑚亚纲的另一科）繁茂生长。这些半宝石珊瑚有更多孔、能吸水的骨骼，这使它们被人染成深红色或黑色，作为宝石红珊瑚或黑珊瑚的代用品，甚或是伪造品贩售。中国台湾、日本和韩国的船用拖网大量捕捞竹珊瑚，对天皇海山链的海床造成了毁灭性的影响。[41]

## 珊瑚联盟

伊斯兰教提供的地中海珊瑚有更大的民族市场，这使马格利布西部的休达和东面的玛孙黑利兹（如今阿尔及利亚的卡拉，法国人也称之为加莱）的市场变得闻名遐迩。每一个市场都有它自己的本地珊瑚货源，此外还有来自西西里岛的珊瑚，西西里岛在9世纪末到11世纪末间由穆斯林统治，之后便被诺曼人征服。玛孙黑利兹还是臭名昭著的阿拉伯海盗藏匿处，这些人抢劫珊瑚，弗朗索瓦·杜芒热对此有所描述：

> 11世纪时西西里岛的失而复得和伊比利亚收复运动的开始，使基督教复兴……这将重新改变珊瑚系统。地中海区域的基督教将夺得各大商业城市的制海权，从而确立它对这片海域的掌控……10世纪时的阿马尔菲，11世纪的比萨，12—13世纪的热那亚，14世纪的巴塞罗那和马赛，15世纪的那不勒斯和特拉帕尼……它们之所以能成为珊瑚经济中心，其根源包括本地海岸的地方产品、自己的殖民地把控了原始资源（科西嘉岛、撒丁岛和阿尔加维），以及对马格利布的控制。[42]

在1062年加泰罗尼亚的封建经济制度下，巴塞罗那的伯爵为他自己保留了当地三分之一的珊瑚捕获量。热那亚人1286年对玛孙黑利兹的破坏为热那亚、巴塞罗那和马赛的珊瑚利益集团打开了马格利布的市场，这些集团商讨渔业权利，其中包括为自己的舰队争取陆上基地，比如强大的热那亚家族的多里亚家族和洛梅利尼家族所占的塔巴卡岛（图165），以及之后马赛的巴巴里海岸法国堡垒。珊瑚产业往往是家族事务。在13—14世纪，那不勒斯珊瑚礁堤的开采是由法国的安茹家族掌控的，到了15世纪末，又由阿拉贡家族掌控。[43]

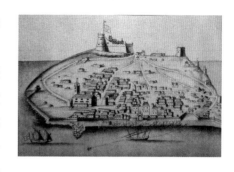

图165 / 17世纪一张匿名的突尼斯海岸塔巴卡岛地图，呈现了其热那亚堡垒和要塞建筑。1540年，突尼斯省长将这座岛特许给了热那亚的洛梅利尼家族（和安德烈亚·多里亚有关联）。热那亚人最终在1741年放弃了这座岛屿，这里的人口早已因珊瑚资源的耗竭而衰减。

在整个中世纪，珊瑚由基督教船主产出，但为了满足印度和撒哈拉以南非洲的需求，运输要穿过穆斯林的领地，而珊瑚的大部分营运工作及打包和贸易，都由犹太人通过亚历山大港的枢纽处掌控。在1492—1493年，当阿拉贡的斐迪南二世与伊莎贝拉一世成婚时，犹太教和被迫皈依基督的人（改宗者或改信者）被驱逐出了西西里岛和加泰罗尼亚的阿拉贡家族领地，以及西班牙的广大区域。这些大批离去的人，尤其是从巴塞罗那撤离的人，让马赛、那不勒斯，以及（尤其是）里窝那受益匪浅，这些城市开始变成地中海珊瑚贸易的中心，取代了亚历山大和休达。杜芒热继续描述道：

从16世纪末到19世纪末，里窝那——"这里对失业的英国私掠船船员来说是一处受人喜爱的养老地"……每年举办大型珊瑚市集,实际上操作着所有可经手的珊瑚产品。

在16世纪,里斯本犹太群体的贸易和银行业务都由里窝那启动并运营,17世纪变成了阿姆斯特丹,18—19世纪在伦敦,通过途经好望角的新航线组织前往印度的珊瑚运输。伦敦有它自己的珊瑚商贸街,如今简称珊瑚街。

在印度的果阿邦、马德拉斯、孟买或加尔各答,往往是发货人的父母和亲戚在管理货物买卖,并使用收入购买宝石——尤其是著名的戈尔康达钻石,提供给西欧商业城市的犹太宝石匠。对于东印度公司〔1601年获得特许执照〕和英国驻印度帝国的行政机构而言,这些网络会是最稳固最忠诚的支持力量之一。

印度在三个商业世纪中囤积了财富,并使用大量珊瑚粉用以治疗。它还设法满足了中国西藏市场无尽而庞大的需求。[44]


葡萄牙和荷兰的珊瑚货运有时会压低价格,但需求是无穷无尽的。

1560年左右,两位马赛商人创办了马赛珊瑚公司,其商贸网络最终延伸到了整个地中海西部,包括北非地区(1725年,佩松内尔将与珊瑚渔人一起在此航行)。1741年,由马赛掌控的非洲皇家公司取代了前者,以加莱为基地,在这里,珊瑚货物从采集到装载都完全控制在公司员工手中。[45]尽管这家公司垄断了突尼斯的珊瑚贸易,但它最终也成为法国革命的另一个牺牲品。

波旁王朝连续倒霉的斐迪南四世、三世和一世(相继为那不勒斯、西西里岛和西西里王国的国王)准许马赛的保罗·巴塞洛缪·马丁于1805年在托雷德尔格雷科建立皇家珊瑚工厂,并授予他十年的专利权,之后这份专利权由约瑟夫·波拿巴反复授予。"这是个决定性的一环,让珊瑚贸易迈

珊瑚:美丽的怪物 ————

向了人们长期追求的完整经济圈……［并］使托雷德尔格雷科成为主要的全球生产商"[46]，从买卖珊瑚珠（如在里窝那一样）转变为更艺术性的传统行业。

对意大利人来说，在法国人掌控的阿尔及利亚进行渔业捕捞已经变成了一个问题。根据一份意大利资料称，法国人让意大利人操纵他们的船，是因为法国人没有捕捞珊瑚的技能。意大利在1871年统一之前的几十年里一直在发生武装冲突，1876年《实践杂志》上的一份英国报告表明，法国渔船上的员工主要由意大利逃兵组成。对于亨利·德·拉卡泽－杜塞尔来说，这是个经济问题，他在《珊瑚博物学》的下半部中正是如此记叙的。他知道意大利水手的薪水远远少于法国水手，他们的要求不高，在食物上并不自我放纵，而且和法国人一样工作勤奋。

事实上，珊瑚捕捞工的工作极为繁重，拉卡泽－杜塞尔复述了常见的格言："要成为一名珊瑚捕捞工，你必须偷盗或杀人。"工作的大部分内容包括用手转动绞盘，放低沉重的"机关"，以及在珊瑚滩上操纵它，拉起它以获得珊瑚，这项任务要没日没夜地完成。如果没有风，珊瑚捕捞工们还要划动16吨重的船。所有这一切工作都是在北非灼热的阳光下完成的。（图166）

在船只和装备上，法国无法与生产成本更低的那不勒斯竞争。因此，拉卡泽－杜塞尔提议通过一系列新式奖惩措施（签约奖金、兵役豁免、家庭医疗保健等），"使水手和外国船舶法国化"，他还提出了管理和保护珊瑚资源的方法，如在珊瑚繁殖季节禁止捕捞（就和鱼类捕捞管理中所做的一样）。到了1870年，在阿尔及利亚水域所有160艘船上工作的几乎都是意大利人，只不过他们头上飘扬的是法国国旗。[47]但是到了那时候，托雷德尔格雷科已经在更广阔的地中海区域的"完整珊瑚经济圈"中确立了自己的地位。

1875—1880年间，人们在西西里夏卡附近发现了三个珊瑚矿床。它们主要由死珊瑚构成，但这些珊瑚依然可用，并且易于采集，另外还拥有之

图166 / 一幅19世纪末的画作，描绘了珊瑚捕捞工操纵大型"机关"或圣安德烈十字架的场景。

前在地中海没发现过的颜色。2000只船舶组成的"红色黄金团"致使市场供过于求，最终使需求量下降，连最好的生珊瑚价格都跌落了95%，从而导致船舶捕捞量急剧下跌。大多数家族自营的"托雷德尔格雷科的珊瑚公司堆积了1100万千克珊瑚——堆成了山"[48]。"讽刺的是，1880年让价格下跌的夏卡珊瑚正是如今最有价值的地中海红珊珊变种"[49]。

珊瑚会是为珊瑚和浮雕的制造及商贸服务的意大利贸易协会，其总部在托雷德尔格雷科，协会称这个行业中有大约300家公司（包括许多加工市场产品的转包商），雇用着近4000人。到此刻为止，大多数珊瑚都来自公司库存或太平洋渔业。

意大利公司是日本高品质宝石珊瑚的早期交易者，这些珊瑚于20世纪的前几年开始抵达意大利。今天，大多数捕捞所得的宝石珊瑚都来自日本和中国台湾，其中大多数又是在意大利加工的。更大丛的太平洋珊瑚可以由意大利及东亚艺术家制作成更精致的雕刻品。

在明治时代的日本，珊瑚商业最初涉及珊瑚渔民和商人之间的私人协商，这些商人可能是船主、珊瑚加工商或店主。之后这种互动变成了投标系统，除了日本商人外，最终又接纳了意大利商人。[50]如今，一个简单的标本可以卖到数千万日元（约85 000美元），涉及如此大的金额，卖家的妻

图167 / 西泊天满宫的天顶绘画，描绘了神道教（源自印度）命运七神之一及财富象征者大黑天神，他正在购买一丛华美的红珊瑚。

子和亲人就要"确保……其丈夫或父亲不会在回家前把它全花在聚会上"[51]。（图167）

因此，在日本和在地中海区域一样，私人家族运营珊瑚产业，为公司决策和谈判提供灵活性。最后，各种商人的合作组织渐渐发展起来，以求稳固行业并保证利润。

### 保护宝石珊瑚

地中海红珊瑚长期被用于珠宝行业、奢侈艺术品和水族馆装饰，还被运用于可疑的自然疗法秘方中，它们被耗损得如此彻底，以至于要花数世纪才可能恢复到有限的程度，得以从中一窥其往昔的繁荣，以及对最大繁殖力而言必要的群落规模。珊瑚支持者安德鲁·布鲁克纳将渔业扩张的效果比作"露天开采和森林皆伐"[52]，马尔西利在三个世纪前就已经认识到了这一点。在北非（此处对珊瑚资源的立法保护已历史悠久），法国与突尼斯省长于1823年签署协议，禁用了破坏性的欧洲抄网。

20世纪80年代初，渔获量急剧下滑，人们开始重视地中海红珊瑚群落的悲惨境况，这一切促使联合国粮食及农业组织（FAO）渔业委员会发起国际论坛，改善地中海区域的管理和渔业措施。这些举措包括1994年欧盟强制禁用圣安德烈十字架和意大利杖，后者在西班牙早已被禁用，因为它对西班牙和摩洛哥之间的阿尔沃兰海造成了毁灭性影响。[53]但据布鲁克纳称，渔获量在20世纪90年代末开始渐增，这反映的是对之前未开发的深水群落的采集渐增，而非物种的广泛恢复。而且仍然有水肺潜水者在较浅的群落上猖獗盗采。

濒危野生动植物物种国际贸易公约（CITES）几次试图像对待太平洋红珊瑚（*Corallium*）及类红珊瑚（*Paracorallium*）一样，把地中海红珊瑚也列入保护名单，但都没有成功。甚至对于地中海里被大批摧毁的群落是否足以濒危至登上CITES的名单，人们都依然没有达成一致。CITES条例并不能代替渔业管理条例，也不能禁止开采，只能规范贸易。珠宝行业担心，列入CITES名单会让行业背上"非绿色行业"的污名，进而会抑制销售，伤害珊瑚工匠和小型家庭作坊。[54]因为宝石珊瑚有很高的市场价值，但生长率和更新率在所有商贸渔业物种里是最低的，所以贸易管制和渔业管理手段都是可取的。[55]

就和地中海里长达数世纪的模式一样，太平洋中宝石珊瑚的毁灭性拖网捕捞也造成了"起落式"的行业循环：发现新的珊瑚礁意味着它们要被过度开采，而后被耗尽资源，市场收益下滑，人们遗弃这片区域，转而寻找下一个处女地。日本的近岸珊瑚捕捞业一直由地方管理，这一举措由高知县在19世纪70年代开始实行。典型的起落式过度捕捞致使执业渔轮的数量受到限制，自2012年起，这些渔船被规定必须是非机动式的。在两个法定捕捞区域，渔获量受到管制，在每年的珊瑚繁殖和幼虫固着季节，珊瑚捕捞会被禁止。在鹿儿岛县和冲绳县，只能由潜水器选择性地进行捕捞，其高昂的费用打消了人们进入这一行业的念头。

在琉球群岛冲绳县附近的生态研究表明，对大型物种日本红珊瑚的选择性采集是一种可持续渔业路线，措施中包括间隔10年～20年的"生物休息期"进行"轮流收割"，这能让珊瑚有机会重新生长。[56]乐观的意见是值得赞扬的，但这样的耐性并不符合行业有史以来的口号。回想起马尔西利伯爵在17世纪和18世纪之交就提出，宝石珊瑚"森林"复兴需要几十年的时间。渔民们总是持续不顾后果地努力，直到再也找不到可用大小的珊瑚："亏损确实并非来源于大自然，而是因为人们不给它扩充的时间。"如果必要的耐性在商业上不可行，另一种选择是增加海洋保护区的面积，并使其靠近渔业区，以促使幼虫能让被耗尽的群落重新焕发生机。除了限制保护区的最小规模外，这也将作为管理策略的一部分。[57]

日本和中国台湾在其内海沿海水域，通过规定禁渔时段来加强对珊瑚捕捞季的限制，但这种限制并没有延伸到公海，在公海，珊瑚被不间断地采集，直到此处再无盈利空间。从20世纪60年代中期到80年代末，两种"中途岛珊瑚"都被没完没了地捕捞，生物上的以及随后经济上的毁灭性影响导致人们放弃在这一领域捕捞。

理查德·W. 格里格是一名生物学及宝石珊瑚管理方面的专家，最近他讲述了夏威夷大学的同行如何在瓦胡岛外找到了丰富的粉红珊瑚，但他也意识到他们拖网采样带来的破坏性，而这种方式被随后而至的渔民效仿。载人潜水器的选择性采集对可持续的捕捞来说是必要的。这一经验促使夏

威夷大学在宝石珊瑚管理方面展开了一项长达40年的研究计划。[58]

黑色角珊瑚也一直被用于制作当代珠宝，而太平洋黑珊瑚通常出现在比红珊瑚和粉红珊瑚更浅的水域。（图168）1958年，人们在毛伊岛外35米～100米深处发现了黑角珊瑚丛，它推动了一种新的可持续宝石珊瑚产业的发展，这一产业与夏威夷大学的海援计划合作。载人潜水器"星辰二号"（Star II）主要只将最大型的珊瑚列入选择性采集范围，有些区域被留给科研用，并尽可能使之成为繁殖避难所。[59]人们也

图168 ／ 在夏威夷群岛的毛伊岛外50米深处，潜水员准备采集一小丛二叉黑角珊瑚（*Antipathes dichotoma*，现名*Antipathes griggi*）。

采集过一些六放珊瑚类的金珊瑚，但发现它们生长缓慢且非常长寿后，采集便暂停了。（图169）

人们担心宝石珊瑚的稀有感（CITES名录认证）可能提升市场需求及价格，煽动盗采和非法贸易[60]，从而造成管理失败，这种担心看来是合乎情理的。在指定宝石珊瑚在其水域为受保护物种，从而限制国内捕捞后，中国在2008年运用CITES的一项条款寻求其他CITES团体的合作，以控制四种珊瑚物种的贸易，这些物种并没有被视为全球濒危物种。地方性保护宝石珊瑚的一个影响，是戏剧性地提升了它们在中国的价格，并且有越来越多富

右页图169 ／ "星辰二号"潜水器在夏威夷群岛瓦胡岛潜水后返回，带着一拖网珊瑚，其中包括金珊瑚。

有的消费者想要得到这种健康、繁荣与成功的古老象征。在台湾，对大陆游客提供宝石珊瑚纪念品的主要承办商屈从于炫耀性消费，生材料的价格从2009年的每千克900美元升到了2014年的7500美元，这与中国旅游业的市场增长趋势完全一致。

有一些人认为宝石珊瑚是富裕精英（罗塞蒂《虚荣的女人》的现代化身）钟爱的奢侈品，就环保主义者来看，这种想法对红珊瑚属和类红珊瑚属的物种都是一个威胁。不过，相比于全球气候变化的潜在影响，处于大众悲剧新阶段的人类开采就不算什么大事了，前者很容易危及任何受创珊瑚群落复原的机会。人们越来越意识到不规范的珊瑚捕捞和贸易，以及气候变化将造成的影响，这促使非营利海洋保护组织海网于2008年发起了"拒绝佩戴珊瑚"活动。[61]一些珠宝购买者、设计师和厂商（尤其是独立工匠和小型企业，不过其中包括蒂芙尼公司）承诺不使用或不购买缺失可持续采集证明的宝石珊瑚，有一些则完全回避了珊瑚材料。

# 第六章　珊瑚的构造

在泛神论者的愿力下，

珊瑚海的小小工匠

在蓝色的深渊里兢兢业业，

往上建起他非凡的台阁

和长长的拱廊，

建筑有许多奇异的边缘，

如大理石花环，

证明了一只蠕虫所能行之事。


在更浅的波浪中勤勤恳恳，

以相似的艺术破浪而上，

当威尼斯从宫殿礁石中升起，

骄傲的代理人证明了潘神的力量。

——赫尔曼·梅尔维尔，《威尼斯》（1891）（图170、171）


对早期"珊瑚建筑"的印象，包括卡斯滕·尼布尔关于"由海洋昆虫建起的惊人的大型工程"的记述，这是他在1762年的一次丹麦探险中

图170 / 克劳德·莫奈，《穆拉宫》（1908），威尼斯，帆布油画。

图171 / 扎尔·普里查德，《珊瑚拱门》（1930），皮革油画。

于红海沿岸观察到的[1]。珊瑚礁模式化的生长，以及珊瑚水螅体动物本质的揭示，激发了维多利亚时代人们的一种想象：这些"小小工匠"是一个由建筑师和工人组成的勤勉社会。它们庞大的建造看上去像海下城堡和宫殿，甚至是城市和大陆，让人想起失落的亚特兰蒂斯。更司空见惯的是，鉴于就近原则和实际所需，从红海到波利尼西亚、加勒比海和墨西哥湾，本土和殖民地社会都用化石和活珊瑚礁作为建筑材料。在"二战"期间，对于同盟国指向日本本土的越岛战术[①]而言，于广袤的太平洋中用压碎的珊瑚建起的跑道至关重要。

## 珊瑚建筑师

珊瑚微生物是建筑师的这一幻想可能源于一些作者对珊瑚生长的描述，比如马修·弗林德斯。他在《南方大陆之行》中没有使用"建筑师"一词（1814），但是他的叙述和约翰·莱因霍尔德·福斯特（库克第二次太平洋航行队伍中的博物学家）一样，转向了目的论，并且相信珊瑚水螅体具有前瞻性。弗林德斯的叙述中含有珊瑚建筑学的生动概念，而且水螅体建造的礁石变成了"记录它们壮观工程的纪念碑"。

1836年4月3日，查尔斯·达尔文也在"小猎犬号"的航行日记中写道：

> 当旅行者们讲述金字塔和其他伟大遗迹的壮阔规模时，我们感到吃惊，但相比于这些由各种微不足道的动物积聚起来的石头山脉，这些最伟大的遗迹又是多么不足挂齿啊！

---

① 越岛战术是"二战"后期，美军收复日占太平洋岛屿时所采用的战术。即在收复一个岛屿后，跳过下一个岛，攻占第三个岛，并从海空两域封锁中间这个岛屿，迫使其投降。

达尔文读过弗林德斯的作品，在之后4月12日的一次记录中，他借用了弗林德斯的隐喻，明确地称一处环礁是"无数微建筑师"负责建起的纪念碑。更神秘的例子是塞缪尔·泰勒·柯勒律治向内探索的著作《一些促使更全面生命理论形成的提示》（作者去世后于1848年出版），他在书中将生长的波利尼西亚群岛视为"巨大的丰碑，纪念的主要不是它们（水螅体）的生命，而是它们体内的大自然的生命力"。

1824年，约翰·麦卡洛克在《波士顿科学杂志》中发表对珊瑚的群落本质——甚至文化本质的理解，他认为那些分散的、看似无关联的水螅体在集体建造礁石时，遵循了一种"神秘的原则"，这种原则类似于今天我们所称的"集体意识"。

随后，人类学家阿尔弗雷德·L.克鲁伯将注意力集中在社会因素上：

> 这样一座礁石也许有数英里长，居住着数十亿微小的水螅体。礁石坚硬的固体部分由这些动物在数千年中分泌的碳酸钙组成——这种产物一产生便加入积聚，成为公共的，进而成为社会的……我们每个人无疑也在为我们生存其中的、一直在缓慢变化的文化贡献着什么，就像每只珊瑚虫为大堡礁贡献它的一两克石灰一样。[2]

R. M. 巴兰坦在《珊瑚岛》（1858）中也将珊瑚"昆虫"塑造成一个社会性、道德化及宗教式结构中的建筑师。巴兰坦视自己为教育家，传授博物学、神学，以及南太平洋民族志的相关知识。他将珊瑚虫置入一个神圣的计划，关于这个计划，"我们认为……我们的天主运用这些微小的建筑师去构成那无数可爱的岛屿"，作为主的多重工作的一部分。

有许多书把科学和福音派基督教混淆在一起（比如菲利普·亨利·戈斯的作品），巴兰坦的书只是其中之一。并且：

珊瑚虫作为劳作的缩影捕获了维多利亚时代的想象力，这反映了当时的人们信仰劳动和生产的价值……珊瑚升华了个体之于社会的意义，将平凡、微小、不吸引人的个体，转化成了……如珊瑚岛般宏伟的结构，因此对于维多利亚时代早期的人们来说，珊瑚的协作优势在于神圣的秩序，因为这个时代仍然认为科学能和上帝的力量和谐共处，实际上应该是后者的见证。[3]

当时的另一份出版物看似宣传了达尔文基于"火山升高"假说的环礁构造沉降理论，但它把珊瑚虫塑造成了上帝的建筑承包商：

当地壳塌陷时，就有必要填充空位，这一职责并不被交给任何巨型的工匠，反倒是众多微小的水螅体接到了在下沉土壤上工作的任务，就好像在表明，造物主可以雇用其造物中最卑微的一种来执行最大型的物质任务。[4]

在《海》（1864）中，儒勒·米什莱着迷于珊瑚作为"创世者"的增积能力。看到巴黎国家自然历史博物馆里拉马克的石蚕后，他替它们发声道：

时间——只要给我们时间，这些岩石就会变得舒适、可住、肥沃……［并且］对水手来说不再是那么可怕的威胁。我们另外准备了一个世界来取代你们的旧世界，旧世界它应该要灭亡了……

朱尔·朗加德博士（笔名阿里斯蒂德·罗歇）在1868年的《破浪而行》中重申了米什莱的概念：

这钙质石林，这大理石梁柱，这珊瑚之塔，这基座、石蚕和水螅体是一片未来大陆、一个将临之世界的基础。这透明的凝胶状水螅体，同时是这些庞大海下工程的建筑师与建造工，它们在水幕下准备了一片新的土地，要奉献给比它们自己更完美的造物。

1848年，查尔斯·狄更斯在一本书中回顾："光耀的城市在寂静的海底闪亮，它们的破坏者——科学——向我们展示了整片珊瑚礁的海岸，它来自一些已经逝去的……微小生物的劳作。"[5] 这样的段落还出现在米什莱的书中、与他同时代的英国人戈斯的作品中，以及其他比如马蒂亚斯·雅各布·施莱登的《海》（1867）中，它们反映了19世纪中期人们对珊瑚的看法发生了根本的改变——将其看作了创造的奇迹与造物者本身。

珊瑚群落和珊瑚礁变成了城堡和要塞。早期，约瑟夫·比特·朱克斯在关于"飞行号"航程的叙述中评论了大堡礁的构造地质学，将其比作"一个巨大且不规则的要塞，一座顶着破碎护墙的陡峭冰川……那些有着独立突出礁石的、塔一般的堡垒，将助长这种相似性"。C. M. 尤格在其回忆录《大堡礁一年》（1930）中描述了"小片的盔形珊瑚（*Galaxea*），就如童话城堡之海，每一个城堡上都顶着棘状的城垛"。（图172、173）梅尔维尔在《奥姆》中写到"珊瑚堡"，翁贝托·埃科在《昨日之岛》中也将珊瑚称为城堡，他写到丰富的动物群体住在其"城堡"中。

朱尔·朗加德提供了最明晰的虚构散文之一。他的珊瑚海下的礁石由惯常的一系列生物构成，包括当时科学图书中能找到的植形动物、石生动物、海鸡冠和柳珊瑚，但珊瑚虫作为建筑师和建造工的威力依然占主导地位。和达尔文一样，朗加德用巨大的金字塔来衡量礁石的规模：

这些巨柱的尺寸是无法计算的。它们的基座就像金字塔一样宽，

珊瑚：美丽的怪物 ————

坐落在整片海底平原上。它们巨穴般的侧面就像中世纪教堂的尖塔般鬼斧神工，包容着成群古怪的动物……

墩与柱呈现出越来越宏伟的尺度，拱门、廊道、栏杆和飞拱无穷无尽，纷繁复杂，交织成千百种别致的式样。雄伟的水螅树枝合体形成广阔的柱廊，这无垠的石蚕森林渐渐地变成一座魔法宫殿。[6]

尽管是在描述崎岖的爱丁堡，但罗伯特·路易斯·史蒂文森（他从巴兰坦的书中了解了珊瑚礁，之后还造访了它们）在写到一个"于石造建筑和活礁石中的梦"[7]时，可能已经想象了它很久。

在模仿朗加德写作两年后，埃德加·基内（在《创造》中）颠倒了比喻，在一个后人类地球上，我们成功的继承者将会认为，我们的几何结构是对蜜蜂本能塑造的六边形的致敬，他们也可能把帕特农神殿视为"可爱的珊瑚礁"。在《世界之战》（1898）中，H. G. 韦尔斯也把他的读者们带到了一个几近后人类的地球上，将入侵的火星人摧毁伦敦后的废墟比作曾经的"人类礁石"。（火星人逃离了它们自己正在死去的星球，去殖民另一个行星，后者处于工业革命的早期阵痛中，正走向自己的灾难之路。）

朗加德将珊瑚凝石想象成海底平原上有柱廊的宫殿，这与19世纪浪漫主义幻想中亚特兰蒂斯的再现相符合。在他的"珊瑚海"章节的开头，插图含糊地呈现了一座珊瑚礁，它好像是海下植虫密林回收的古典废墟，又好像是正在建造的工程上覆盖着生物形态的脚手架。（图174）后一种画面以言辞的形式重现在彼得·F. 汉密尔顿的科幻小说《潘多拉星》（2004）中：在一颗遥远的行星上，殖民者使用了一种基因工程超级陆地有机体"干珊瑚"，让它用一种像浮石般的有机外壳覆盖框架，以建造永恒。

下页图172 ／ "小片的盔形珊瑚，就如童话城堡之海，每一个城堡上都顶着棘状的城垛。"

Paysage sous-marin. — Polypiers et coraux.

左图173 / 丛生盔形珊瑚 [ *Galaxea fascicularis*，同义学名*Madrepora fascicularis*，约翰·埃利斯的《植形动物博物志》（1786）图页55细节图 I ]；底部是丛生盔形珊瑚骨骼。

右图174 / 朱尔·朗加德（阿里斯蒂德·罗歇），《破浪而行》（1869）中"珊瑚海"章节开头的海下风景雕版插图，将珊瑚结构呈现为古典建筑式样。

在塞莱斯特·奥拉尔基亚加的书《人造王国》（1998）的中间部分，她详细说明了亚特兰蒂斯废墟与珊瑚的融合，其媒介是19世纪人们痴迷的另一个风潮：海洋水族馆。水族馆容纳了幻想花园、人造废墟，以及地质石窟的各种浪漫元素。在维多利亚水族馆的居民中，最重要的就是珊瑚，它们看上去一动不动，实际上却是在增积并创造"奇异的水下建筑"。

而对于米什莱而言（他与基内合作）：

> 这石头并非仅仅是现存个体的基底和遮蔽物，它本身同时也是一个过去的个体、一个先辈，渐渐被年轻者超过，呈现出如今的凝实。最初团体的所有活动痕迹都仍然显而易见，就仿如另一个赫兰库尼姆或庞贝城。[8]

由先辈建造的活礁石印象是适当的。造礁珊瑚增积生长，新的骨骼沉

珊瑚：美丽的怪物

积于群落的表面，覆盖在旧的分层上，而后者保持不变。史蒂夫·琼斯在《珊瑚：天堂里的厌世者》（2007）中也用过这一比喻："像罗马一样，今天的礁石中有大多数都以过去的遗迹为基础，和这座城市中的情形一样，它们的残迹反映了历史的兴衰"，从另一个古生物学的角度讲，"纵览时间的深渊，礁石来来去去"。

奥拉尔基亚加继续道："珊瑚、岩石和遗迹之间不变的可交换性为其喻义的最终突变铺平了道路，使海床在19世纪变成了超越亚特兰蒂斯一切传说性描述的人造王国。"如古典建筑般的珊瑚礁意象一直存在于诗歌中。约翰·惠勒受大堡礁的启发，在他的十四行诗《珊瑚礁》（霍勒斯·基茨为其配上了钢琴和人声，见第四章）中，将珊瑚结构看作"绿宝石沼泽"里若隐若现的庙宇、塔和柱廊。

在《戏水》（1987）中，詹姆斯·汉密尔顿－佩特森俯视珊瑚的水下城市，看到"广场和尖塔，拱廊和凉廊"[9]。后来在《深渊》中，当夜间潜水至一块珊瑚礁时，他思索道："这看不见的巨大城市本身看来就常常处在消失的边缘，它如此精妙，它的真实本质如此难以捉摸。"[10]

但如果传说之城能够在海中消失，那它们也可以从海中出现。梅尔维尔想到了他早年在南太平洋珊瑚礁的岁月，在世时于著作《泰摩利昂，等》（1891）中发表了一组诗，名为"前尘旅事"。组诗中包括"从宫殿礁石中升起"的"威尼斯"（在本章题词中完整引用）。讽刺的是，在全球变暖以及海平面上升的过程中，威尼斯正在像过去的亚特兰蒂斯一样渐渐被淹没。

电影插曲也把珊瑚和亚特兰蒂斯结合在一起。乔治·梅里爱在他的超现实主义电影《海底两万里（联盟），或渔人梦魇》（1907）中，驱使做梦的渔人及潜水艇人员伊夫，令他经过了在亚特兰蒂斯遗迹（与一艘沉没的帆船）上生长的珊瑚构造。[11]007系列电影《最高机密》（1981）优美地将爱琴海遗迹淹没在了巴哈马海水中最柔软的珊瑚里，不过这一流露异国情调的背景设计实际上已经是陈腔滥调。

如果说作者和电影制作人是在回顾，并将珊瑚礁看作沉没的城市和失落的文明，那来自巴黎的概念建筑师文森特·卡勒博就是在充满期待地展望人类的未来。他把礁石看作通过共生交换诞生的城市，并用城市环保回收的主题，宣告了自己对2010年摧毁海地的地震的回应。珊瑚礁的有机形态、部件结构和可持续性激发了他的灵感，他构想了一个以模块组建的未来主义的沿海综合建筑，可以让一千个海地家庭住在"可持续发展的都市"中。[12]（图175）模块的屋顶将有用回收废物施肥的菜园，还会有养鱼的池塘，它们产生的废物也可以回收利用。就像珊瑚礁一样，村庄将运用太阳

图175 / 回应于2010年毁灭性的海地地震，文森特·卡勒博建筑事务所开启珊瑚礁项目，借鉴珊瑚礁通过太阳能共生和循环利用获得成功的奇妙结构，构想了一个能源自偿型三维村庄。它将以标准的预制住宅模块构建，用以向受此大难的难民提供新居。

　　　　　　　　　　　　　珊瑚：美丽的怪物 ————

能（通过光伏面板），并由掌控气流和水流的风车和海下涡轮机提供额外的电力，另外还有浅海和深海间热差值形成的势能发电。交互设计师米哈伊尔·沃尼什在他的"新自然主义"项目中，计划运用工程改造过的珊瑚礁本身来捕获并引导水流，让它们朝发电机流动。[13]

## 建设中的珊瑚

人类在建筑材料中采用珊瑚，无疑既出于现实必要性，也因为珊瑚建造的结构很耐用。威廉·萨维尔-肯特清楚地了解珊瑚的本质和珊瑚礁的结构，他在自己里程碑式的著作《澳大利亚大堡礁》（1893）序言中使用了双关语，宣传了自己"为了描绘混凝土中的珊瑚礁结构"拍摄的先锋摄影作品。

从陆地沉积珊瑚化石中切出的平板是一回事，从礁石上凿切撬出的活"珊瑚岩"又完全是另一回事了。两种材料都被用在建筑中，造成了各种不同的环境影响。巴拿马沿海的圣布拉斯群岛由350个小岛组成，库纳人在其中某些岛屿上住了约150年。他们有开采活珊瑚岩的传统，用它们和防波堤一起来加固自己岛屿被侵蚀的边缘，甚至用它们扩大岛屿、建造新岛。如今，由于人口增多和海平面上升，礁石渐渐减少，它们被过度开采，还被海藻淤塞，不过人们已经在运用生物岩公司（Biorock™）的电解积聚技术来塑造新的层基，以供礁石生长，形成防波堤以及鱼类和龙虾的栖息地。[14]

在太平洋及其他海域的珊瑚岛上，在建筑中使用珊瑚以求永久是件很自然的事。在社会群岛（包括塔希提岛），从礁石采下的珊瑚岩被运用于被称为"会堂"的宗教和礼仪建筑物中。它们有铺设成平面的大型矩形开阔场地或庭院，某一端还有一处升起的祭坛平台。詹姆斯·库克和约瑟夫·班克斯测量了玛海亚提亚毛利会堂一处这样的祭台，它是在他们1769年到访此处之前刚刚建成的，当时塔希提岛正在和莫雷阿岛打仗。（图176）

GREAT MORAI of TEMARRE at PAPPARA in OTAHEITE.

图176 / 根据 W. 威尔逊的草图制成的雕版画，描绘了塔希提的玛海亚提亚毛利会堂的梯台式祭台，该处由库克和班克斯于1769年测量。

这个祭台的基座长81.4米，宽21.6米，有11阶梯台，每阶高1.2米，边缘由加工珊瑚实心砌块砌成，这些砌块大小为长1.1米、宽0.8米。[15]

人们用精确的钍铀（$^{230}$Th/$^{234}$U）技术测定了会堂的绝对年代，并且同时用放射性碳测定法确定了莫雷阿岛的会堂年代。会堂建材中包含了分枝的鹿角珊瑚和大块的滨珊瑚，精美的石块表面保存良好，露出了鹿角珊瑚的骨骼，这表明它们是在活礁石上切割下来的。仪式建筑在15世纪到17世纪间从简单发展至复杂，期间伴随着愈演愈烈的奥罗战争崇拜及其对祭品的强调。[16]人们将新鲜的珊瑚从沿海带至内陆的会堂，可能是因为在活物祭祀中它们不仅是建筑材料，还是仪式祭品。

《我的首领是一条冲向内陆的鲨鱼》（2012）是一本关于夏威夷古老文化的书，作者帕特里克·基尔希告诉我们，法属波利尼西亚的遥远北部曾在16—17世纪修建大量庙宇，那时在渔人们维护的小小珊瑚圣祠中，活珊瑚也被祭献给掌管独木舟和鱼类的神灵。在毛伊岛内陆深处，珊瑚枝被呈献到大型古神庙的祭坛上，这些神庙和库神（战争之神）、卡尼神（与生产和灌溉农业相关）与罗诺神（降雨、农业和甘薯之神）相关。在国王的战争神殿参与祭祀仪式的人会在海水浴中净化自己，接着带上珊瑚枝，将它们堆在神庙祭坛上。[17] 这样的祭品暗示海岛民族对珊瑚的生物，甚或动物本质有了初期意识：祭献珊瑚看起来不仅仅是巧合——这种生物有植物的外形，但死后散发出动物肉体腐烂的臭味（让人想起朗弗安斯、佩松内尔和朱克斯关于这种气味的描述）——它们被祭献给那些能保佑农业生产的神灵，以及与死亡相关的神魔。

珊瑚还出现在久至公元300—600年（前古典时期）的蒂卡尔祭品中，这个典型的玛雅城市也是危地马拉的祭礼中心。剃刀般锋利的分枝状珊瑚可能曾被用在玛雅祭祀里著名的放血仪式中，或是用作毒素的来源，又或是简单的海洋象征符。[18] 有些祭品中大多是脑珊瑚，它们对人类来说既不特别锋利也没有毒，因此更可能被视为某种象征——对一个专注于人祭的文化来说，它们可能是大脑的死亡象征，又或是代表头骨。

内陆玛雅遗址的建筑是用当地丰富的石灰岩建造的，比如蒂卡尔就是如此。伯利兹城也是一样，人们开采石灰岩和砂岩来搭建本土的建筑（其中一些建筑最近被摧毁了用来铺路，这件事臭名远扬）。在后古典时期，即公元900—1500年，沿海的玛雅部落住在伯利兹的沙洲上，他们辛勤地从礁石上采下大块珊瑚，用来打造地基，而不是直接在地上建房。[19] 珊瑚地基（如今它们有许多已部分沉入升高的海平面"溺景"下）上砌盖的石灰岩来自大陆。粗砾地基上铺满了"手指珊瑚"的碎片，以形成底层的平面地板。玛雅人的传统是将死去的家人埋在这些地基里，就在住所的地板下方，使人类的骨骼和珊瑚的骨骼混合在一起。

　　太平洋民族开采珊瑚巨岩，用于建造纪念碑和祭祀建筑，比如社会群岛中赖阿特阿岛的塔普塔普阿泰建筑群，这里是波利尼西亚文化的发源地，历史可追溯至大约10世纪。此处的豪维维会堂"由一堵6英尺7英寸〔约2米〕高的巨大珊瑚墙围绕……它们是从内礁削下的"[20]。（图177）自16世纪起，此处就在祭拜奥罗神，即战争和丰饶之神。在别处，还有汤加群岛汤加塔

<u>图177</u> ／　在赖阿特阿岛上，近2米高的珊瑚块围绕着塔普塔普阿泰建筑群的豪维维会堂，组成奥罗神庙的基座。

　　　　　　　　　　　　　　　　　　珊瑚：美丽的怪物 ───

布岛上的哈阿蒙加三石门（毛依三石塔，以英雄的名字命名），这是一座巨石牌坊，可能是一块皇室用地的入口，又或是作为天文台使用——这尚有争议。[21]（图179）质疑比较少的解释是：此类建筑是皇家陵墓兰吉（可追溯至13世纪），是人们用独木舟从附近的岛屿带回的巨大珊瑚板建成的。

　　并非所有的海岛民族都会像汤加塔布岛上的人一样，将亡者埋在纪念碑般的坟墓里。在某些文化中，尸体——尤其是头骨会被保存在神龛中，神龛往往就在家里。在所罗门群岛的奴沙孔达岛（又名头骨岛）上，有许多头骨被移到一个以珊瑚板建成的公共圣祠中，以免遭到基督教传教士的毁坏。[22]（图178）对于感性的外人来说，这一建筑让人想到珊瑚与死亡之间

<u>上图178 /</u>　所罗门群岛的奴沙孔达（又名头骨岛）圣祠，头骨被置于祠中的珊瑚岩台上。
<u>下页图179 /</u>　哈阿蒙加三石门，13世纪。巨石正视图和侧视图，大约于1880—1889年拍摄。

*Front View of Remarkable Stones*

*Side View of Remarkable Stone*

的联系，但建造者的本意可能并非如此，他们是在用可得的最耐久的建筑材料虔诚地保存先祖的遗体。

除了最初的波利尼西亚殖民者外，随之而来的全世界的移民也都用珊瑚岩来建造他们的宗教广厦。在卡美哈梅哈一世向非原住民白人开放夏威夷后，如今的火奴鲁鲁岛上的公理会传教士开始修建所谓的岩石教堂，它们由超过450千克重的珊瑚板建成，这些珊瑚板是夏威夷原住民从几米深处的活珊瑚岩上手工凿下来的。据一位本土历史学家称，人们用独木舟将大约14 000块这样的岩板运到了岸上，用它们来建造卡威阿哈欧教堂，后者于1842年完工。[23] 一年后，同样以珊瑚块建成的天主教和平圣母大教堂也建成了，这些珊瑚块是岛民在近海开采的。

三个世纪之前，加勒比海的珊瑚礁为克里斯多弗·哥伦布的后继者提供了岩块，用以建造圣马利亚·拉梅诺尔大教堂，它位于圣多明各，在如今的多米尼加共和国境内。（图180）弗朗西斯·德雷克于1586年占领了这座城市，用这座教堂作为自己的总部。古巴人用同样的材料建造哈瓦那城的哈瓦那大教堂，这座巴洛克式建筑于1777年完工。

印度洋沿海四处散布着用珊瑚搭建的建筑遗迹。保存最好的一些被列入联合国世界遗产名单，是重要的文化遗址。坦桑尼亚的桑给巴尔岛的石头城有1700座珊瑚建筑（有一些的历史也许能追溯至12世纪），它位于东非斯瓦希里海岸上，坐落在一片相似的贸易城镇群的中心。斯瓦希里（阿拉伯语中意为"海岸居民"）的贸易文化可追溯至公元800年左右（对于新近广受欢迎的东西方贸易的海上丝绸之路来说，他们加入的时间相对较晚），他们向外发展，航线指向了印度洋。[24] 清真寺在这些城镇里占主导地位，尤其是坦桑尼亚的古城拉姆，那里的建筑（用白色灰泥涂面）让人想到红海的城镇。继续往东，在马尔代夫这个珊瑚群岛国家，原初的佛教文化将珊瑚运用在建筑和雕塑中，这些作品在后期渐渐变得更加精美，尤其是伊斯

图180 / 圣马利亚·拉梅诺尔大教堂，位于圣多明各，是美洲最古老的教堂。

兰教建筑的陵墓和清真寺中的雕刻品。

18世纪的德国探险家卡斯滕·尼布尔注意到，生活在水下的珊瑚岩质地足够柔软，可以被轻易地切开，它们在整个红海沿岸都是很受欢迎的房屋建筑材料。他声称对他后期的同伴彼得·福斯科尔（随林奈学习）来说，这些阿拉伯房屋每一座都形成一个"博物珍宝柜"，其中的珊瑚藏品可以媲美欧洲的任何一个收藏系列。硬珊瑚块在罗马时期就已经被用在红海上的贝列尼凯城中，用来建筑码头和突堤，还有私人房舍，甚至塞拉皮斯神庙。[25]

用珊瑚岩搭建的住宅最初是实用且简陋的，不过并非没有自己的美感。"就像那些在珊瑚礁浅滩上停泊的单桅三角帆船一样……看上去横越水面的建筑像是悬停在水中一般。"（图181）这是建筑师德里克·马修于1953年

图181 / 恩斯特·海克尔的水彩画，描绘了他和船员搭乘一艘单桅三角帆船，航行于西奈埃尔托市外的红海珊瑚礁上。选自恩斯特·海克尔的《阿拉伯珊瑚》（1876），图页 V。

　　　　　　　　　　　　珊瑚：美丽的怪物 ──────

发表的论文《红海风格》的开头，论文探讨了萨瓦金的珊瑚建筑，这个曾繁荣一时的港口位于红海的苏丹海岸，历史可追溯至古埃及新王国的邦特之地。基奇纳上校的总部设在自16世纪起就一直属于土耳其帝国的萨瓦金，而戈登将军在前往喀土穆，迎向他在1885年的苏丹马赫迪起义中的命运终点之前，也曾于途中停留在这个城市。

　　萨瓦金港口非常安全地避开了海洋的腐蚀，珊瑚礁守卫着它狭窄的航道，但对于大型现代商船来说，这也令它变成一个危险的港口。于是1909年沿海岸北行开放的新设施成为苏丹港，而萨瓦金古城变成了一个摇摇欲坠的幽灵镇。（图182）位于对岸的它的双生城吉达则因为直接在珊瑚礁上向海建设而繁荣发展。一个世纪后，土耳其总理埃尔多安于2017年12月宣布，

图182　/　　萨瓦金旧港废墟坐落在一个以珊瑚为基岩的圆形岛屿上，它所在的环礁为红海海岸提供了一个罕见的天然海港。霍尔希德住宅是离海滨稍远的大型单层建筑，位于航拍照片的左下角。

图183、184 / 沙特阿拉伯吉达古城中用珊瑚建造的墙面，它们以木料加固，比如（下图184）棕榈树干，而且珊瑚块上涂着灰泥（上图183）。

苏丹已准许将萨瓦金岛重建为一个文化路标，使土耳其朝圣者可以经过吉达城前往麦加。[26] 这次重建中还会新建一个民用及军用入坞设施，这也许能令萨瓦金在一个新的世界秩序中重新找到自己的定位，只是它的珊瑚礁和环礁湖仍前途未卜。

在萨瓦金和其他红海城镇的住宅及清真寺建造中，人们使用从礁石上切割下来的多孔且易碎的珊瑚岩。这是一种有风险的建筑材料，尤其是还使用了以海水混合的不耐久的灰泥，墙体必须用稀有的木材来加固（自《厄立特利亚海航行记》[①] 的时代，即公元1世纪起从东南亚输入阿拉伯半岛），并用压碎的珊瑚制成的防水灰泥涂面。[27] 灰泥上装饰了传统伊斯兰教的蔓藤花纹和植物图案，房屋内部的装饰尤其多。萨瓦金的大多数建筑遗迹都已无法修复或维护。人们采用了其他计划，借鉴早期画作和它们倒塌前拍摄的照片，用保存的原初珊瑚岩、木材和装饰性铸件重建其中一些建筑，作为活生生的博物馆和文化遗址。[28]

萨瓦金最古老且最精美的住宅之一是霍尔希德·埃芬迪住宅，它可能建于16世纪初，使用了来自阿拉伯半岛的建筑技术，但在那之后常做整修。[29] 在面对通向海洋的河道的一个迪旺（迎客室）中，有一个如今已倒塌的拱门，在其涂以灰泥的拱肩中央有传统的单个圆花饰，周围环绕着独立的对称六边形星星，其排列方式与众不同。（图185）这不是一个常见的或传统的穆斯林纹样，传统纹样中最常用的是相连的八角星或六角星组成的蔓藤花纹，或星形网格（如霍尔希德住宅的其他部位所呈现）。这特殊的图形类似于巨大的石珊瑚中分离的珊瑚体，每一个珊瑚体都有四圈以六为基数的隔片，不过在图案中，六角星代替了珊瑚的轴柱。也许一个成功的贸易商用独特

---

① 《厄立特利亚海航行记》是一部在罗马希腊化时代由希腊文所写的航行记。按照希腊化时代的定义，厄立特利亚海包括红海、印度洋和波斯湾。

的纹样装饰了自己的家，有规律地分开、不相连的星芒灵感是来自最重要的建材——本地珊瑚独特的骨骼形态？这花纹同样让人想起之前我们讨论过的"星石"，人们认为它们能为千禧年带来幸运。它的拱肩位置也让人想到天空的拱顶，它们对于早期穆斯林天文学家来说很熟悉，而且之后也被呈现在1888年卡米伊·弗拉马利翁的《大气：流行气象学》里著名的星穹

图185 / 霍尔希德住宅拱门拱肩的灰泥面，上面的星形花纹可能描绘的是建造这座房屋的石块中的珊瑚体。这花纹让人想到苍穹和幸运星石。

珊瑚：美丽的怪物 ————————

木版画中。拉丁文的"星辰"一词（*astrum*、*sidus* 和 *stella*）已经嵌入了珊瑚术语的星河。

　　尽管珊瑚礁是保护海岸的重要屏障，特别是在如今海平面升高，以及更强的暴风雨能冲刷海岸的情况下，这些都对海岸城市构成威胁，但是印度洋国家还在持续开采珊瑚用于建筑，只不过立法和可替代方案令其开采量小于从前。这些方案包括混凝土砖（但其制造需要沙子，它们通常都是珊瑚沙），以及使用人造基质之类的某些替代品来促进珊瑚生长。[30]史蒂夫·琼斯准确地将珊瑚礁比作建在"过往遗迹"上的古代城市。亨利·戴维·梭罗在《瓦尔登湖》（1854）中叙述了他对此类地方的痛恨："快让我离开一个建在更古老城市遗址上的城市，它的材料是废墟，它的花园是墓园。那里的土壤是漂白过的、被诅咒了的。"有些人类城市是建在珊瑚礁废墟上的，又或是利用了废墟的材料，这比琼斯的比喻更现实一些。（图186）

　　20世纪50年代，南太平洋委员会（如今称太平洋共同体）借鉴了百慕大群岛和巴巴多斯的历史先例，鼓励人们使用珊瑚化石以及珊瑚沙和碎石（并焚烧珊瑚岩礁制成熟石灰，以制作灰泥和水泥砖）作为建材。在澳大利亚，昆士兰水泥石灰公司直至1995年都在布里斯班外的莫顿湾中用拖网捕捞珊瑚并焚烧它们。

　　珊瑚坚固而且易于获得，因此它们自然就被运用在海岸防御工事中。1492年，克里斯多弗·哥伦布的旗舰"圣马利亚号"在伊斯帕尼奥拉岛外的一座珊瑚礁上失事，因此终结了他对新世界的首次远征。第二年，他返回伊斯帕尼奥拉岛，让他的儿子巴塞洛缪负责建立一个新的殖民地，而后者最终迁移到了如今圣多明各的位置。原住民起义和热带飓风使他们必须建立防御工事，并加固殖民地，到了1503年，一个新的管理者开始建筑巨大的奥萨马堡垒，它主要由珊瑚岩构建。

　　1519年，埃尔南·科尔特斯建立了韦拉克鲁斯，它是墨西哥现在最大

图186 / 沙特阿拉伯吉达海港，海中可以看到一些珊瑚礁。

的港口，位于墨西哥湾西南末端的拐角处。许多船只失事或搁浅在韦拉克鲁斯的近岸礁群中，直到现代依然如此。作为出口黄金、白银和香料的主要地点，富裕的港口变成了易于被海盗攻击的目标。海盗中包括伊丽莎白一世喜爱的青年弗朗西斯·德雷克，他在加勒比海中私掠巡航了一年，于1568年的一场海战中落败。1565年，人们开始修建圣胡安德乌鲁阿港，并在上述海战之后对它进行扩建，在整个18世纪中都没有停歇。无边无际的建筑全都是用糖岩（珊瑚岩）搭建的。（图187、188）

科尔特斯到达当地时，这个区域除了沙丘外别无他物，因此珊瑚就成了唯一的建材。威胁到附近礁石的不仅仅是这个海岛工事的建造过程：

> 韦拉克鲁斯在17—18世纪的所有公共建筑，比如堡垒、医院、教堂、政府机关、海关和旅馆，以及小型房舍和环绕古城的城墙，全都是用糖岩建成的。并没有记录表明珊瑚块的使用量，但肯定有数千吨，因为上千座建筑物是用珊瑚岩建成的……17—18世纪的韦拉克鲁斯古地

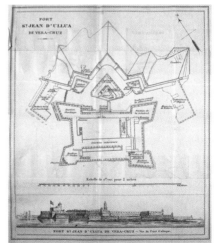

上图187 / 墨西哥韦拉克鲁斯的圣胡安德乌鲁阿。

右图188 / 法国1838年要塞计划及全景图，这一年，海军上将查尔斯·鲍丁在韦拉克鲁斯州之战中指挥法国军队。

图上呈现了三座明显发育良好的珊瑚礁……但它们现在都不存在了。[31]

在《致命的海岸》(1987)中，罗伯特·休斯观察到"澳大利亚有许多停车场，但遗迹很少"。关于后者，有一个小小的"要塞"遗迹，它是1629年荷兰东印度商船"巴达维亚号"的失事幸存者用珊瑚板堆成的，是欧洲人在这片大陆上建造的最古老的建筑。(图189)这个遗迹位于豪特曼群礁中的西华勒比岛上。在船难之后，幸存者分成了两派。守卫者的要塞"以战士的眼光"建在较高的土地上，以抵御有火枪的反叛者的攻击[32]，他们密集投射珊瑚岩以击退反叛者。两个月后，一个营救团队抓住了残忍的反叛者，将他们关在用珊瑚岩板建造的监牢里[33]，这是这片大陆上第二古老的欧洲建筑，它将变成英国人的刑狱。

卡美哈梅哈一世于19世纪之交稳固了自己对夏威夷群岛的统治，此时他敞开怀抱迎接外国商船和捕鲸船，应他们的需求提供一个太平洋中的补给站，并向他们开放有利可图的港口停泊区，此地后来被称为火奴鲁鲁。作为本地产品和战略位置的交换，他得到了如今人们所熟悉的一种通货——武器和军事顾问，并继续加强港口的工事。要塞由长长的围墙围出103.6米×91.4米的区域，围墙高3.5米，厚6米，全由礁石上切出的珊瑚筑成。[34]这一建筑物需要8699立方米的珊瑚岩。仅仅40年后，围墙就被拆除，用来填充港口的一部分，以扩充火奴鲁鲁的市区。(图190)

在战争逐渐现代化时，"二战"见证了珊瑚岛和环礁的新用途，对于美国人及其同盟来说，它们是横跨太平洋向日本本土进发时越岛作战的踏脚石。这类岛屿的边缘是被表层土覆盖的过去的礁滩，又或礁石本身被开采捞取，因此有许多珊瑚碎石，它们为建造建筑和水面跑道提供了坚硬的建材。一位美国海军土木工程师如此称赞此类珊瑚的用途：

珊瑚：美丽的怪物

图189 / 1629年"巴达维亚号"的失事幸存者用珊瑚岩建造的要塞,其位于澳洲西部豪特曼群礁中的西华勒比岛上,是这片大陆上最古老的欧洲人建筑。

图190 / 保罗·埃默特,《火奴鲁鲁要塞内景》(约1853),帆布油画。要塞由俄国人从1815年开始修建,最后由卡美哈梅哈一世完工。这个港畔工事的高度可以从背景中船桅杆的高度来判断。

全天候跑道、停车场和马路……由海军的工程员在一个又一个岛上修建……建材可能只有珊瑚。事实上，对于跑道建设来说，珊瑚完全可以被称为世界上最棒的天然材料。[35]

　　不过作者也的确提出了警告，考虑到使用"水下硬珊瑚礁石需要重装炸药，然后才能用反向铲或拉索来处理"。另一位海军军官注意到珊瑚的坚硬对建筑设备造成了严重的磨损，那些"被分类为结晶灰岩的、非常坚硬的珊瑚'块'"拖慢了工事速度。[36]因为爆炸和拖曳的过程附带冲洗效果，所以活珊瑚的黏合性会变低，但辗压它们能弥补这个短处。[37]（图191）

　　巴尔米拉环礁（如今是美国于2009年建立的太平洋偏远岛屿海洋国家保护区的一部分，被认为是现存受到人为干扰最少的珊瑚礁之一）是"二战"时的一个飞行站点，飞机在此处和澳大利亚之间飞行。巴尔米拉岛有两条大型跑道（尺寸分别是1700米×91米和1100米×61米），用碾压的碎珊瑚建成，也是环礁湖中水上渔业飞机的着陆点。夏威夷的特恩岛（如今的法国护卫舰浅滩机场）最初只有一二百米长，后来人们用采捞的珊瑚扩建了它，以容纳945米×85米的跑道，战斗机在此地与中途岛之间穿梭来去。从上空俯视，岛屿机场完全就像一艘航空母舰的飞机甲板。（图192）

　　之后在战争中，马里亚纳群岛的天宁岛（紧邻关岛北侧）变成了与日本本土进行远程航空对战的前沿基地。它以最初的两座日本建筑为基础，由美国海军工程员修建了四条平行的跑道，它们以珊瑚碾平建成，长超过2590米，有相连的滑行道和硬质停机坪，需要挪移765万立方米的土壤和珊瑚，压实的珊瑚表面本身就有总计230万立方米。这里的珊瑚使用量使圣多明各、韦拉克鲁斯和火奴鲁鲁的古代海滨工事建筑消耗量相形见绌。完工时，天宁岛的机场是世界最大的，并且能服务于超过250架B-29超级堡垒轰

　　　　　　　　　　　　　珊瑚：美丽的怪物　————

图191 ／ 推土机在艰难地压碎大块珊瑚，以用作"二战"中的跑道建设。

图192 ／ 法国护卫舰浅滩机场，位于夏威夷特恩岛。

炸机，这是美国当时使用的最重型的飞机。其中两架名为"艾诺拉·盖号"和"博克斯卡号"，它们于1945年8月分别在广岛和长崎投下了原子弹，终结了战争。（图193）

马累国际机场位于迪戈加西亚岛北部的马尔代夫群岛，它有一条超过3200米长的跑道，是用在本地礁群上开采的珊瑚铺设的。在别处，人们仍然在开采、碾碎并使用珊瑚板，将它们与沥青凝集在一起，用以修复还原偏远的太平洋机场跑道。对于机场建筑工程师来说，珊瑚依然是一种矿物——"一种有机沉积岩"——是生物体的附带产物及本土采购产品。

马尔代夫群岛的旅游潮促使人们扩建了马累国际机场，珊瑚之前被用来

图193 / 1945年，"艾诺拉·盖号"轰炸机在天宁岛北部机场的硬质碎珊瑚停机坪上。

珊瑚：美丽的怪物 ——————

修建清真寺和墓园纪念碑，之后又渐渐被用来建造豪华旅游住所，"它们通常是在一座之前无人居住的岛屿上的一家旅馆"[38]。私人岛屿往往被珊瑚岩防浪堤环绕，其建材是从活礁石上挖下来的。至少有一个高端度假村为客人们提供机会（此处没有明显的讽刺），让他们可以在一处水下苗圃中收养并命名一小片救助珊瑚，它最终会被安置在一处被复原的礁石上。但在此地以及加勒比海上，时髦的礁上旅馆依然是用古珊瑚岩建造的，或是为了某种美感混合了现代珊瑚岩。

佛罗里达州的珊瑚山墙区（大部分在迈阿密）可谓风靡于世。20世纪20年代初，人们计划将这里建成一处精英休闲社区，其中的许多建筑都是用鲕粒岩建成的。这种本地石灰石中的凝团颗粒是由降解珊瑚岩、贝壳和其他钙质物质组成的。

图194 ╱ 佛罗里达的珊瑚山墙公共安全大楼（现在的珊瑚山墙博物馆），用基拉戈石灰岩建造，于1938年开放。博物馆的外部为地质学专业的学生提供了一个窥视珊瑚礁内部结构的机会。

当时这种石头被错误地认为来自一座古老珊瑚礁，因此给了社区一个错误的名字。不过在市区，许多建筑为了有更高端的形象，都在表面铺设了一种昂贵且令人惊艳的石头，它们是真正的珊瑚化石，即佛罗里达群岛开采的基拉戈石灰岩或基岩。消防和警察联合局是在大萧条末期建造的，它大量使用了这种石头（图194、195）。这幢建筑上的珊瑚礁化石块是在13万年

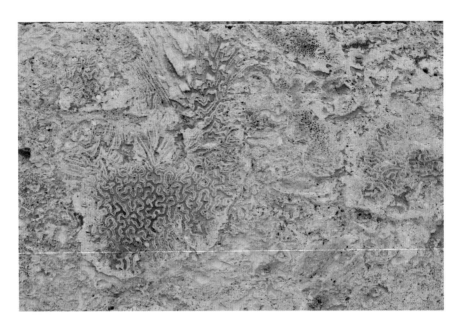

图195 / 在建筑中使用的一块石灰石的细节，显示了被沿着多个方向切割的珊瑚群落化石。每个街区都讲述了一个生长、侵蚀、沉积和胶结的故事。

前最后一次高海面下生长形成的，珊瑚礁生态学家和地质学家看着它们就能读出远古环境中珊瑚生长、生物侵蚀，以及风暴干扰事件的记录。[39]

　　美国1号国道的南端指向装饰性基岩的开采地佛罗里达群岛，这里有一组吸引游客的雕刻群，是用不那么时髦的、朴素的本地鲕粒岩雕刻的。从1923开始，一位身材矮小、失恋的拉脱维亚移民爱德华·莱德斯卡宁在持续近30年的时间里，用大约1000吨这种材料雕刻了一组建筑群。[40]单独的作品重量从几吨到约27吨不等。环绕珊瑚城堡的巨石围墙内部有一座超过12米高的方尖塔、一些新月和行星、一个"望远镜"。（图196）更接地气的物体有一些摇椅、一个浴缸、一个卧室和一张心形桌，它们让建造者的说法更可信，他说他雕刻巨大物件是为了纪念他对一位年轻女性的爱恋，比利·爱多

珊瑚：美丽的怪物 ————

尔在他的歌《甜美十六岁》中唱到了她。音乐录影带的开场是一张著名的照片：莱德斯卡宁站在他的创作之间，照片上加了一句题词"石化的爱"。

除塑造了一个古怪的鲕粒岩讽刺剧外，1939年纽约城的世界博览会上对珊瑚图案的惊人运用完全可以称得上"梦幻"。这次世博会让人们得以一窥"明日世界——今朝！"，展品包括电视、荧光灯、空调和尼龙等新事物。在博览会的政府区和商业区外，有一个不那么严肃的"娱乐区"，包括嘉年华环游和当红喜剧秀，还有一个罕见的、昙花一现的超现实主义建筑范例。

刘易斯·卡丘尔在《展示奇迹：马塞尔·杜尚、萨尔瓦多·达利和超现实主义展览设施》（2001）中讲述了这个故事。纽约画廊老板朱利安·莱维和萨尔瓦多·达利（安德烈·布勒东早已将他的名字改拼成了绰号"美金狂"）以及其他投资者一起创立了一个公司，以设计并建造一个展览馆，它被暗示性地命名为"海之底"。它将包括大型水族馆，会有衣着暴露、几近裸体的美人鱼和海妖在其中嬉戏。

达利为展览馆所做的设计中包括一个外立面，上面有巨大的黑白版本的"波提切利的维纳斯"（唉，达利原本想要放上反转版的美人鱼——鱼头人身）。展览馆也被重新命名为"维纳斯之梦"。这令人惊艳的外立面边缘还伸出巨大的灰泥珊瑚枝。夜间照明的展览馆照片上呈现出荒凉的形貌和珊瑚投下的不祥阴影（有些看上去像抓握的手）。

达利的计划还有其他部分，但它们没有实现，或是在他返回欧洲后就改动了。但珊瑚留了下来，甚至变形并增生：后来，维纳斯所在的凹陷处又长出了一枝巨大的红珊瑚，它支撑了一只美人鱼和一个沐浴美人的超大塑像（图197），有时候穿着华丽泳装的人会出场招徕观众。1940年2月24日的《纽约客》杂志封面上展示的是后来这个版本：死寂的冬日之雪覆盖了它。

对达利来说，珊瑚不仅仅是一种符合展览馆海洋主题的图形，标题是

上图196 / 珊瑚城堡，位于佛罗里达州莱热城。

下图197 / 1939年世界博览会中萨尔瓦多·达利的"维纳斯之梦"展览馆后立面细节图。

什么并不重要。他感兴趣的是有机建筑，而生长的珊瑚是一种显眼的且有意义的有机结构。艺术批评家戴维·科恩称其为"高迪建筑中反复出现的一种俗丽的有机立面"（达利的加泰罗尼亚同胞，他将海洋形状元素和其他生物形态元素融合进了他的梦幻建筑中）。但是看起来，珊瑚对达利有更深远的意义，从巴黎返回西班牙养病后，达利在他的自传中运用了珊瑚的比喻，这个比喻如今已耳熟能详：

> 我确实感觉到了一种透明感，就好像我能看到、听到我焕发新生的身体中所有令人欢悦的黏糊糊的液体小小的黏性流体进程。我仿佛能精确地意识到我那冲劲十足的血流穿过了温软的血管网络，我感觉到这些网络覆盖在我两边肩膀快活的曲线上，就像活珊瑚的肩章嵌入了我皮下的血肉。[41]

当珊瑚再次于想象中化形时，超现实主义者们的头脑中接受了珊瑚——比如安德烈·布勒东的水晶比喻，还有萨尔瓦多·达利将其比作自己身体的一部分。这将是珊瑚化形的新纪元。

# 第七章　珊瑚的新纪元

现在讲述全球珊瑚礁境况的真相已经没什么用了……它们正在变成僵尸般的生态系统，从任何功能性角度上看，既没有死去，也不是真正活着，并且将在一代人的时间里走向崩溃。

——罗杰·布拉德伯里，《没有珊瑚礁的世界》，《纽约时报》，

2012年7月13日

永恒礁石是用环保混凝土浇筑成的礁石，它兼具骨灰盒的功能，混入了骨灰，将其葬在海中是一种有意义的、永恒的生命献礼……它看上去更像是一个开始，而不是结束。

——永恒礁石公司（www.eternalreefs.com）

在进化上有差别的珊瑚世系已被观察并区别对待了上千年——红珊瑚是宝石、护身符和治疗药物；硬质石珊瑚是礁石制造者，它们威胁水手并常常成为他们的坟墓，但又能凭空形成新的陆地。它们先是被远航探险家们发现，之后被冒险家和观光客们发现，这使珊瑚礁变成了富饶、灿烂、魅力超凡、生物繁多的田园绿洲，从而成为进化狂欢的证

据，又或是一位目光长远的创世者的礼物。现在，在这个人口已超过70亿，并且其影响不可避免地危及生物圈的人类世，珍贵的深海及热带石珊瑚都一起进入了一个新纪元。这一纪元的缩影是对现实危害的无动于衷，这些危害包括经济上的过度开采、无处不在的污染以及变化的气候（后者对珊瑚来说是现存最大的威胁）。

## 新纪元中的造礁珊瑚

从库克船长的大迷宫航行到达尔文乘"小猎犬号"的精彩之旅，中间隔了半个世纪，这半个世纪不仅是理查德·霍姆斯所谓的"奇迹纪元"，也是珊瑚的本质和全球地理状况渐渐浮现的纪元。两个世纪后，我们已身处人类开始对珊瑚礁深切关注的珊瑚新纪元。全球大部分珊瑚礁都位于印度洋-太平洋的某些地区，在1968—2004年间，珊瑚覆盖率（海床检测区域的活珊瑚占据比例）每年都降低1%～2%；1977—2001年，加勒比海的众多珊瑚礁总计衰退了80%；甚至在管理完善的大堡礁，在1985—2012年间，珊瑚覆盖率都减少了51%[1]。根据世界资源研究所的报告，全球珊瑚礁有四分之三都处于进一步衰减的中危或高危状态。[2] 政府间气候变化专门委员会（IPCC）的《2014年气候变化》报告称，珊瑚礁是世界上最受威胁的生态系统。危险级别最高的是东南亚，这里有全球近30%的珊瑚礁区域，而其中近95%处于危险中。在印度尼西亚，2.5亿人口的近四分之一都依赖珊瑚礁提供食物和营生。

珊瑚的互惠共生本质是人们在普遍工业化及社会发生相应变化的时代发现的，当时还有一个关注焦点是城市人口增长时的城市规划。在文章《如何在一个资源有限的世界里繁荣发展》（1998）中，尤金·奥德姆用共生珊瑚的合作关系给人们上了一堂道德课。他还提出热带雨林就像珊瑚礁

珊瑚：美丽的怪物 ————

的典范，它们是繁茂的生物多样性及美之"热点"，通过循环利用废物成功发展。华美的珊瑚礁在其新纪元里先是成为和谐自然与可持续性的幻象，以及绿色环境意识的象征；而后又变成"海中药物"的潜在源泉；最后，在一个错待环境的世界里，变成了"煤矿中的金丝雀"和濒危自然物的典型。

在戴维·斯泰西的《天堂生活》中，珊瑚礁的"类雨林"特质得到了清晰的视觉表达。这是昆士兰的一位艺术家，他熟悉丹翠雨林近岸的大堡礁，那里邻近库克船长的奋进礁。（图198）不过，这是珊瑚从圣像向漫画前进的一小步，热带旅游艺术和当代文化中怡人的珊瑚礁变得更通俗了，多了更迷人的鱼、海龟和美人鱼（让人想起迪士尼动画《海底总动员》和《小美人鱼》里的角色），还有露出温厚笑容的海豚。

图198 ／ 戴维·斯泰西，《天堂生活》（约1988），丙烯画。

澳洲原住民的传统艺术中很少描绘珊瑚，但在一个有关礁石环保、旅游和审美表达的新纪元里，它们开始越来越多地出现在现代平面媒体中。在这个气候迅速变化以及海平面升高的时代，甚至连彩虹蛇——这种强大的远祖造物传统上属于淡水区域——都有了海洋起源[3]以及现代版的海洋动物化身。赞恩·桑德斯的《珊瑚蛇》（1990）是一系列引人注目的图像，这位生长在北昆士兰的艺术家呈现了一个与标题相符且生机盎然的礁石场景，其中有各种各样的鱼、珊瑚和其他无脊椎动物，而彩虹蛇贯穿了整幅图景。（图200）

据桑德斯称，他的早期礁石绘画反映了他经历的神奇环境，那时他还是个年轻的澳洲原住民，在礁石边捕鱼，并探索礁石及其附近雨林中的自然奇迹。他和许多澳大利亚原住民（对他们来说，彩虹蛇是统一的象征）都一直深切关注着殖民化的后果——自由的丧失、关于他们自己及土地的原住民法律及治理的丧失，以及自然环境的平衡。就好像"彩虹蛇在对我的灵魂说话，激励着我……（去呈现）那蜿蜒环抱着澳洲东部海岸线的大堡礁，它就像一条静止的蛇，但它活着，赋予生命，生出梦想，这个梦今天还在继续，无穷无止"[4]。

在这个时代，大多数社会都与自然失去联系，并缺乏领会全球气候变化源起与影响所需的科学读写能力，而对珊瑚的艺术描绘开始以提升人们的意识为目标。美国艺术家亚历克西斯·洛克曼的绘画谨慎细致，但有时又犹如启示录，融合了艺术与科学，进化及环境主题贯穿始终，常常像史蒂芬·杰伊所说的，"对不可避免的人类存在做出清晰的确认"[5]。在《鹈鹕》（2006）中，洛克曼将沿海工业废墟那模糊又令人窒息的人类世幻景，置于被杂物和有毒废料蹂躏的泥泞的礁石残骸之上。（图199）

陶瓷雕刻家考特尼·马蒂森将她自己称为"艺术激进分子"，致力于融汇珊瑚礁保护区与流行文化。对马蒂森和越来越多（但依然很少）精通艺

　　　　　　　　　　　　珊瑚：美丽的怪物 ————

图199 / 亚历克西斯·洛克曼，《鹈鹕》（2006），木版油画。

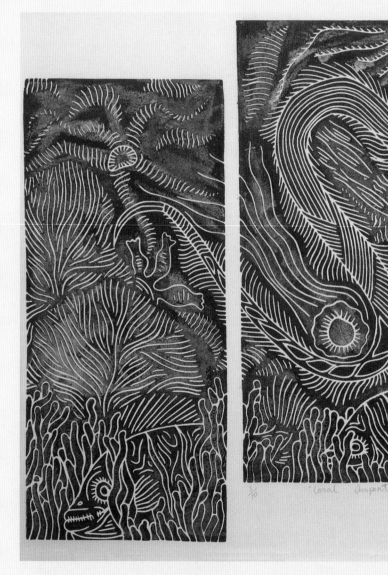

图200 / 赞恩·桑德斯,《珊瑚蛇》(1990),纸上浮雕印刷。

Jane Saunders    1990

术与科学的艺术激进者而言，艺术可以从感情上打动人，用科学数据这一无能为力的方法告诉人们："若我们不关心，我们便不会行动；若我们不知道，我们便不会关心。"她利用陶瓷作品对健康珊瑚礁正在衰退（且于某些区域正在复原）的境况做出了大量细致的展示，它证明了全球珊瑚礁的困境，不仅"要为没有珊瑚礁的未来纪念它们，更要赞美它们持久但脆弱的健康和美"[6]。（图201）

昆士兰的玛格丽特·沃特海姆和克里斯蒂安·沃特海姆构思并展出了"钩编珊瑚礁"，以吸引人们关注现代珊瑚礁的衰减，尤其是他们心爱的大堡礁。这一协作成就结合了美学和行动，世界各地有数千人参与创作，他们就像珊瑚虫一样，贡献"一两克石灰"，用钩针编织出水螅体和群落、海葵、海参和其他生物体，创造出了一个由礁石和环礁组成的群岛，自2005年开始"孵化"以来，它一直在壮大。[7]

作为一种在牧歌背景下生长，并与健康户外生活方式相关的自然产物，造礁珊瑚最终也加入了新医药纪元。比起红珊瑚悠久的药用历史，造礁珊瑚作为膳食补充剂出现是在更近的时期，并且其作用充满争议，因为在珊瑚礁代表强壮康乐的全盛期，销售人员总是积极地、有时还欺骗性地过度宣传"珊瑚钙"。最声名狼藉的例子莫过于一个连环诈骗犯（现在他已被判十年监禁以及"十年分期罚款"[8]），他在电视上播放"专题广告片"，无耻地宣称"珊瑚超级钙"可以治愈"癌症、心脏病、多发性硬化、狼疮和其他严重疾病"[9]。

在一些电视广告中，一位接受采访的专家详细阐述了"珊瑚钙"所谓的健康特性及其效用，其中包括促进健康和长寿。据称，日本冲绳县健康长寿的本地居民证明了这一点，他们没有人患癌症和退行性疾病，在饮食中大量摄入钙质，而大量"珊瑚钙"就在这里开采（当然是"生态性"的——在生产粉末和药丸时没有活珊瑚会受到伤害）。"新千禧年长生不老

珊瑚：美丽的怪物 ————

图201 / 考特尼·马蒂森,《正在改变的海洋 II》(2014),粗釉陶和瓷制品。

药"中的微量元素（并不总是被清晰地列出——其中一种是铅）被吹捧说会有某些健康功效，但对此很少有详细说明。

将莎士比亚的诗句反过来说，在新纪元中，"珊瑚"生物医学"由骨骼建成"。这一转化指的不仅是食用"珊瑚钙"以补充骨矿物质，还指用石珊瑚骨骼作为人类移植骨的代替品，这个做法至少已有超过30年的历史。珊瑚骨骼被设想成可选择的移植物，人们认为它可以避免潜在的免疫应答和人体疾病转移。比如说，滨珊瑚属的骨骼结构就和人类骨骼的结构很相似，因此不会引起排斥。另外，其多孔性可容许移植者的骨生成细胞和增长因子的侵入，在移植降解并重建的过程中，最终由新骨骼替换掉珊瑚。深海竹珊瑚也有望成为移植物，有人因此提出建议，要在海底骨骼农场中培植它们。

义眼是用包括玻璃在内的人造物质制成的，它们无法与眼外肌连接，因此无法在眼眶中移动，看上去并不自然。另外，这一装置无法被容纳者的血管渗入，最终会被身体排斥。在化学变性的珊瑚骨骼中，碳酸盐配基被人体骨矿物羟基磷灰石的磷酸盐取代，这种骨骼能避免出现上述问题，被用于制作球形的生物义眼台。被置入身体后，这种可移动、少降解、类骨骼的移植物可以在前方附着一个逼真的人造眼。（图202）

因此，正如人类学家斯特凡·黑尔姆赖希所记述的，在这个曾经只是未来设想的崭新医学中，珊瑚已开始成为人体生物组织的提供者。[10]达利如果还活着，会用这个主题创造些什么呢？


## 被浸没的环礁

人类骨骼和珊瑚融合的意象渗透在各个方面。佛罗里达州的迈阿密（平均海拔为1.8米）有许多地方会周期性地被洪水淹没，因为这里的海平面

图202 / 改良珊瑚骨骼制成的生物义眼台拥有和人类骨骼相同的微体系结构，如图所示，这种移植物的前部可以附着人造眼。

升高速度是全球平均速度的10倍。2014年，电影制片人卢卡斯·莱瓦融合这些主题，与迈阿密的科学艺术协作主体"珊瑚形态学"一起创作了一个名为《珊瑚礁新梦》的短片。"它发生在未来数百年后，迈阿密已经完全沉入水下。故事关于珊瑚以我们的骨骼为生，就好似我们现在以它们的骨骼为生一样。"[11]（图203）据约翰·麦克斯旺2014年发表在《异视异色》杂志上的文章标题称，"迈阿密正被淹没，珊瑚快乐无比"。

迈阿密建在一个多孔鲕粒岩的地质基底上，它不是唯一一个因为海平面升高而渐渐被淹没的沿海城市——这是两个因素造成的，一是海水的热膨胀，温度升高的海水体积更大；二是冰川和极地冰盖的融化，它们向海中加入更多的水。自20世纪80年代初以来，全球气候变化的焦点问题一直是大气与海面温度升高（全球变暖），其起因是化石燃料的燃烧向大气中增

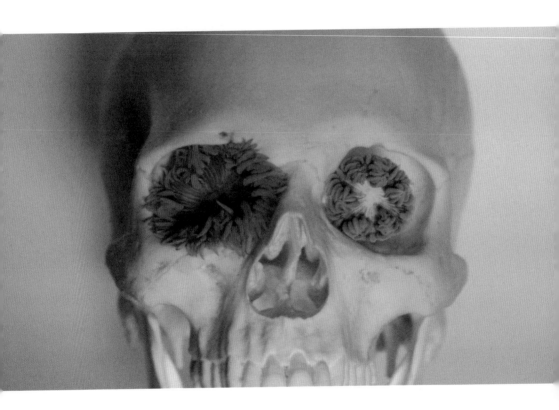

图203 / 《珊瑚礁新梦》（卢卡斯·莱瓦导演，2014）短片中选取的静止图像。一个人类头骨的眼窝被"花海葵"（瘤海葵科）占据，它是造礁珊瑚的珊瑚纲亲属。

珊瑚：美丽的怪物 ————

加了主要的温室气体二氧化碳——自18世纪中期实现工业化至今，二氧化碳增量总计有令人震惊的2万亿吨。多出的二氧化碳越来越多地捕获太阳热能，而不是让它辐射回宇宙。大部分热能都被海洋接收——自20世纪70年代起占多余热能的93%。[12] 海洋变暖导致海平面升高、珊瑚大规模白化以及珊瑚疾病高发。

由于缺乏技术及工程解决方案，迈阿密（早已在安装水泵，在海平面升高前，用他们可爱的珊瑚路沿石抬高街道和人行道）和其他低洼城市也许不得不减少人口，在基础设施变成沼泽前将人们迁移到内陆。[13] 但是对马尔代夫的市民来说，迁移到相邻的高地并不现实，这个印度洋珊瑚环礁岛国由1100多个小岛组成，其全国平均海拔只有1.5米。相同的还有太平洋岛国图瓦卢及其相邻的基里巴斯，后者包括33个环礁岛和低平的珊瑚岛，它们散布在150万平方千米的洋面上。这些珊瑚造地基无法超出当地的平均海平面，因为珊瑚只能短暂地暴露在空气中，珊瑚的碳酸钙生产率要一直超过礁石的受侵蚀率，才能使地基长久维持。如果海平面升高，人类建在这些地基上的建筑物就会浸在水中。

2009年，马尔代夫（当地迪维西语中atholhu是"环礁"的意思）的总统穆罕默德·纳希德在一个珊瑚环礁岛的水下与他的内阁召开会议，在那里，他签署了一份号召减少二氧化碳排放的文件。报告称，如果不减少排放以减缓全球变暖及其导致的海平面升高速度，到21世纪末，马尔代夫和其他印度洋－太平洋区的珊瑚群岛区域终将被淹没。（图204）

纳希德非常务实地应对即将到来的海平面升高问题，调查如何在别的国家购买土地，以便在国家被淹没时为马尔代夫市民（2014年估计有39.4万人）准备新家。面对同样可怕的前景，2014年，基里巴斯当时的总统阿诺特·汤在斐济购买了22平方千米的高地，比起为幅员辽阔的国土中的众多岛屿修建防波屏障，他希望这个办法能在更划算的条件下让11万人口"有尊严地迁移"[14]。（图205）圣布拉斯群岛在未来的数十年里将会变得不适宜居

图204 / 马尔代夫的首都马累，这里有12万人住在海拔约1米的土地上。

图205 / 在基里巴斯的南塔拉瓦，一个男人正在重建珊瑚岩防波堤，为自己的家抵御升高的海平面。

住，岛上的库纳族将迁移到巴拿马大陆上加勒比海沿岸的丘陵地带。

2015年12月，联合国气候变化大会（正式名称为联合国气候变化框架公约第21届缔约方会议，简称COP21）在巴黎召开。基于各国都决定尽力减少碳排放量，巴黎给出了预测，但即便是乐观的预测，到21世纪末，平均温度也将升高2.7°C，乃至3.5°C[15]，海平面平均升高2.4米。并且，这种预测是在假定现在已批准生效的《巴黎协定》将在2030年之后得到延续并加强的情况下做出的。[16]这一升温程度超出了小岛国与最不发达国家联合倡导的1.5°C的限制，甚至也超出了COP21能接受的更大的2°C的政治目标范围。这些预测可能给印度洋和西太平洋的有人居住的环礁岛宣布了未来的厄运，在这些区域，海面的上升将会高出平均水平。甚至在环礁岛被淹没之前，它们就会受到升高的海水和厄尔尼诺现象引起的暴风雨侵蚀，许多岛屿将因其有限的耕地和淡水而被废弃。

那么珊瑚礁本身呢？它们如何在升高的海面下存活，这将取决于它们向上的增积是否能跟上水面上涨的节奏。鹿角珊瑚生长快速，而且其枝条能断裂再生成新的群落，这些特性都使这类珊瑚成为建造礁石的佼佼者，它们完全可能跟上预测中海平面升高的速度，因为它们在过去的180万年中就是这么做的。[17]但这些珊瑚也尤其容易受到与日俱增的人类活动的影响，它们正在全球范围内衰减，因此也就不那么有能力使礁石免于被淹没。事实上，全球超过一半的珊瑚礁增积速度已落后于海面升高的速度。海洋变暖和酸化不仅将减少大多数珊瑚的生长率，还会使它们产生的骨骼更脆弱、多孔，这会使礁石更易受到钻孔生物侵蚀的影响，并遭到更强大的暴风雨的侵害。最终，这种衰弱将危害保护海岸的珊瑚堡垒，使其无法抵御暴雨洪水和海岸侵蚀。

## 基准变更、灾难性暴跌，以及债务重组

马尔代夫等地的潜水者永远不会忘记他们与迷人的珊瑚礁初遇的瞬间，正是这份记忆加剧了保护这些"原始"生态系统的紧迫性。但这里有个问题，因为：

> 包括科学家在内的每个人，都相信他们最初看见的事物的状态就是自然的。但是，举个例子，现代礁石生态学到了20世纪50年代末才开始在加勒比海出现……那个时候，珊瑚礁生态系统早已发生了巨大的变化。如今，相同的问题甚至以更大的规模延伸到了水肺潜水群体身上，新一代运动潜水员从未见过"健康的"礁石，哪怕是以20世纪60年代的评判基准都达不到。因此公众并不清楚我们遭受了多大的损失。[18]

这一现实就是"基准变动综合征"，诗人杰拉尔德·曼利·霍普金斯早在1879年便提到过它，将其表述为"后来者无法猜测曾经的美"。设定今日的基准往往就忽视了昨日的基准。美国前总统巴拉克·奥巴马无意识地提供了一个例子，在2015年10月8日《滚石杂志》的气候采访中，他回忆起自己孩提时在夏威夷的浮潜经历，"珊瑚礁……丰饶繁茂，到处是鱼，但现在……不是这样了"。但就20世纪60—70年代的基准来说，在他小时候，城市化的瓦胡岛周围的珊瑚礁早已退化了。

变动的基准或参照点令人难以判断今日的珊瑚礁衰退都涉及哪些因素，因为有许多本地和地区性影响——比如过度捕捞，还有污染和农业开发、过早的全球变暖和海洋酸化，这些影响已持续了数十年乃至上千年。[19] 世界范围内只剩下极少，甚至完全没有真正原始的珊瑚礁可以提供基准，以计量人类世已有的损失，并指导维持和恢复礁石的管理措施。偏远且无人居住的珊瑚岛也许能让人一窥过去的健康礁石是何面貌。在五个太平洋中部

　　　　　　　　　　珊瑚：美丽的怪物 ————

的群岛上，非钙化的肉质海藻和毛状藻标志性地占领了有居民的岛屿。反之，无人岛上有更活跃的造礁生物，比如珊瑚和壳状珊瑚藻。看起来是人类居住的影响导致了两者的区别。[20]

　　我自己在大堡礁的经历几乎完全印证了27年里珊瑚的衰退现象，从1985—2012年，珊瑚覆盖率减少了51%。大规模珊瑚白化和毁灭性的热带气旋都对此有所影响，但对珊瑚造成危害的还有长棘海星，这种可怕的掠食者能将胃外翻覆盖在珊瑚上，消化掉后者的组织。自20世纪60年代以后，爆发式增长的长棘海星已被视为珊瑚礁的主要威胁。第一次在大堡礁潜水时，最让我受到冲击的景象是接近海底时看到的这些海星的前线，它们正在越过健康的桌面状鹿角珊瑚，在身后留下已消化的、裸露的、死去的白色骨骼。（图206）一直以来，争论的一个核心在于长棘海星的爆发增长

图206　/　长棘海星在大堡礁吞食桌面状鹿角珊瑚的水螅体，1983。

（千年来它们都是礁石上的常住居民）是一种自然循环，还是由促进浮游藻类生长的农业径流造成的——海星幼虫以这些藻类为食。[21] 长久与礁石接触的人们证实，它们现在已不是过去的模样，而长棘海星并不是唯一的问题所在。其发展趋势非常明显，甚至对于只在超过20年的时间里以个人角度接触大堡礁的潜水者及作家来说都是如此。

争议更少的是渔业在珊瑚礁衰减中的影响。严重的过度捕捞——包括撒网、投矛，以及驱走鹦嘴鱼之类的食草生物——常常导致肉质海藻在珊瑚上生长过度，在薄地耕种增加径流从而促使藻类生长的地区更是如此。（图207）加勒比海礁石的鱼类减少使食藻生物大量生长，比如魔鬼海胆（*Diadema antillarum*）。20世纪80年代，这些海胆因一次疾病暴发而大量死亡，藻类的过度生长情况因而加剧了，造礁珊瑚最终被藻类覆盖而窒息，被这些海藻取代，生态学家将其称为"系统转换"。在极端例子中，礁石降解成了细菌和藻泥覆盖的碎石。避免这种"灾难性暴跌"已成为关心人类世珊瑚礁的环保人士的口头禅。

各个国家都意识到了国际商贸渔业、矿业和石油开采正越来越多地危及珊瑚栖息地和更广义的海洋生态系统，他们开始将这些区域圈划为海洋保护区（MPAS），希望能借此减缓或逆转基准线的变动。2016年9月，奥巴马在科德角外创建了东北峡谷和海山国家纪念区，这是他在任时最后的官方行动之一。在这12 725平方千米的海床上，已识别了超过70种非虫黄藻共生冷水珊瑚（有些在其他地方都找不到），而且石油开采、采矿和某些商业捕鱼都将被禁止。[22] 建立这类保护区是希望排除额外的压力，让包括珊瑚在内的海洋物种能更好地应对气候变化，而且这有助于鱼类资源恢复及壮大。

右页图207 ／ 非法捕捞鱼类（特别是鹦嘴鱼、鲷鱼、炮弹鱼和一裸胸鳝）和无脊椎动物（龙虾）也加速了加勒比海珊瑚礁（图中位置是多米尼加共和国的一处国家海洋公园）的衰减，使其走向毁灭。从小船下潜的捕鱼者每周能捕捞约4.5吨这样的渔获。

塞舌尔位于印度洋马达加斯加岛的东北部，由115个岛屿和众多珊瑚礁组成。这样的热带岛国尤其依赖于海洋经济行动来支持国内消费，并且往往还要凭借它们来支付国际债务。在主要债权国组成的巴黎俱乐部的协作，以及大自然保护协会提供的补助金和优惠贷款的帮助下，塞舌尔建立了一个环保及气候信托基金，从而返销了2160万美元的国债。[23] 在这个国家长期且低利率支付给这一基金的款项中，有一部分将被用于环保及"气候适应"项目，一旦债务清偿，其他的利息支付将被投资给一个涉及未来环保项目的信托基金。这一重组计划的关键在于"债务换自然"的措施，据此，国家137.4万平方千米的专属经济区中，有30%将被指定为海洋保护区，用于保护生物多样性。在这些区域中，可持续渔业和其他海洋活动（基础建设、再生及不可再生资源和旅游业）将得到管理和调控。

## 珊瑚白化和碳交易

尽管已开始控制温室气体的排放，但全球仍在持续升温，这一现象产生了更广泛的后果：大规模珊瑚白化事件变得更加频繁，大量的珊瑚礁衰退并死去。正如我们看到的，珊瑚白化是源于内共生藻类在压力条件下减少或死去。失去这些深色的虫黄藻后，珊瑚只留下透明的动物组织，透过它们可以看见白色的骨骼，因此被称为白化。（图208）压力源涉及无数因素，它们或叠加或协同，除了极端温度、强光和盐度变化外，还有包括农业或伐木径流沉降在内的盐度变化、细菌感染和不同形式的污染。[24] 对于大堡礁在多重压力下的恢复能力来说，径流和污染是当前最大的、最直接的威胁。

明亮的阳光导致的光氧化作用加剧了升温的危害效果，而且这两者明显是相互关联的，因为夏季的温度和太阳辐照度都是最高的。正因如此，

珊瑚：美丽的怪物 ————

光线好的浅水区域的珊瑚可能白化，而那些更深水域、接受更少光照度的珊瑚却不会，哪怕两者所处的水温相同。在过去的数十年里，珊瑚无法避开渐渐变暖的水，因此它们开始变得只生长在略深的水域中，在这些区域，光照水平更低，珊瑚可以躲避这些压力源的一两次重击。

并不是所有珊瑚都同样容易白化：比起团块状或包壳状的种类，分枝状种类更易于白化[25]，这使珊瑚的群落构成发生了变化。白化并不是"全或无"的现象：一个珊瑚集群可能会失去部分藻类，但不是全部，当压力条件不再持续时便能复原。但热致白化是严重且持久的，如果珊瑚不能重新获得藻类共生体（其主要的营养来源），它便会饥饿、虚弱乃至死亡。白化珊瑚也更容易感染疾病，即便能够幸存下来，其生长和繁殖能力也会受损。

个体白化的资料至少可以追溯至1928—1929年前往洛岛的大堡礁探险，但例子总是一些可追踪到一个特定的当地压力源的受限事件。20世纪80年代初，珊瑚白化的地质及时间规模远远超出了之前的水平，从巴拿马沿海的东太平洋开始出现了这些与厄尔尼诺升温现象相关的案例，彼得·W. 格林先是记录，接着用实验证明了它们。[26]其他"珊瑚礁大规模白化"事件的报告也开始越来越频繁地出现。[27]在1997—1998年间发生了一个蔓延至整个热带地区的事件：白化现象杀死了全球16%的浅水珊瑚礁，在受影响最严重的印度洋区域，浅水中的珊瑚死亡率超过了90%。第二个全球性的白化事件出现在2010年，这是另一个在视觉上令人震撼的案例，很可能是由全球气候变化引起的。

首要的综合评估进一步指向了高温异常现象，因为大规模白化现象出现在海洋"热点"上，这里的海面温度（SST）比当地最热月份的长期平均气温高出了$1°C$以上。[28]人们在全球范围内研究了最高夏季平均温度差在$9°C$之间的不同区域的珊瑚，发现每一个区域的珊瑚都生活在离致死阈值只有

下页图208 ／ 大片珊瑚出现了白化现象。

1℃ ～ 2℃的温度下。[29]（图209）珊瑚的热敏度和海洋的升温预测表明，"在未来的30年～50年间，白化将变成全球绝大部分珊瑚礁的年度事件甚或半年性事件"。[30]

人们对大堡礁沿线超过2300千米长的数百座礁石进行了数据分析，其中包括那些在1998年、2002年和2016年白化的礁石，这使我们能更好地理解珊瑚白化和当地海水温度的关系。这些事件都留下了不同的地理"足迹"，海表温度异常的量级和空间覆盖率能够解释它们。在上述三个年份的白化事件中，人们对171个独立的珊瑚礁的重复采样揭示，特定珊瑚礁的白化程度要归因于当地气温异常的严重性。[31]

在一系列关联事件中，生活在宿主珊瑚细胞中的虫黄藻是导致白化的薄弱环节。在明亮光线下的高温中，藻类的光合作用受到抑制，被激活的电子开始生成有毒活性氧（ROS），后者压垮了藻类的抗氧化屏障。随后，活性氧从藻类中渗出，进入动物宿主体内，增加了后者的氧化应激负担，损伤或杀死珊瑚的细胞，并导致它失去藻类。[32]

全球的石珊瑚体内都含有不同进化枝（基因谱系）的共生腰鞭毛藻类

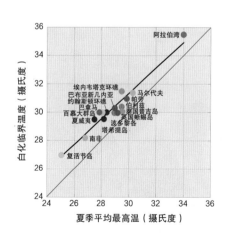

图209 / 夏季海水平均最高温度和不同地区造礁珊瑚白化阈值之间的关系。不同颜色和明暗度的位置点表示几个大洋的不同区域（蓝色=太平洋；绿色=印度洋和波斯湾；紫色=大西洋和加勒比海）。红色对角线是假设关系，设定白化阈值等于夏季平均最高温。黑线是全部16个点的最佳适配回归线。数据点的位置和回归线都在红线之上，意指全体珊瑚白化阈值都比当地夏季平均最高温高出大约1℃ ～ 2℃。

珊瑚：美丽的怪物

（大多是共生甲藻），升高的温度对后者的光抑制作用也各有不同。野外调查将虫黄藻（在当地珊瑚礁和地理尺度上）的分布与它们对高温与高辐照度的耐受性关联到了一起。一个由数千只水螅体组成的珊瑚构件体可能会同时包含一种或几种谱系的藻类，在白化现象之后，优势藻类可能会发生变化，人们现在将其称为"共生藻波动"（symbiont shaffling）。在一些情况下，耐热的藻类谱系开始占据优势，从而使得占统治地位的藻类进化枝在基因上"适应"了高温。若体内的耐热虫黄藻成为优势种，珊瑚就不会在接下来的升温阶段白化。这样的变化提供了生理上的灵活性，虽然这并不能保护珊瑚抵御未来长期的升温过程，而且我们也不知道有多少种珊瑚能与耐热藻类共生，但就某种程度来说，它以争取时间的方式为珊瑚礁提供了"金子般的希望"，使我们仍有机会可以控制温室气体的排放。

但珊瑚也许已经没有时间了。当联合国气候变化大会的讨价还价结束时，人们发现，相比于达到各国的一致目标——到2100年将升温幅度控制在2°C——所需的排放量缩减，196个国家或团体（包括跨国欧盟）承诺能够减少的碳排放量只有其一半，如果大多数国家能实现它们的承诺，那升温幅度实际上可能仍将增至2.7°C；如果做不到，那么升温幅度将会更高。[33]

2014年，美国国家海洋和大气管理局（NOAA）在"濒危"物种名单上添加了20种珊瑚，使名单上的种类达到了22种，它们将受到美国濒危物种法案的保护。在那之后不久，先是2014年，而后是2015年，再是2016年，诸多报道称海水温度达到了纪录之最，太平洋开始出现大规模珊瑚白化事件（包括最初的夏威夷群岛白化事件，以及随后在2015年再次发生的异常事件）。美国国家海洋和大气管理局的马克·埃金曾对2015—2016年的全球大面积珊瑚白化做出预测，这一预测成了现实。2015年10月，白化现象仍在继续蔓延，一直持续到了2016年年初，本次全球白化事件的时间长度已成为纪录之最。[34]（图210）2016年3月，当海水温度在近三个月中都比正

图210 / 2015年关岛大规模白化事件之前与之后的对比照片。

常夏季最高温高出1℃后，卡特林海景调查公司拍摄到了约克角外大面积的珊瑚白化现象，这里位于大堡礁北端的偏远处，从前标志性的珊瑚礁已有90%～100%发生了白化[35]，在超过700千米的区域内，三分之二的珊瑚最终死去了。在基里巴斯近赤道的圣诞岛上，2015—2016年厄尔尼诺导致的超出正常高温3℃的升温事件杀死了岛上85%的珊瑚。[36]直至2017年6月第三次全球白化事件结束，某些珊瑚礁已经连续经历了三年白化。

澳大利亚全民对大堡礁都满怀热忱，但它却是人均碳排放量最高的国家之一，而且在减少碳排放方面拖拖拉拉（一个保守派联盟甚至逃避更早前的烟尘排放税），因此受到其他国家指责，质疑当时的总理托尼·阿博特的政府对抗击气候变化的承诺。农业径流输入过量营养物质，这使藻类失控生长，除此之外，大堡礁的健康状态下滑还和昆士兰沿海工业化的快速发展相关。工业发展涉及越来越多的疏浚工程，以及液化天然气和煤炭的海运出口港的建设（昆士兰州的加利里盆地中有一些世界最大的煤储矿床），澳大利亚极其依赖这两者以获得美元收入和给居民供电。

公众的广泛抗议令昆士兰政府中止了将疏浚废物倒入大堡礁世界遗产区（WHA）的计划，但联合国教科文组织的世界遗产委员会（UNESCO）仍然对此事保持充分关注，并威胁要将大堡礁世界遗产区列入其"濒危"名录。这一威胁迫使澳大利亚政府及昆士兰州政府起草了《珊瑚礁2050长期可持续发展计划》，在公众的积极推动下，它的最终版本于2015年3月发布。推动者中尤其还包括澳大利亚科学院，该学院认为计划草案的建议并不足以恢复甚或维系恶化的大堡礁状况。修订的计划反复确认了气候变化的危害，但并没有提出关于这方面的任何行动。环境组织声称这份计划甚至不足以改善水质，而且资金严重不足。

通过规模空前的外交游说，澳大利亚政府成功避免大堡礁被世界遗产委员会列入2015年6月的"濒危"报告。但是，大堡礁依然在世界遗产委员会的观察名单中，并且委员会要求澳大利亚政府报告2016年12月前的进展，若进展不够充分，则有可能重新考虑将其打上"濒危"的烙印。在这样的背景下，托尼·阿博特被赶下了澳大利亚自由党领袖的席位，并最终辞去了总理职务。

他的继任者马尔科姆·特恩布尔所领导的政府，在很大程度上坚持了更早的减排计划及其严苛的目标。但是大多数澳大利亚人开始支持对碳排放定价，面对巴黎会议的影响和2016年的大选，自由党的反对派许诺更大的减排量并计划于2050年达到低碳水平，还保证投入大量新的资金来恢复大堡礁。[37] 即便如此，特恩布尔及自由党还是在2016年6月的选举中获胜，低减排目标保持不变，一样保持不变的还有加利里盆地中新煤矿的开采计划。

其后不久，昆士兰政府无视世界遗产委员会的密切关注，拒绝停止在约克角的进一步开荒，而这将使大堡礁无法避免新的污染物径流输入，这一失败举措成为2016年12月进展报告中的危险信号。昆士兰环境部长史蒂文·迈尔斯承认了这一过失，他只能希望自己的政府重新讨论通过更严格的伐木法，以使世界遗产委员会满意，但他明白，新法案能否通过，取决于其党派在下一次议会选举中能否赢得多数席位。[38]

与此同时，在美国，2016年11月的总统选举使人有理由担心新政府对于全球努力减轻气候变化做出的承诺。据资料称，当选总统唐纳德·特朗普将气候变化问题看作一个损害美国工业的外国骗局，警告说他将忽略《巴黎协定》，并任命气候变化"怀疑论者"和化石燃料工业的"啦啦队长"们来领导环境保护署和能源部，让埃克森美孚国际公司董事长做他的国务卿和美国首席气候特使。在他们于2017年1月召开的审议听证会上，所有人都不情不愿地承认了人类影响气候变化的现实，但是"看上去没人渴望寻求解决方案"[39]，参议院证实了这一切。在新总统就任后不久，白宫网站发表了一份承诺书，宣称要放弃奥巴马政府的气候行动计划，重新让环境保护署聚焦于一份"美国优先"的能源计划，其中没有提及可再生能源。不到两个月后，总统签署命令开始履行这一承诺。在2017年3月16日的新闻发布会上，白宫管理及预算办公室主任总结了上头的观点："关于气候变化的意见，我认为总统相当直截了当——我们不会再在这上面花钱了。我们认为动手做这件事是在浪费你们的钱。"2017年8月，特朗普总统宣布美国从《巴黎协定》中撤出，并寻求更好的解决方案。

## "另一个二氧化碳问题"

在过去20年里，大气中的二氧化碳浓度逐步升高，一个新问题引起了人们的注意：增加到大气中的二氧化碳大约有三分之一溶解到了海洋中。

二氧化碳离开大气并溶解到海洋中，这意味着它不再作为温室气体起作用，也不会再进一步促进气候变暖，因此缓和了二氧化碳增多对大气和陆地的影响。但是"海洋碳汇"的这一好处是有代价的。在海水中，二氧化碳形成碳酸，提升了海水酸性，使环境更不利于生物体沉积碳酸钙矿化骨骼。整个过程被称为"海洋酸化"。

查理·贝龙提供了一个古生物学的角度，他指出，在过去超过四亿年的时间里，地球上五次生物大灭绝中的四次都与大气中二氧化碳含量迅速升高或达到峰值相关。"珊瑚礁化石间隔分布"（不只是珊瑚礁，它们也并不总是和大灭绝相关）标志出了一些灭绝事件后海洋生物多样性的丧失，每次间隔都跨越了几百万年。排除了其他潜在因素后，"在这个游戏中，碳循环是唯一一足以同时对地球所有陆生和海生生物造成大规模毁灭的玩家"[40]。

但是沃尔夫冈·基斯林认为，似乎没有哪个单一因素可以解释珊瑚礁的盛衰，"因此海洋酸化不太可能是造成与灭绝相关的珊瑚礁危机的唯一原因"。他推断诸如气候迅速变化、富营养化、氧气短缺和硫化氢中毒之类的其他压力源也参与其中，同时也认可"海洋酸化在某些珊瑚礁危机中扮演重要角色是值得探究的"[41]。正是这一预期驱动当代科学家研究海洋酸化在这个海水二氧化碳浓度和温度纪录迅速升高的时代对珊瑚造成的影响，以及它们在最近可预计的未来中对珊瑚礁衰减的影响。（图211）

在过去的80万年里，大气二氧化碳的浓度一直都相当稳定——体积比在172ppm～300ppm之间，但自从18世纪中叶开始工业化后，它的体积比就迅速升高，2015年达到400ppm，2017年超过了405ppm。浓度升高的主要过程发生在过去的一个世纪里，1750—1900年间的150年里，燃烧化石燃料给大气中增添了30倍～40倍以上的二氧化碳。[42]化石燃料的燃烧可能维持原样（"照常营业"），也可能遵从《巴黎协定》减少，根据不同的情境，大气二氧化碳浓度可能在2100年达到1000ppm。[43]过去二氧化碳浓度的升高与海洋酸度激

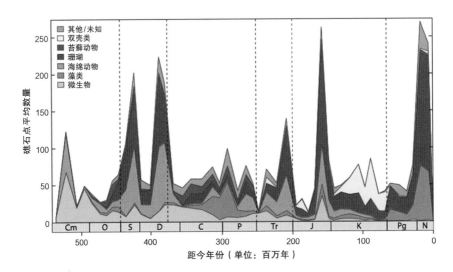

图211 / 过去5亿年中不同类型的礁石点数量（红色代表珊瑚礁），展示了其壮大与衰弱。垂直虚线代表生物大灭绝。注意，并不是所有的礁石中断都与大灭绝相关。地质时代的缩写：Cm，寒武纪；O，奥陶纪；S，志留纪；D，泥盆纪；C，石炭纪；P，二叠纪；Tr，三叠纪；J，侏罗纪；K，白垩纪；Pg，早第三纪；N，新第三纪。

增30%的情况相符。若"照常营业"，酸度将在2100年翻3倍，这可能将对大多数敏感的海生钙化生物造成毁灭性的影响，其中包括钙化浮游生物、软体贝类和珊瑚。正是这一预想和早已确证的全球影响催化了《巴黎协定》的达成。[44]

　　海水的碳酸盐化学过程部分展现了溶解的二氧化碳、酸度和钙化之间的关系，碳酸离子（$CO_3^{2-}$）与钙离子（$Ca^{2+}$）结合，沉淀形成骨骼矿物钙（$CaCO_3$）——化学公式是 $Ca^{2+} + CO_3^{2-} \rightarrow CaCO_3$。海水碳酸钙（如石珊瑚中的霰石）的"饱和度"统合了这些化学关系，主要在于碳酸根离子可得性的问题，因为海中钙很充足，但是海水酸度升高时，碳酸根离子就减少了，并且可能变得难以获得。[①]对于造礁石珊瑚来说，霰石饱和度的最优值大于4

---

① 当海水酸度升高时，硫酸根离子更容易结合氢离子形成硫酸氢根离子。

珊瑚：美丽的怪物 ——

（即4倍于海水中的碳酸饱和浓度）；2—3已是临界数值；低于这个数值就会严重削弱钙化；降到1以下，碳酸钙便会溶解。不同的珊瑚有不同的控制其组织液中饱和度的生理机能，在碳酸钙沉淀时，使用细胞泵调整离子状态和pH值，不过珊瑚在泵送钙离子和氢离子之类的离子时要付出能量。[45]但总的来说，珊瑚也无法违背碳酸盐化学过程。

问题不仅仅在于二氧化碳和pH值水平，还在于它们改变的速度。地质记录表明，现在的变化速度要比过去650万年间，甚至可能是过去3亿年中的任何时候都快。[46]事实上，在约2.5亿年前二叠纪末的大灭绝中，也是"地质史上最灾难性的生物多样性损失"中，高度钙化的海洋生物有着比例失调的死亡率，这是由爆发式的火山二氧化碳释放与海洋酸化（伴随着海水变暖与失氧）导致的，其程度可与现代人类干扰的影响相当。[47]在如今的形势下，考虑到大气中二氧化碳浓度无休止地升高：

> 单单是海洋酸化就可能导致造礁过程在21世纪末结束……如果同时算上海水变暖造成的珊瑚白化，那么一旦二氧化碳浓度达到560ppm（21世纪中叶），大多数礁石的受侵蚀速度就能超过珊瑚及其他生物的整体造礁速度。[48]

这样的情景会不会出现？天然海底泉喷出pH值更低的水，火山二氧化碳渗流降低了附近地区的pH值，它们都能让人一窥世纪末将出现的海洋酸化会对珊瑚与礁石产生什么影响。四项独立研究调查了巴布亚新几内亚、加罗林群岛北端、琉球群岛和尤卡坦州（墨西哥）分散的不同位置，检测了二氧化碳、pH值以及饱和度变动区域的珊瑚和生物群落反应，比起相邻的控制区（pH 8.1），这些区域的海水化学环境越来越不利于钙化。[49]从广义上讲，二氧化碳增多导致珊瑚的种类多样性下降，以及黏合礁石的钙化藻减少；相比于分枝状或片状珊瑚（其结构复杂性可为岩礁鱼类和无脊椎动物提供更多不同的栖息地），团块状及包壳状珊瑚增多；又或是珊瑚的地盘被肉质海藻、海草（预计非钙化种类更适合一个高二氧化碳的世界）和海鸡冠目软珊瑚占据。在某些情况下，造礁珊瑚的钙化过程衰减，形成密度较低的骨骼（想象一下珊瑚的骨质疏松症），因此更容易被侵蚀。在巴布亚新几内亚的极端状况下（pH值为7.7、大气二氧化碳体积比为980ppm、霰石饱和度为2.0），造礁过程完全终止了。（图212、213、214）

不过在帕劳，多样性丰富惊人的硬珊瑚群落已经在堤礁内部和封闭的海湾中坚守了几个世纪，这些区域的pH值和碳酸饱和度较低，因为珊瑚礁

图212、213、214 ／ 此三图显示了巴布亚新几内亚及其珊瑚群落中的火山二氧化碳渗流。（左图212）控制区，低二氧化碳，pH8.1，有多种多样的珊瑚群落；（中图213）高二氧化碳区，pH7.8—8.0，大都是团块状滨珊瑚；（右图214）二氧化碳极值区，pH7.7，这里的藻类和海绵大量取代了珊瑚。注意中图和右图中的二氧化碳气泡。

珊瑚：美丽的怪物 ————

群落的呼吸作用产生的二氧化碳不容易被海水交换带走。[50]但哪怕在帕劳，从珊瑚礁的照片中也能看出，在偏低的pH值和霰石饱和度下，占优势的仍是多彩但钙化缓慢、复杂度较低的团块状与包壳状珊瑚。（图215）

和研究自然酸化地点相反，人们在大堡礁的独木岛通过实验碱化了流经礁坪的海水，逆转了几个世纪的工业海洋酸化，使霰石饱和度升高了0.6个单位——接近工业化之前的水平。[51]相比于没有改变的控制区，碱化的珊瑚礁群落（珊瑚、珊瑚藻和其他钙化生物）的净钙化也上升了7%。因此，工业化开始之后的群落钙化可能早已跌落了同样的百分比，因为如今的饱和度已从4.5降到了3.8。更早前，人们对大堡礁北端的蜥蜴岛珊瑚礁群落做了两次相隔30多年（1975年和2009年）的钙化研究，研究结果表明，在工业化之后净钙化衰退了7%，其中近半的过程发生在最近二氧化碳水平指数级增长的数十年中，而饱和态从4.3跌至3.9。[52]这个时间轴符合大气二氧化碳的变化状态，相比于工业化开始前到1900年的150年间，过去一个世纪中燃烧

图215 / 帕劳的封闭海湾中，虽然pH值和霰石饱和度较低，但多种多样、色彩缤纷的珊瑚却幸存下来。注意大多数珊瑚都是团块状或包壳状，而不是能为其他动物提供复杂栖地，并形成更具生物多样性的岩礁的分枝状珊瑚。

化石燃料使大气二氧化碳的增长量高出了30倍。

这些野外调查与实验，全都为探访工业化前时代与未来21世纪末的珊瑚礁提供了"时间机器"。"照常营业"将会让大气二氧化碳升至900ppm以上，而饱和态降到2左右，这将改变公元2100年的礁石判断基准，这个基准放在今天被视为衰退或死亡。如果《巴黎协定》中的国际承诺在2030年没有更新或加强，二氧化碳的浓度将升至未工业化前浓度的两倍（经常被引用的礁石毁灭阈值）以上，可能会达到650ppm；饱和度将跌至2.5至3之间[53]，在活珊瑚中，钙化水平（自18世纪末期以来早已下降了7%，其中大部

珊瑚：美丽的怪物 ————

分下降幅度是在近数十年中发生的）将比詹姆斯·库克在大迷宫中航行时的水平跌落约50%。[54]

重申并加强《巴黎协定》的承诺将让大气二氧化碳水平保持在500ppm以下，并且让霰石饱和度下降得少一些，降至3.5。有些珊瑚也许能够适应，就像那些可能几代都生活在高二氧化碳含量、低pH值与低碳酸饱和度环境中的帕劳珊瑚一样。坚硬的团块状与包壳状珊瑚将越来越占据优势地位，这将形成一个礁石生态系统更加简单的未来——结构上复杂度更低且更"扁平化"，分枝状珊瑚更少，栖息地变化更少，并且伴随着生物多样性的减少。比如说，底栖浮游生物会在白天藏在珊瑚间，夜里沿水柱上浮。在巴布亚新几内亚的天然酸化礁石地带[55]，这些浮游生物（食浮游生物类的珊瑚礁鱼和无脊椎动物的主要食物来源）的丰富性早已下降，因为在这里，遮蔽性的复杂分枝状珊瑚正在被团块状珊瑚取代，后者提供的躲藏空间更少，因此改变了珊瑚礁群落的食物网。

一个实验表明，如果碳排放和海洋酸化在21世纪之后继续毫不减退地发展，珊瑚将浸泡在pH8.1或是碱性更小的海水（极端情况是pH7.4）中，这很可能将是未来礁石地带最糟糕的情况。骨骼将在减小的pH值中溶解（因为随之降低的霰石饱和度更利于溶解，而不是沉淀），但水螅体能够存活，当它们返回正常的海水中时，就能再度分泌坚硬的骨骼。[56]像这样的事可能已在地质记录的"珊瑚礁化石间隔分布"中发生，事实上，石珊瑚的非钙化近亲——类珊瑚目——似乎就是从次饱和条件下无法钙化的造礁珊瑚演化而来的。[57]但这样的"珊瑚"无法构建巨大的结构，因此无法提供多样化的栖息地，不会出现生物多样性化身的珊瑚礁，无法提供渔业、度假胜地，以及抵御暴风雨的沿岸防护之类的"生态服务"。

除了早期的担忧外，有限的数据表明，生活在地中海深处的两种冷水非虫黄藻共生石珊瑚的钙化并没有受到海洋酸化的抑制。[58]也许在它们隔离

图216、217、218 / （上图216）罗科尔岛上成丘状的佩尔图萨深水珊瑚活体群落。（中图217）可能被拖网损坏的深水珊瑚群落碎片散落在海床上。（下图218）可能被拖网扯翻的一块岩石，背景上有拖扯的痕迹和深水珊瑚的碎片。三幅图中成对的红点是激光测距仪发出的，两者间隔为10厘米。

于冷水中的漫长生涯里——此处饱和度本就比暖水中更低（因为暖水中有更多的碳酸根离子），这些冷水珊瑚在低环境饱和度下进化出了更有效的钙化机制。

即便如此，这些冷水珊瑚的钙化率相当低，无法超出礁体被底层拖网渔业破坏的速度。（图216、217、218）2013年，尽管有一位消息灵通的环保人士号召抵制这类拖网渔业[59]，欧盟还是投票允许它们继续在珊瑚礁存在的北大西洋区作业。最终，渐增的海洋酸化将促使珊瑚暴露在外的碳酸钙框架溶解，倾覆建设与破坏之间的平衡。

## 综合征白斑和瘟疫

除了大规模热致白化、水质恶化和海洋酸化，也有越来越多的微生物病害在威胁造礁珊瑚的生存。疾病暴发在19世纪只有一些不经意的说明[60]，但是自20世纪80年代以来在频率和范围上都渐渐增加，如今正在变成珊瑚死亡的主要原因，加

珊瑚：美丽的怪物

勒比海更是一个疾病"热点"。这个词已经被滥用但还是很适合，一是因为所有珊瑚疾病报告的70%以上都源自这个区域[61]；二是因为这样的暴发和高温异常现象有关，事实是所有珊瑚礁上都在出现越来越多的高温异常，而农业径流也在加剧这种情况。热应力降低了珊瑚抵抗感染的能力，有时还会增加病原体的毒性。加勒比海珊瑚的"白色瘟疫"是由一种致命细菌造成的，在波多黎各的高温白化事件后，这种珊瑚细菌的数量增加了。和人类流行病一样，珊瑚疾病在珊瑚数量更密集的地方传播得更迅速。与人口庞大区域邻近的珊瑚礁上似乎更经常暴发珊瑚疾病，致命的"白斑病"正在残杀加勒比海麋鹿角珊瑚（*Acropora palmata*），其病原体是污水中携带的一种人类粪便中的细菌。[62]

　　人们已经记述了珊瑚30种以上的其他"综合征"和疾病，但它们很少符合长期建立的现代诊断标准，以至于很难确定具体的病原体。[63]（图219）除

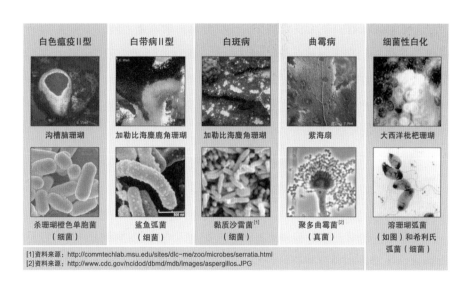

[1]资料来源：http://commtechlab.msu.edu/sites/dlc-me/zoo/microbes/serratia.html
[2]资料来源：http://www.cdc.gov/ncidod/dbmd/mdb/images/aspergillos.JPG

图219 / 对于图中的五种珊瑚疾病，人们成功用正式诊断标准为其确定了一种具体的致病病原体。

了白色瘟疫和白斑病细菌外，病原还包括一些能导致珊瑚"细菌性白化"的弧菌。在某些情况下，一系列不同细菌与一种病症相关，从而使情况变得很复杂。比如说，若珊瑚染上黑带病，构件体上便会有一个渐渐死去的组织区域铺展开来，除了这样的组织坏死现象外，珊瑚上还会出现正常情况下不会出现的50种以上的细菌和真菌群组。微生物群会迅速消耗掉可获得的氧气，使珊瑚窒息，同时释放毒素。[64]海水中的病毒甚至比细菌还多，它们也能感染珊瑚宿主及其共生藻类。环境压力源中的常见因子会提高疱疹状病毒的发生率，这些病毒能感染珊瑚宿主。

对珊瑚抵御这些细菌及病毒疾病的具体机制，我们知之甚少。珊瑚分泌的黏液层中生活着大量细菌，它们和周围海水中的那些细菌不同，可能会分泌出抗菌化学物质，在致病寄生者引起感染前击退它们。在一个例子中，易于因某种入侵菌导致白化的珊瑚发展出了防护机制，能联合其他提供保护的细菌一起抵御病原体。珊瑚不仅能认出"非我"的竞争珊瑚组织并攻击它们，还有一个免疫系统，它能在群落伤口痊愈之前防范细菌入侵。这种保护机制包括聚集移动细胞，它们能够灭活或包裹入侵者，比如曲霉菌，这种真菌在加勒比海中感染柳珊瑚目的海扇。这些陆地真菌的孢子通过径流进入海水，甚至会因扩大的撒哈拉沙漠中的暴风尘埃而沉淀，在整个大西洋中刮起疾病之风。


## 珊瑚礁的恢复：恢复力、抵抗力与新的家园

珊瑚礁生态学者越来越多地提及"恢复力"，意指珊瑚礁群落（包括许多种珊瑚和其他珊瑚礁无脊椎动物）从重大环境变化的影响中回升，并在外界强加压力下恢复生物机能的能力。"抵抗力"更偏向于指某个特定种类的群体或个体忍受环境压力的能力。这两种能力，以及庇护着珊瑚的海洋

保护区提供的避难所，也许能在珊瑚礁衰退的后半程为其补充与修复提供幼体来源，期望某些珊瑚将在与气候改变不间断的战斗中成为"胜者"。

新的珊瑚纪元仍然与经典的达尔文自然选择概念相关——某些个体本身拥有一些优势特征或"适应性"，能让它们在改变的环境中"健康"生长，有鉴于此，它们将成功存活下去，而其他种类不能。这样的胜者和败者之间的区别是以基因为基础的，这种差别既适用于内共生藻类，也适用于它们的珊瑚动物宿主。

适应的过程包括种群的进化改变，这些改变通常是对环境改变的响应。这样的基因改变往往要花许多代的时间，以百年甚或千年为计量单位，而且地理隔离的种群间可能会产生区别，因为它们之间的基因缺少连通和交换。

不同地理区域的珊瑚在耐热性上有很大的区别，这可以从它们不同的白化阈值中看出来，比如说，大堡礁珊瑚的白化阈值是30°C，而波斯湾中的珊瑚白化阈值大于35°C（见第300页图209）。这也许算是一个珊瑚对其不同的温度环境发展出本地基因型适应的例子，因为在过去的大约6000年中，波斯湾中的温度一直在上升。不过，我们并不知道海湾珊瑚的耐热性是源于耐热宿主自身的新陈代谢能力，还是源于它们体内极其耐热的共生鞭毛藻类嗜热虫黄藻（*Symbiodinium thermophilum*）。[65]在过去的150年～500年中，海水极少流通的帕劳海湾中的水域条件一直在变化发展，不断促进那里的珊瑚适应高温与酸性环境。[66]

生理上"习服"包括与基因改变无关的个体的短期调整，或对环境变化的补偿机能——适应期大约是数天、数周或数月。一个习服的例子是，某种本地珊瑚（或其藻类）种群的热致白化阈值有着可逆的季节变化，夏季比冬季更高。珊瑚的习服能力可能会略微超越其正常的年温度变化幅度，比如说，某个区域长期暴露于最高温中，会诱导珊瑚的先天（基因决定的）代谢和细胞对热应力做出反应，使之拥有抵抗反常高温的能力，不过这种能力只是暂时的。但是，环境相关的当地温度变化幅度最终将会非常大，致使生理习服的灵活性无法跟上节奏，因为后者的程度或容量受生物体（藻类或动物）的基因限制。

大堡礁27年的海表温度记录也许是个适当的例子，它暗示了"生理预备"（习服或调节）源于尚不致命的压力源，以及潜在的历史空间和目前的白化模式。[67]回想一下，大多数珊瑚都生活在离其白化或致命阈值只有一两度的温度中。在75%的大堡礁热应力事件记录中，热轨迹都在近两周的时间里超出了长期的月（平均）最高温，接着在一个短暂的恢复期内暂时下滑，而后重新升高并超出当地白化阈值（基准为平均最高温+2℃）。在这样一个例子中，白化没有出现，是因为珊瑚提前暴露在了一个超出当地平均最高温，但低于白化阈值的温度下，这诱导它们形成防御机制，抵抗短暂的更高温，若没有上述前提，这个温度将导致白化。

在20%的热应力案例中，海表温度稳定升高（没有短暂恢复期）并最终超过当地白化阈值，珊瑚毫无防备，于是出现了简单的白化事件。第三种轨迹（5%的案例）以连续两次的峰值超过了当地白化阈值，造成重复白化。

在接下来的数十年中，海表温度将继续爬升，月最高温的基准线将会向上变动，升高0.5℃便能使过去只经历过"保护轨迹"的珊瑚礁开始重复白化。只有较少珊瑚礁经历过亚白化习服或调节期——这些时期为珊瑚授予防御机制并减轻了历史白化事件，总体的前景是珊瑚的健康状态将全面下滑、重复白化死亡率升高、珊瑚覆盖率减小。[68]没有足够时间恢复的重复白化可能对敏感的失败者宣判了死刑，对原本的胜者来说也是艰难的时期。

当全球变化改变了生物的适宜范围时，包括鱼类、昆虫、鸟类和哺乳动物在内的能够移动的动物可能会迁徙到更舒适的气候环境中去，比如当更低纬度的地区变得太暖和时，就向极地方向移动。适宜范围变动的例子也可见于某些珊瑚种类的记录，但要让包含数千种珊瑚和相关有机体的整个珊瑚礁生态系统（图220），用足以逃出热带增温速度的节奏迁移到更高的纬度去，这个想法是站不住脚的。一些简单的计算就能揭示原因。

在大堡礁由北往南延伸超过1500千米的一片区域，南端的平均海水温度比北端低2℃。如果珊瑚已在本地适应了这样的温度（并考虑到对环境改变的某种程度的习服），为了跟上哪怕是乐观的气候变化速度——即在之后的100年中升温2℃，整个生态系统必须在接下来的100年里向南移动1500千米，平均每年15千米，这样才能使它一直待在温度舒适区。[69]有些珊瑚种类的幼虫是浮游性，它们能够越过这样的距离重新安居，这些种类也许能够迁移新址。但虫黄藻共生类的石珊瑚中可能有10%的幼虫在孵化后[①]，定居

图220 / 邮票上描绘了太平洋附近的一处珊瑚礁，由约翰·D. 道森于2003年绘制。

---

① 这类幼虫是排幼型，排幼型珊瑚直接产出浮浪幼体（而非卵）会较快定植。

在固着双亲的附近，这些种类就无法迁移。因此，某些种类能够以需要的速度迁址，但许多种类不能，而且有数百甚或数千种珊瑚要耗费数百年到数千年光阴才能重建一座珊瑚礁。

离开赤道会使造礁珊瑚（它们严重依赖自己的虫黄藻在光合作用中提供的产物）在冬季的每日日光辐照量减少，而且太阳角也偏低。最终，这种生长上的光照限制会把珊瑚约束在越来越浅、更加明亮的水深范围（大约每一纬度浅0.6米）内，这样的区域令珊瑚更易受损于波浪、极端高温和盐度、与海草的竞争、低潮位渐增的暴露[70]，以及日光UV-B辐射前景的不利影响——21世纪中叶之后，热带地区的日照辐射将会急剧升高。[71]向北移动远离赤道也不是长久之计，日本的某些热带/亚热带珊瑚正在以每年14 000米的速度如此行进。这种迁移将受海洋酸化的限制，因为酸化是从更高的纬度向南发展的，珊瑚将被"包抄"于可得碳酸根离子越来越少的压力与更高的温度之间。[72]

诚然，珊瑚礁生态系统在上千年的当地环境变化中改变了它们的地理分布，但其速度并不足以跟上如今气候变化的高速，尤其是还要考虑到其他环境因素——海洋酸化和海平面升高，这些因素将同时发生。也有人类辅助迁徙的办法，比如在变暖过程中将耐热珊瑚大规模移植到偏远区域，但它们不仅困难又昂贵，还附带着物种引进或入侵的道德枷锁。对某一物种的本地种群进行"基因援救"会是一种风险较小的办法，即向这些珊瑚加入更强健的种群基因，也许可以通过辅助性地加入新个体，提升其有性生殖的优势[73]，也就是说，移植抵抗能力更高的珊瑚，使之能与本地种群在邻近的受威胁区域进行交配。那么，有了人类的协助，珊瑚是否有机会足够迅速地适应气候变化？通过引进其他天然抗性更强的种群的基因来援救一个种群，这是一种快捷的进化适应，它可能会出现在自然中，又或是通过辅助植入成为一种礁石修复的办法。越来越多人开始关注珊瑚的命运

珊瑚：美丽的怪物 ————

（它是我们气候矿坑中的金丝雀），这促进了人们更积极地去探索不那么传统的可能性。

对美属萨摩亚地区的风信子鹿角珊瑚（*Acropora hyacinthus*）的野外调查和分子研究表明，相同礁石系统中的群体会迁往相反的方向，有些选择定居在适度变化的栖息地，有些选择定居在高度变化的栖息地（规律性经受超出白化阈值的高温），这说明珊瑚不仅会出现对高温的可逆习服，还会选择持续增加宿主抵抗热应力的基因表达。即便这些珊瑚返回压力较小的栖息地，这样的基因表达（即特定的某一个或某一组基因表现出的可观察到的特征）也会保持下来。[74]

在表观遗传学（目前在人类发育和疾病中也是热点话题）的领域内，我们也许能发现这一类与生理习服相关的持久的基因表达机制，通过这种机制，与染色体绑定的分子将影响基因表达，但同时并不改变DNA中的基因序列，也就是说，不引起突变。基因组中早已出现了适应性变异，这只需要环境刺激和可被表达的表观遗传调控。（至2017年为止）我们还不清楚风信子鹿角珊瑚的自适应基因表达是否能够遗传，或者这种适应形式是否会出现在其他种类的珊瑚中，因此也不清楚在气候改变时其是否有助于保持珊瑚礁的生物多样性。[75]学界的注意力正在转向珊瑚上变化的微生物，它们是表观遗传效果的媒介[76]，其作用包括向下一个无性或有性的世代传递生理可塑性。

"气候变化生理学"的重要核心，在于对环境压力的自适应生理应答的遗传变异。自然保护区或海洋保护区的"珊瑚方舟"旨在培育礁石恢复力，要如何根据生理上的差异性成功确定方舟候选者，其中一个方法是识别其内共生藻类的耐热进化枝。

对于独居动物来说，遗传变异只会在整个种群的个体间传播，每一只动物都体验并回应着环境。而对于构件体生物来说，比如珊瑚个体包括数千只联系更紧密、基因可能一致的水螅体，它们会对一个压力表现出相同的回应。但如果构件体中有一只水螅体出现了某种有益的体细胞突变，并通过出芽生殖将它传递给了子代水螅体，那会怎么样？这个个体可能会变成一种拼嵌式水螅体集合，它们并不是同样的无性繁殖形成的基因一致的成员，而是不同基因型的携带者（在这个例子中是两种），不同的携带者也许会对环境压力做出有差异的应答，这可能会提升构件体中某些成员的存活率，与此同时其他成员可能死去。人们估计，在一般大小的鹿角珊瑚分枝状构件体上，体细胞突变可能会发生1亿次[77]，这提供了一种现实的可能性：其中的一部分突变也许将有益于个体生长，为之付出不成比例的贡献。人们研究了鹿角珊瑚、杯形珊瑚和滨珊瑚的几个种类，发现在受测个体上，拼嵌式生长的整体发生率为31%。[78]

宿主个体上的这类基因型拼嵌可能也会延伸到其共生藻类上，复体上可能会同时包含不同的藻类进化枝，进而如我们所见的一样，使之对改变的环境产生不同的适应性应答可能。构件体在它的水螅体成员和内共生体中都包含了胜者和败者，但能通过差异性的组成变化而幸存下来。视觉证据表明，在受到压力的个体的嵌块白化和部分死亡现象中，存在这样的系统现象。

将珊瑚视为嵌合式神兽的古老观点又在现代复活了，它与构件体内基因变异相关：两种不同个体的部分组成天然的嵌合体。群居固着的浮浪幼虫可以和体内孵化甚或浮游的胚胎相融合，形成"新式实体"，最终的水螅体拥有两种幼虫的细胞和基因。这将使一个个体拥有更大的基因变异库，就如同构件体上的拼嵌式集体变异性，从而开启了水螅体改变体细胞成分比例的可能性，以便对环境挑战做出合适的回应。照此，巴鲁克·林科维奇将珊瑚嵌合现象视为"抗击全球变化影响的新奇工具"[79]。

人们意识到了气候变化将快过珊瑚天然适应的节奏[80]，并且越来越重视健康岩礁给人类社会带来的益处[81]，因此凭借选择性繁殖与分子遗传学技术所提供的洞见，推动实施了珊瑚礁的保护措施。这些涉及人类辅助进化的技术是一种本质上算是珊瑚优生学的新版"智能设计"——"将提升岩礁生物体忍受压力的能力，并促进干扰后的恢复"[82]。可以通过两种途径激发内共生体中发生的适应性变异：一是在实验室中给培养的数百万藻类施加相关压力（比如高温），从而诱导其基因突变；二是选择那些携带有能带来更强耐热性的突变的藻类。采用化学诱变，以及紫外线或X射线辐射中的其中一种方法，可能会大大提升随机突变率，由此人们可以选出携带显著突变基因型的"希望怪兽"——其偶然获得的基因有益于抗击变化的气候，并将其以某种方法植入抗性宿主体内（它们本身也是长期培养计划的希望产品）。并不是每个人都买科技秘诀的账，有些人"根本无法相信我们能成功在几年里做到自然进化在过去几亿年里都做不到的事"[83]。但是一位人工辅助珊瑚进化理念的主要倡导者认为，在一个越来越令人绝望的境况里，"我们此时此刻要做的就是抛开谨慎，先试了再说"[84]。必要的公众对话才刚刚开始。

## 修复珊瑚礁

在加勒比海的水下装置艺术作品中，当代艺术家贾森·德凯雷斯·泰勒使用了引人注目的人类与珊瑚的转化意象。他在那里的水中沉入了pH值中性、形状为人体和人脸的水泥铸件，让珊瑚与其他珊瑚礁生物在其上生长覆盖。这些区域曾被一场飓风摧毁，只剩下了松散的卵石和飘荡的沙，不管是《马太福音》里的圣人还是珊瑚幼虫都无法在此建设家园。视频和静态影像中的情况既引人注意又令人不安，但是珊瑚渐渐生出了硬壳，逐步的转变呈现了珊瑚礁再生的终极希望——只要温度和酸化压力还在可容忍范围内。（图221）艺术家还与礁球基金会合作，这个非营利组织力图复原珊瑚及其他生物的海洋岩礁，他们的措施是投放设计好的"礁球"模块，从而提供大块基质让幼虫固着，或是往上面移植珊瑚碎片。

图221 / 贾森·德凯雷斯·泰勒,《优雅的礁石》(2006),水泥铸件。

永恒礁石公司隶属礁球集团，他们更进一步：提供"绿色葬礼"，家人可以将逝去的亲人被火化后的遗骸铸入对环境友好的水泥礁球中，并将它们置入合适的水域，最终其上将覆盖珊瑚，成为珊瑚礁的一部分。有时礁球中会预先植入活的珊瑚礁有机体。如同旧传说一般，珊瑚将从死亡中诞生，但新纪元的死亡召唤的是尼摩船长的理念：一个平和的珊瑚之墓。（图222）

从这些文化范例中可以看出，有更多人意识到，当保育失败、珊瑚礁衰退时，或是当自然灾害发生时，辅助修复或"复兴"也许能在地区范围内修复或重建珊瑚礁，就好比陆上的造林计划。更多争议在于对生物岩公

图222 ／ 海洋生物在永恒礁石墓碑上繁荣生长。

图223 / 蝙蝠鱼聚集在佩母德兰湾复原点的一个生物岩公司的生物岩框架下。

司生物岩技术的使用，它是20世纪70年代的工程师沃尔夫·希尔贝兹和礁石生态学家托马斯·J. 戈罗开创的。将一个大型金属框架用作阴极，让低电压直流电经过它，以电解方式沉淀碳酸钙。自修复的石灰岩结构能以非生物方式生长，为鱼类、龙虾和其他珊瑚礁动物提供遮蔽处，并形成稳定的防波堤保护海岸。珊瑚碎片（尤其是那些从损坏的珊瑚礁中解救出的）可以被移植到框架上，比起无电流框架的控制区，珊瑚在这些通电框架上（这正是争议所在）能更好地幸存下来，并更加迅速地痊愈及生长，不过我们并不清楚其生理机制。[85]（图224）

生物岩技术常常以解救受损珊瑚的碎片为开始，因此其成功更加值得注意，这些碎片在其他情况下通常很难幸存。人们想用直接移植法以更广泛地修复受损礁石，但事实上，低存活率和珊瑚礁供体的损坏正是反对这种方法的论据。相反，"珊瑚园艺"包括在特殊苗圃中培育小珊瑚碎片，它们有的是浮绳，有的是悬在海水中的托盘，被安置在近海底的庇护区内。在没有成熟构件体与捕食者带来竞争和干扰的状态下，一旦受保护的碎片痊愈并长大，它们就能被植入需要修复的礁石区。[86] 水族馆贸易很久以来就一直在运用断枝生殖（让人想起海仙女将吸收了美杜莎之血的枝条作为幼芽，往海中散播红珊瑚的情景）和培育繁殖珊瑚的技术，"断枝"被贩卖给业余爱好者，以装饰他们自己的珊瑚缸。大型公共水族馆养护并传播其库存，以供礁箱展览与科学研究。（图225）过去常常被储存在"原"苗圃上的碎片，可能也是从当地珊瑚礁上采下的，以期保护特别的珊瑚礁群体种类。

对林科维奇来说，"未来复原的珊瑚礁将和现在或过去的珊瑚礁不同"，因为珊瑚培育和复原渐渐不再着重于重建过去，而是着重于展望未来，在即将面临的环境变化中，将气候变化因素考虑在内并使用基因有益的珊瑚供体。[87] 无畏新世界的珊瑚苗圃可能会是非常强健的"恢复力水库"（图226），不过我们必须警惕，尽管波斯湾的珊瑚早已适应了高温，但它们的多样性低于西印度洋和红海中毗邻的珊瑚区。

斯蒂芬·帕鲁姆比和他的同事计划开展一个复原工程，以补全他们对萨摩亚丰饶的珊瑚所做的基础研究，他们将"为他们的智能［工程］珊瑚礁精选最坚硬、生长最迅速并且最耐热的珊瑚"，并对其与一个随机选取的珊瑚建造的珊瑚礁进行长期比较。[88] 除了珊瑚礁复原实验的结果外，人们还在了解事实能否证明珊瑚的适应性可以被遗传（如多孔鹿角珊瑚的幼体所展示出的耐热性[89]），这都可能有助于预测珊瑚礁生态系统在珊瑚新纪元的海洋"酸辣汤"[90]里会是什么样——是各种各样迷人赢家的组合，还是勉强没有变成僵尸的、还在艰难求生的、结构单一的集合？

下页图224 ／ 印度尼西亚巴厘岛佩母德兰湾中，一个珊瑚礁复原项目中使用的生物岩公司的生物岩框架。

整个热带地区早已在进行更大型的自然实验。从2014年年中的西太平洋和当年年末的夏威夷开始，在有记录以来最炎热的2015年年初抵达美属萨摩亚[91]，并由一场"哥斯拉般的厄尔尼诺"带入2016年——在年最高温度纪录持续上升的情况下，第三次全球珊瑚白化事件成为史上耗时最长的白化事件[92]，给整个太平洋的珊瑚带来了灭顶之灾。

尽管大堡礁在1998年、2002年和2016年都发生了白化事件，但并没有迹

　　上图225 ／ 　珊瑚礁和珊瑚研究正越来越多地出现在政治舞台上。在2013年的一次访问中，摩纳哥科学中心的科研总监德尼·阿勒芒教授（左）正在向法国总统弗朗索瓦·奥朗德（中）和摩纳哥亲王阿尔贝二世（右二）讲解珊瑚培养研究。

　　右页图226 ／ 　标准的珊瑚苗圃悬浮在红海埃拉特的开放水域。潜水员在处理新植的小断枝，它们会逐渐长大形成更大的个体（见图中右侧），这些个体可以被移植到海底的硬质基底上。图中所有的鱼类和无脊椎生物都是被浮游生物吸引来的，它们使苗圃发展成了悬浮的人工礁石。

象表明过去的白化（通过驯化或习服）使珊瑚抵抗力增强，因为珊瑚礁和珊瑚类群在1998年和2002年呈现了高度白化的现象，到了2016年依然白化严重。[93]就算是温和白化事件中的那些幸存者，也会在更严峻的情况下加入高度白化的行列。同样让人担心的是，保护区更优良的水质和渔业压力的减轻也没能减轻2016年规模空前的白化。这样的保护也许能在不那么严重的重复白化阶段支持珊瑚的恢复，但根据作者们提供的信息，鉴于严重白化的频率越来越高，"为珊瑚礁保障未来"迫切需要降低全球变暖的速度。就在这一评估于2017年3月在《自然》上发表的不到一周前，大堡礁海洋公园管理局报告称，正在上演的大规模白化已前所未闻地延续到了第二年。[94]

几乎是同时，国际能源署在2017年3月17日发表了一篇让人生出希望的新闻：从2014年至2016年，全球经济增长了3%以上，但全球二氧化碳排放量稳定在321亿吨/年。[95]碳排放的减弱与经济增长预示着，减少对全球气候改变的影响未必要付出世界经济倒退的代价。但是，排放增长的停顿并不足以将世界推上令全球气温增量低于2°C的正轨，因此进一步减排很必要。在美国，二氧化碳排放量实际上已经降低了3%，因为更有效的天然气（大部分来自有争议的水力压裂法，或"液压破碎"）和风电之类的可再生能源取代了一部分燃煤。[96]但是，这类乐观的新闻并不足以激励特朗普总统，他在不到一周后就命令美国环境保护署重审"清洁能源计划"，这个计划是奥巴马政府为履行《巴黎协定》中的承诺而提交的。不出所料，2017年10月10日，环境保护署署长和气候变化的否定者斯科特·普鲁伊特废止了清洁能源计划。

尽管二氧化碳排放量在过去三年都没有升高，但曾经生成的二氧化碳可以存留几百年，因此大气二氧化碳浓度依然高于400ppm。而美国国家海洋和大气局的珊瑚礁研究监控项目称，2017年是某些珊瑚礁持续大规模白化的第三年，这证明此次全球白化事件是"有史以来最长久、最广泛，也许是最具破坏性的一次"[97]。这一持续事件是不是一次前兆，终将开启如预言般毫无间歇的重复白化，诅咒珊瑚礁的死亡？

# 尾 声　我们将面对什么？

哲学与道德问题在如今的世界上没有多少容身之所：这是我们面临的危急时刻。

——詹姆斯·伯恩，《珊瑚礁纪元：从发现到衰落》（2015）

在这个大堡礁受到威胁的新时代，伴随着2014年发布的"礁石2050"草案，澳大利亚诗人及激进主义者朱迪思·赖特的战斗檄文《珊瑚的战场》（1977）也重新再版。在引言中，赖特引用了肯内特·斯莱塞的诗《库克船长五愿景》（1931）中的诗句，既让人想起珊瑚意义层叠的过去，也向我们警示了它的脆弱：

> 花变成了石头！
> 约瑟夫·班克斯的植物
> 忧郁地悬在舷窗里，
> 它们并不总能找到拉丁文来形容自己的魅力，
> 也不总能将大堡礁装进玻璃盒子，
> 用戈耳工可怕的造石视线为其标记。
> 又像是石头变成了花

——你将折下水中花园的

一根水晶细枝，

甚或一片花瓣，

而后看它像樱桃枝般死去。（图227）


赖特还思索道："如果大堡礁可以思考，它会惧怕我们……我们把它的命运握在了手中。"作家科利·多克托罗在他的网络短文《我，划船》中运用了这一理念，写出了一块有意识的、受到威胁的珊瑚礁："礁石需要人类的干预才能从白化事件、全球气温变化中幸存下来，它对此感到非常难为情。"

因此，在诗意的公众认知以及珊瑚新纪元的政治领域中，重点更在于"珊瑚礁"而非"珊瑚"。对怀特来说，大堡礁是一种环保号召力：它有丰

图227 / 约尔格·施迈瑟，《海下，大堡礁》（1977），彩色蚀刻画。

　　　　　　　　　　珊瑚：美丽的怪物 ————

富的生物多样性，对原住民和移民都有历史和文化意义，因此能够激起知情公众的环保意识与情感联系，从而施加压力以抑制对环境的剥削蹂躏、保护礁石，同时——并非巧合地——拯救这颗行星。但是热带珊瑚礁仍然在被开采用于建材和填料，被本地的海岸疏浚、径流和污染窒息并淤浊，被富营养的过多藻类拥塞，被过度捕捞，被非法渔业轰炸或毒死，被船舶撞击，被旅客践踏，被纪念品行业和水族馆洗劫，被疾病摧毁。赖特在结束语中写到了不间断的抗争，它们用在今天很中肯，一如当时一样：

> 珊瑚礁的命运是这颗行星命运的缩影。拯救它的战争本身也是我们自己内部新战争的缩影……人类种族的未来可能会在其中得到最后的审判。[1]

在广岛和长崎原子弹爆炸后不到两周，让-保罗·萨特为《摩登时代》杂志的创刊号写出了一个未来，在这个未来中，只有当人类决定要活下来，从而为其自身（以及地球）的生存负责时，才能避免行星的核毁灭。现实存在的威胁是更隐性的全球环境大灾难，它还不那么明显，但萨特的话在这个时代依然中肯，因为人类对生命的承诺依然是一个决定因素。因为到了最后，若是不想让"人祸"终止于一声呜咽，个体人类行为（全球已超过70亿人口，并且还在不断增长）和个人生活方式（最富有成员越来越显著的过度消费，甚至连不那么富裕的阶层都渐渐崇尚消费主义）必须迅速改变，以偏离商业的惯常模式（放肆的经济扩张和工业暴涨）。[2]

方济各在2015年5月24日的教皇通谕《关心我们共同的家》中，确认了这种改变的必要性。[3]诸如修复风景胜地的珊瑚礁之类的令人愉悦、不会带来悔恨的活动，这些活动也许反映了某些人类在态度上的积极转变，并且的确增强了环保意识，带来了警示与希望。令人满怀希望的还有越来越多国际政府和个人对珊瑚礁保护、海洋保护区和《巴黎协定》的承诺（尽管2017年特朗普政府退出了）。但最终，全球退化或灾变的根本原因还是数十亿人类，如今，就像那么多水螅体在全世界建造礁石一样，人类也必须在渐渐减少人口数量的条件下共同努力，抗击二氧化碳排放这个威胁一切的根本问题，它是工业化世界浮士德式交易[①]的后果。[4]

一个海洋专家组成的跨学科小组在一线杂志《自然》中发表了一篇评论，为2015年在巴黎召开的联合国气候变化大会预热，他们旨在教导决策人和公众，使之理解在二氧化碳排放的不同预案下海洋和社会将受到的特殊影响。各种群体都早已受到海洋变暖及酸化带来的有害协同效应的影响，热带珊瑚不过是其中的一个例子。如果商业模式一如既往，大多数海洋生物的未来将是悲惨的。[5]这类预测令国际珊瑚礁学会于2015年10月发出号召，呼吁长期减排至350ppm（当年的二氧化碳浓度为400ppm），这需要之后的二氧化碳净排量接近0ppm，如果想为子孙后代留下功能性的珊瑚礁生态系统，"大多数化石燃料得被留在地里"。就算严格地控制排放量，将21世纪全球地表温度增量限制在2.7°C，或更乐观一点，以更有雄心的措施将其限制在2°C甚或1.5°C[6]，珊瑚所受的影响在2100年前依然会不断加重[7]。

在《适时的礁石》（2008）的末尾，查理·贝龙写道：

> 这十年代表了一个选择的窗口，在这个危急阶段，我们必须行一切必要之事，以阻止我们的世纪变成通向灾难的过渡期。如果我们不行动，或是行动得不够迅速，海洋与沿海生态系统将被置于一条无可挽救的毁灭之路上，而我们最终将看到海岸经济的坍塌，以及自然环

---

① "浮士德式交易"也叫"魔鬼契约"，典出歌德悲剧《浮士德》，主人公浮士德出卖自己的灵魂与魔鬼交易以换取利益。

境和人类社会所付出的毁灭性的代价。[8]

教皇通谕也提及了海洋酸化和珊瑚礁所受的污染，人们必须在更广阔的平台上将气候变化看作一个道德问题，因为世界是人类共同的家园，而受难最深的是最穷苦的人。方济各引用了菲律宾天主教主教的话，后者早在1988年就替他们的珊瑚礁发问："是谁将海中仙境变成了丧失色彩与生命的水下墓园？"当时，菲律宾人在许多珊瑚礁上用炸药捕鱼，这已经成为"本地经济的重要部分"，但是已被国家列为非法活动，并遭到国际社会的谴责。富裕的人可以很随意地指出并谴责这种破坏行为。詹姆斯·汉密尔顿–佩特森则左右为难，在《戏水》（1987）中提供了一种对这些渔民群体富有同情心的观点，承认其"迫于供养……一整个家庭，要赚到足够的钱购买必需物资"，包括药物和孩子们的教育。而且破坏也并非是漫不经心的：

> 对他们来说，爆炸并不是随意进行的。他们多年前便发现，如果炸掉太大地方，或是炸得太深，他们就会损毁珊瑚礁，而近岸的鱼类资源完全依赖健康的礁石。

但这一想法又被他自己的认识反驳：

> 整个群岛都呈现出阴郁的前景。无论多么熟练，菲律宾人都在稳定地摧毁他们的珊瑚……爆炸……是针对自然界越来越密集的炮火的一部分，它们通常都有似是而非的幌子——为了供养无数人口。[9]

但这样的毁坏根本比不上变暖的海洋中岩礁白化与垂死的规模，那是全球经济带来的后果，渔民在其中得不到多少利益。

在最近几代人中，我们已经见证了另一种标志性岩礁生态系统的灭亡，它们是多产的钙化生物形成的。这些动物几乎被人类活动逼至灭绝的境地，但又因人类干预在各处得到救助，其干预的办法是海产养殖和生态恢复，和珊瑚领域的计划并无不同。罗云·雅克布森在《牡蛎的地理分布》（2008）中写道：

> 事实证明，新世界的牡蛎礁就如温带的珊瑚礁。和珊瑚礁一样，它们生活在死去的碳酸钙岩石上。它们包容着同样令人惊叹的生物多样性……而且它们也对破坏一样敏感。它们率先消失，因为人类不吃珊瑚。[10]

那么，人们为什么应该关注不宜食用的珊瑚及其建筑？诚然，珊瑚礁的野生生物多样性的损失将给生物圈带来影响不明的灾难（礁石总共只占了全球海洋面积的1‰—2‰，面积相当于法国，却容纳着所有已知海洋生物中25%的物种）。但在有人类记载它们之前，世界上就发生过多次珊瑚礁化石的间隔产生。在一个自然商品化与一切货币化的时代，由珊瑚礁提供的"生态系统服务"（商业渔业与传统自给捕鱼、海岸保护、旅游业）价值300亿美元，并使全球5亿人受益，越来越多人用这个理由为保护珊瑚礁辩护，这样做是正确的——不仅是珊瑚礁，人类生命以及整个人类社会都已危如累卵。

但是，事情并非如此简单——人类灵魂中有一些更深沉、更根本的东西。根据2001年《经济学家》的引用，对大卫·爱登堡爵士来说，"（保护自然）压倒性的原因是人类的想象力健康"，越来越多人意识到这是一种内在的生态系统服务。[11] 对传记作者及社会史学家理查德·霍姆斯来说，"你可以说，如果要拯救我们的世界，我们必须明白它是科学与想象上的双重拯救"[12]。

珊瑚：美丽的怪物 ————

图228 / 　埃德蒙·杜拉克，《我将把我的书沉入比坠落之声更深之处》，为莎士比亚喜剧《暴风雨》所画的插图（1908），水彩画。

不同的珊瑚及其创造的壮丽景观从艺术、贸易、文学、医药、音乐、神话、哲学、宗教与科学上参与人类文化已超千年，可追溯至史前时代，在这一点上它们胜过雨林、苔原、草原、沙漠、山脉甚至深渊中的任何非人类居民。在《巴黎协定》提出的"最后以及最好的机会"中，若是我们未能缩减碳排放以改善气候变暖，那便要甘心接受珊瑚礁变成一道凋谢的基线，默认珊瑚在美学、心理学和指示性上权威的衰减。这样的失败将紧随着有记录以来最漫长、最具破坏性的全球珊瑚白化事件——哪怕早前在选择性育种和珊瑚共生中的抗压辅助进化上已取得令人鼓舞的成绩[13]；在保护与可持续方面的努力获得越来越多的成功；包括加州在内的某些州与美国的一些公司无视特朗普政府的退出，决意守住它们自己在《巴黎协定》中的承诺；还有2014年至2017年全球碳排放增量上鼓舞人心的停顿——哪怕如此，这失败也将允许人们在这场避免全球环境灾难的战斗中接受更大规模的战败，也许还将使这扇勉强为我们的文明提供一线生机的窗口最终关闭。（图228）

# 参考文献

---

序　珊瑚深藏之所

1　Gustave Flaubert, *La Tentation de Saint Antoine* [1849– 74], Project Gutenberg ebook #10982, www.gutenberg.org, 8 February 2004. All unattributed translations are by the author.

2　Barbara Maria Stafford, 'Picturing Ambiguity', in *Good Looking: Essays on the Virtue of Images* (Cambridge, M A, and London, 1996), p. 147.

3　R. W. Buddemeier, 'Making Light Work of Adaptation', *Nature*, cccxxxvii (1997), pp. 229–30.

4　Marjorie L. Reaka-Kudla, 'Global Biodiversity of Coral Reefs: A Comparison with Rainforests', in *Biodiversity II: Understanding and Protecting Our Biological Resources*, ed. Marjorie L. Reaka-Kudla, Don E. Wilson and Edward O. Wilson (Washington, DC, 1997), pp. 83–108.

第一章　珊瑚的定义

1　François Poplin, 'Le Corail: entre animal, végétal, minéral et au cœur de la matière', in *Corallo di ieri, corallo di oggi*, ed. Marie-Laure Gamerre et al. (Bari, 2000), pp. 265–75.

2　M. Daly et al., 'The Phylum Cnidaria: A Review of Phylogenetic Patterns and Diversity 300 Years after Linnaeus', *Zootaxa*, 1668 (2007), pp. 127–82.

3　Heyo Van Ifen et al., 'Origin and Early Diversification of the Phylum Cnidaria Verrill: Major Developments in the Analysis of the Taxon's Proterozoic–Cambrian History', *Palaeontology*, LVII/4 (2014), pp. 677–90.

4　J. Malcolm Shick, *A Functional Biology of Sea Anemones* (London, 1991), p. 3.

5　Jian Han, Xingliang Zhang and Tsuyoshi Komiya, 'Integrated Evolution of Cnidarians and Oceanic Geochemistry before and during the Cambrian Explosion', in *The Cnidaria, Past, Present and Future: The World of Medusa and Her Sisters*, ed. Stefano Goffredo and Zvy Dubinsky (Cham, 2016), pp. 15–29.

6 E. Brendan Roark et al., 'Extreme Longevity in Proteinaceous Deep-sea Corals', *Proceedings of the National Academy of Sciences USA*, cvi/13 (2009), pp. 5204–8.

7 George D. Stanley Jr and Daphne G. Fautin, 'The Origins of Modern Corals', *Science*, ccxci/5510 (2001), pp. 1913–14.

8 Mrs [Anna] Thynne, 'On the Increase of Madrepores', *Annals and Magazine of Natural History*, 3rd ser., 3 (1859), pp. 449–61 (p. 457).

9 Paulina Kaniewska et al., 'Signaling Cascades and the Importance of Moonlight in Coral Broadcast Mass Spawning', *eLife*, 4:e09991 (2015), DOI 10.7554/eLife.09991.

10 Robert Louis Stevenson's *Memoir* of Jenkin, quoted by Rosalind Williams in *The Triumph of Empire: Verne, Morris, and Stevenson at the End of the World* (Chicago, IL, 2013), p. 254.

11 J[oseph] Beete Jukes, *Narrative of the Surveying Voyage of HMS Fly, . . . in the Torres Strait, New Guinea, and Other Islands of the Eastern Archipelago, in the Years 1842–1846* (London, 1847), vol. i, p. 316.

12 Steve Jones, 'The Hydra's Head', in *Coral: A Pessimist in Paradise* (London, 2007), pp. 67–78.

13 Baruch Rinkevich and Yossi Loya, 'Senescence and Dying Signals in a Reef Building Coral', *Experientia*, XLII/3 (1986), pp. 320–22.

14 James Dwight Dana, *Corals and Coral Islands* (New York, 1872), p. 94.

15 Rinkevich and Loya, 'Senescence and Dying'.

16 Sandra Zielke and Andrea Bodnar, 'Telomeres and Telomerase Activity in Scleractinian Corals and *Symbiodinium* spp.', *Biological Bulletin*, CCXVIII/2 (2010), pp. 113–21; Hirotoshi Nakamichi et al., 'Somatic Tissues of the Coral *Galaxea fascicularis* Possess Telomerase Activity', *Galaxea, Journal of Coral Reef Studies*, XIV/1 (2012), pp. 53–9; Hiroki Tsuta et al., 'Telomere Shortening in the Colonial Coral *Acropora digitifera* during Development', *Zoological Science*, XXXI/3 (2014), pp. 129–34.

17 Dennis K. Hubbard, 'Reef Drilling', in *Encyclopedia of Modern Coral Reefs*, ed. David Hopley (Dordrecht, 2011), p. 863.

18 Anonymous, 'Coral Rings', in *Blackwood's Edinburgh Magazine*, LXXIV/455 (1853), pp. 360–71.

19 John W. Wells, 'Coral Growth and Geochronometry', *Nature*, 197 (1963), pp. 948–50; Colin T. Scrutton, 'Periodicity in Devonian Coral Growth', *Palaeontology*, 7 (1964), pp. 552–8, and plates 86 and 87.

20 Jules Rengade [Aristide Roger], *Voyage sous les flots*, 2nd edn (Paris, 1869), p. 161.

21 Walter M. Goldberg, *The Biology of Reefs and Reef Organisms* (Chicago, IL, and London,

2013), pp. 337–8.

22  J. Lang, 'Interspecific Aggression by Scleractinian Corals. 2. Why the Race is Not Only to the Swift', *Bulletin of Marine Science*, XXIII/2 (1973), pp. 260–79.

23  Georgyj M. Vinogradov, 'Growth Rate of the Colony of a Deep-water Gorgonarian *Chrysogorgia agassizi*: In Situ Observations', *Ophelia*, LIII/2 (2000), pp. 101–3.

24  S. Schmidt-Roach et al., 'Assessing Hidden Species Diversity in the Coral *Pocillopora damicornis* from Eastern Australia', *Coral Reefs*, XXXII/1 (2013), pp. 161–72.

25  M. Stat et al., 'Molecular Delineation of Species in the Coral Holobiont', *Advances in Marine Biology*, LXIII (2012), pp. 1–65.

26  George D. Stanley Jr, 'Photosymbiosis and the Evolution of Modern Coral Reefs', *Science*, CCCXII/5775 (2006), pp. 857–8.

27  Andrew C. Baker, 'Zooxanthellae', in *Encyclopedia of Modern Coral Reefs*, ed. David Hopley (Dordrecht, 2011), pp. 1189–92.

28  Forest Rohwer with Merry Youle, *Coral Reefs in the Microbial Seas* (Basalt, CO, 2010); Stat, et al., 'Molecular Delineation'; Tracy D. Ainsworth and Ruth D. Gates, 'Corals' Microbial Sentinels', *Science*, CCCLII/6293 (2016), pp. 1518–19; Margaret McFall-Ngai et al., 'Animals in a Bacterial World, a New Imperative for the Life Sciences', *Proceedings of the National Academy of Sciences of the U.S.A.*, 110 (2013), pp. 3229–36..

29  Kimberley A. Lema, Bette L. Willis and David G. Bourne, 'Corals Form Characteristic Associations with Symbiotic Nitrogen-fixing Bacteria', *Applied and Environmental Microbiology*, LXXVIII/9 (2012), pp. 3136–44.

30  Jeroen A.J.M. van de Water et al., 'Spirochaetes Dominate the Microbial Community Associated with the Red Coral *Corallium rubrum* on a Broad Geographic Scale', *Scientific Reports*, 6 (2016), DOI 10.1038/srep27277.

第二章　珊瑚的本质

1  Eleni Voultsiadou and Dimitris Vafidis, 'Marine Invertebrate Diversity in Aristotle's Zoology', *Contributions to Zoology*, LXXVI/2 (2007), pp. 103–20.

2  G.E.R. Lloyd, 'Fuzzy Natures?', in *Aristotelian Explorations* (Cambridge, 1996), pp. 67–82.

3  Caroline Magdelaine, 'Le Corail dans la littérature médicale de l'Antiquité gréco-romaine au Moyen-Âge', in *Corallo di ieri, corallo di oggi*, ed. Marie-Laure Gamerre et al. (Bari, 2000), pp. 239–53.

4  Jean Théoridès, 'Consideration on the Medical Use of Marine Invertebrates', in *Oceanography:*

*The Past*, ed. M. Sears and D. Merriman (New York, 1980), pp. 737–8.

5 Leo Wiener, *Contributions toward a History of Arabico- Gothic Culture*, vol. iv: *Physiologus Studies* (Philadelphia, PA, 1921), p. 178.

6 Gaius Plinius Secundus, *Historia naturalis*, Book xxxii, trans. John Bostock and H. T. Riley (London, 1855).

7 'Coral', in *Encyclopedia Iranica*, www.iranicaonline.org, 28 October 2011.

8 Roderich Ptak, 'Notes on the Word *Shanhu* and Chinese Coral Imports from Maritime Asia *c.* 1250–1600', *Archipel*, xxxix/1 (1990), pp. 65–80 (p. 65).

9 Kenji Nakamori, 'Coral in Chinese Classics', in *A Biohistory of Precious Corals*, ed. Nozomu Iwasaki (Kanagawa, 2010), pp. 271–80.

10 Ibid., p. 272.

11 The quotations are from Boccone's 1671 *Recherches et observations curieuses sur la nature du corail blanc et rouge vray de Dioscoride*, given on page xi in H[enri] Milne Edwards, 'Introduction Historique', in *Histoire naturelle des coralliaires ou polypes proprement dits*, Tome Premier (Paris, 1857), pp. v–xxxiv.

12 H.M.E. de Jong, *Michael Maier's 'Atalanta fugiens': Sources of an Alchemical Book of Emblems* [1969] (Lake Worth, FL, 2014), p. 227.

13 Luigi Ferdinando Marsigli, Appendix ii, 'Marsigli's Report to the Société Royale de Montpellier, 1706', in *Natural History of the Sea* [1725], trans. Anita McConnell, ed. Giorgio Dragoni (Bologna, 1999), pp. 19–21.

14 'The Voyage of Francois Pyrard de Laval, to the East Indies (an English-man being Pilot) and Especially His Observations of the Maldives, Where Being Ship-wracked Hee Lived Five Yeares. Translated out of French, and Abbreviated', in Samuel Purchas, *Hakluytus Posthumus, or Purchas His Pilgrimes* [1625] (Glasgow, 1905), vol. ix, Chapter 14, p. 509.

15 [Joseph Pitton le] Tournefort, 'Observations sur les plantes qui naissent dans le fond de la mer', Académie Royale des Sciences (1700), p. 34.

16 E. M. Beekman, trans. and ed., *The Ambonese Curiosity Cabinet: Georgius Everhardus Rumphius* (New Haven, CT, 1999), p. lxxx.

17 John Ellis, *The Natural History of Many Curious and Uncommon Zoophytes* (London, 1786), p. 146.

18 J[oseph] Beete Jukes, *Narrative of the Surveying Voyage of HMS 'Fly'* (London, 1847), vol. i, p. 119.

19 Edward Wotton, *De differentiis animalium libri decem* (Paris, 1552), p. 217.

20 [Georges-Louis Leclerc, Comte de] Buffon, Second discours. Histoire & théorie de la terre, article VIII, sur les coquilles & les autres productions de la mer, qu'on trouve dans l'interieur de la terre', in *Histoire naturelle, generale et particuliere, avec la description du Cabinet du Roy* (Paris, 1749), Book 1, pp. 289–90.

21 Ibid., p. 290.

22 James Edward Smith, 'Letter from Linnaeus to Ellis, 16 September 1761', in *A Selection of the Correspondence of Linnaeus, and Other Naturalists, from the Original Manuscripts* (London, 1821), vol. i, pp. 151–2.

23 Samuel Taylor Coleridge, *Hints towards the Formation of a More Comprehensive Theory of Life*, ed. Seth B. Watson (London, 1848), p. 72.

24 Kathleen Coburn, *The Notebooks of Samuel Taylor Coleridge*, vol. i, Part 1: *1794–1804* (London, 1957), entry 841.

25 L'Abbé Dicquemare, 'Dissertation sur les limites des règnes de la nature', in *Observations sur la physique, sur l'histoire naturelle et sur les arts, avec des planches en taille- douce, dédiés à Mgr le comte d'Artois, ed. l'abbé Rozier* (Paris, 1776), vol. VIII, p. 376.

26 Gerardo Stecca, *Specious Morphology*, M.Sc. Thesis in Painting, The Savannah College of Art and Design (Savannah, GA, 2015), pp. 5–6, 31–3.

27 Daniel J. Boorstin, *The Discoverers* (New York, 1985), p. 444.

28 Karl A. Taube, 'Lidded Bowl with the Maize God in the Aquatic Underworld', in *Fiery Pool: The Maya and the Mythic Sea*, ed. Daniel Finamore and Stephen D. Houston, exh. cat. Peabody Essex Museum, Salem MA (Salem, MA, and New Haven, CT, 2010), p. 272.

29 James Edward Smith, 'Letter from Ellis to Linnaeus, 19 August 1768', in *A Selection of the Correspondence of Linnaeus, and Other Naturalists, from the Original Manuscripts* (London, 1821), vol. i, p. 230.

30 James Edward Smith, *Selection of the Correspondence of Linnaeus*, vol. i, p. 231.

31 James Bowen and Margarita Bowen, *The Great Barrier Reef: History, Science, Heritage* (Cambridge, 2002), p. 48.

32 Matthew Flinders, *A Voyage to Terra Australis; Undertaken for the Purpose of Completing the Discovery of that Vast Country, and Prosecuted in the Years 1801, 1802, and 1803, in His Majesty's Ship the 'Investigator'* (London, 1814), vol. II, p. 115.

33 Arthur Mangin, *The Mysteries of the Ocean*, trans. William Henry Davenport Adams (London, 1868), p. 182.

34 J.R.C. Quoy and J. P. Gaimard, 'Mémoire sur l'accroissement des polypes lithophytes considéré

géologiquement', *Annales des sciences naturelles*, VI (1825), pp. 273–90.

35  D. R. Stoddart, 'Darwin, Lyell, and the Geological Significance of Coral Reefs', *British Journal for the History of Science*, IX/2 (1976), pp. 199–218, and David Dobbs, *Reef Madness: Charles Darwin, Alexander Agassiz, and the Meaning of Coral* (New York, 2005), give succinct accounts of this 'elevated-volcano' hypothesis.

36  Dobbs, *Reef Madness*, p. 152.

37  Jules Michelet, *The Sea* (New York, 1864), p. 125.

38  Ibid., p. 156.

39  T. H. Huxley, *A Manual of the Anatomy of Invertebrated Animals* (New York, 1878), p. 45.

40  Patrick Geddes, 'Further Researches on Animals Containing Chlorophyll', *Nature*, xxv (1882), pp. 303–5.

41  Frank Crisp, ed., *Journal of the Royal Microscopical Society; Containing its Transactions and Proceedings, and a Summary of Current Researches Relating to Zoology and Botany (principally Invertebrata and Cryptogamia), Microscopy, etc.* (1888), pp. 60–61.

42  W[illiam] Saville-Kent, *The Great Barrier Reef of Australia: Its Products and Potentialities* (London, 1893), pp. 157–8.

43  J. Stanley Gardiner, 'The Coral Reefs of Funafuti, Rotuma and Fiji Together with Some Notes on the Structure and Formation of Coral Reefs in General', *Proceedings of the Cambridge Philosophical Society*, IX (1898), pp. 417–503 (p. 484).

44  J. Stanley Gardiner, 'On the Rate of Growth of Some Corals from Fiji', *Proceedings of the Cambridge Philosophical Society*, XI (1901), pp. 214–19 (p. 215).

45  J. Stanley Gardiner, editorial footnote in C. A. MacMunn, 'On the Pigments of Certain Corals, with a Note on the Pigment of an Asteroid', in *The Fauna and Geography of the Maldive and Laccadive Archipelagoes*, ed. J. Stanley Gardiner (Cambridge, 1903), vol. i, part 2, p. 184 n. 1.

46  Bowen and Bowen, *The Great Barrier Reef*, chap. 15, and Barbara E. Brown, 'The Legacy of Professor J. Stanley Gardiner FRS to Reef Science', *Notes and Records of the Royal Society*, LXI/2 (2007), pp. 207–17.

47  C[harles] M[aurice] Yonge, *A Year on the Great Barrier Reef* (London, 1930), p. 111.

48  Gardiner, *The Fauna and Geography of the Maldive and Laccadive Archipelagoes*, vol. i, p. 422.

49  L. Muscatine and E. Cernichiari, 'Assimilation of Photosynthetic Products of Zooxanthellae by a Reef Coral', *Biological Bulletin*, CXXXVII/3 (1969), pp. 506–23.

50  Thomas F. Goreau and Nora I. Goreau, 'The Physiology of Skeleton Formation in Corals. ii.

Calcium Deposition by Hermatypic Corals under Various Conditions in the Reef ', *Biological Bulletin*, cxvii/2 (October 1959), pp. 239–50, and Vicki Buchsbaum Pearse and Leonard Muscatine, 'Role of Symbiotic Algae (Zooxanthellae) in Coral Calcification', *Biological Bulletin*, cxli/2 (October 1971), pp. 350–63.

51  Denis Allemand et al., 'Coral Calcification, Cells to Reefs', in *Coral Reefs: An Ecosystem in Transition*, ed. Zvy Dubinsky and Noga Stambler (Dordrecht, Heidelberg, London and New York, 2011), pp. 119–50.

52  J. Malcolm Shick, 'Why Don't Corals Get Sunburned?', www.institut-ocean.org/images/articles/documents/1434363042.pdf, June 2015.

53  A. Starcevic et al., 'Gene Expression in the Scleractinian *Acropora microphthalma* Exposed to High Solar Irradiance Reveals Elements of Photoprotection and Coral Bleaching', *PLOS ONE*, v/11 (2010), e13975.

54  J. M. Shick and W. C. Dunlap, 'Mycosporine-like Amino Acids and Related Gadusols: Biosynthesis, Accumulation, and UV-protective Functions in Aquatic Organisms', *Annual Review of Physiology*, LXIV (2002), pp. 233–62.

55  J. M. Shick and J. A. Dykens, 'Oxygen Detoxification in Alga–Invertebrate Symbioses from the Great Barrier Reef ', *Oecologia*, LXVI/1 (1985), pp. 33–41; M. P. Lesser, 'Oxidative Stress in Marine Environments: Biochemistry and Physiological Ecology', *Annual Review of Physiology*, LXVIII (2006), pp. 253–78; Walter C. Dunlap, J. Malcolm Shick and Yorihito Yamamoto, 'Sunscreens, Oxidative Stress and Antioxidant Functions in Marine Organisms of the Great Barrier Reef ', *Redox Report*, iv/6 (1999), pp. 301–6.

56  Baron Eugène de Ransonnet-Villez, *Sketches of the Inhabitants, Animal Life and Vegetation in the Lowlands and High Mountains of Ceylon, as Well as of the Submarine Scenery near the Coast, Taken in a Diving Bell* (London, 1867), p. 21.

57  Vincent Pieribone and David F. Gruber, *Aglow in the Dark: The Revolutionary Science of Biofluorescence* (Cambridge, M A, 2005), p. 87.

58  Charles H. Mazel et al., 'Green-Fluorescent Proteins in Caribbean Corals', *Limnology and Oceanography*, XLVIII/1:2 (2003), pp. 402–11.

59  Ibid., pp. 409–10.

60  J. M. Shick et al., 'Ultraviolet-B Radiation Stimulates Shikimate Pathway-dependent Accumulation of Mycosporine-like Amino Acids in the Coral *Stylophora pistillata* Despite Decreases in its Population of Symbiotic Dinoflagellates', *Limnology and Oceanography*, XLIV/7 (1999) pp. 1667–82.

61  A. Salih et al., 'Fluorescent Pigments in Corals are Photoprotective', *Nature*, CDVIII (2000), pp. 850–53.

62  Fadi Bou-Abdallah, N. Dennis Chasteen and Michael P. Lesser, 'Quenching of Superoxide Radicals by Green Fluorescent Protein', *Biochimica et Biophysica Acta*, MDCCLX/11 (2006), pp. 1690–95.

63  John Barrow, *A Voyage to Cochinchina in the Years 1792 and 1793* (London, 1806), p. 168.

64  E. P. Odum, 'How to Prosper in a World of Limited Resources: Lessons from Coral Reefs and Forests in Poor Soils', in *Ecological Vignettes: Ecological Approaches to Dealing with Human Predicaments* (Amsterdam, 1998), p. 95.

第三章  珊瑚的传奇、恐惧与愁思

1  Ovid, *Metamorphoses*, trans. Charles Martin (New York, 2004), Book 4, ll. 1019–26.

2  Françoise Frontisi-Ducroux, 'Andromède et la naissance du corail', in *Mythes grecs au figuré: de l'Antiquité au Baroque*, ed. Stella Georgoudi and Jean-Pierre Vernant (Paris, 1996), pp. 135–65.

3  Lynn Thorndike, 'The Spurious Mystic Writings of Hermes, Orpheus, and Zoroaster', in *A History of Magic and Experimental Science* (New York, 1923), vol. i, p. 293.

4  The fourteenth-century Italian translation of the *Metamorphoses* was by Giovanni Bonsignore, not printed until 1497, and translated into English by Michael Cole in 'Cellini's Blood', *Art Bulletin*, LXXXI (1999), pp. 215–35 (p. 228).

5  G. Evelyn Hutchinson, 'The Enchanted Voyage: A Study of the Effects of the Ocean on Some Aspects of Human Culture', *Journal of Marine Research*, XIV (1955), pp. 276–83.

6  Akemi Iwasaki, 'The Language of Coral – the Vocabulary and Process of its Transformation from Marine Animal into Jewellery and Craftwork', in *A Biohistory of Precious Corals: Scientific, Cultural and Historical Perspectives*, ed. Nozomu Iwasaki (Kanagawa, 2010), p. 127.

7  Celeste Olalquiaga, *The Artificial Kingdom: A Treasury of the Kitsch Experience* (New York, 1998), caption to 'Treasures of the Sea', or 'Allegory of the Discovery of America', following p. 244.

8  'Gemology: The Mystery Hidden in Stones', http:// solutionastrology.com/gemologydetails. asp?gemologyid=211, accessed 20 January 2014.

9  Massimo Vidale et al., 'Symbols at War: The Impact of *Corallium rubrum* in the Indo-Pakistani Subcontinent', in *Ethnobiology of Corals and Coral Reefs*, ed. Nemer E. Narchi and Lisa L. Price (Cham, Heidelberg, New York, Dordrecht and London, 2015), pp. 59–72 (p. 65).

10  'Hindu Astrology', http://en.wikipedia.org, accessed 20 January 2014.

11  Nitin Kumar, 'Color Symbolism in Buddhist Art', www.wou.edu, accessed 20 January 2014.

12  'Ryūjin', http://en.wikipedia.org, accessed 20 January 2014.

13  Nahoko Kahara, 'Momotaro and Precious Coral', in *A Biohistory of Precious Corals: Scientific, Cultural and Historical Perspectives*, ed. Nozomu Iwasaki (Kanagawa, 2010), pp. 251–70.

14  E.C.L. During Caspers, 'In the Footsteps of Gilgamesh: In Search of the "Prickly Rose"', *Persica*, XII (1987), pp. 57–95.

15  Ian S. McIntosh, 'Aboriginal Management of the Sea', in *Aboriginal Reconciliation and the Dreaming: Warramiri Yolngu and the Quest for Equality* (Boston, MA, 2000), p. 102.

16  R. Aldington and D. Ames, trans., 'Oceania Mythology. The Great Myths of Oceania', in *New Larousse Encyclopedia of Mythology* [1959] (New York, 1968), available at www.scribd.com.

17  Martha Beckwith, 'The Kane Worship', in *Hawaiian Mythology* (1940), pp. 42–59, at www.sacred-texts.com.

18  Toni Makani Gregg et al., 'Puka Mai He Koʻa: The Significance of Corals in Hawaiian Culture', in *Ethnobiology of Corals and Coral Reefs*, ed. Nemer E. Narchi and Lisa L. Price (Cham, Heidelberg, New York, Dordrecht and London, 2015), pp. 103–15.

19  'Opuhala', https://glitternight.com/2011/03/02/eleven- more-deities-from-hawaiian-mythology-2/, accessed 7 November 2017.

20  Jonathan Maberry and David F. Kramer, *They Bite* (New York, 2009), p. 231.

21  Martha W. Beckwith, trans. and commentary, *The Kumulipo: A Hawaiian Creation Chant* [1951], at www.sacred-texts.com.

22  Queen Lilioukalani, trans., *The Kumulipo* [1897], at www.sacred-texts.com.

23  Kenneth P. Oakley, 'Fossils Collected by the Earlier Palaeolithic Men', in *Mélanges de préhistoire, d'archéocivilisation et d'ethnologie offerts à André Varagnac* (Paris, 1971), pp. 581–4.

24  Kenneth P. Oakley, 'Emergence of Higher Thought 3.0–0.2 Ma bp', *Philosophical Transactions of the Royal Society of London, B*, CCXCII (1981), pp. 205–11.

25  Randall White, 'Technological and Social Dimensions of "Aurignacian-age" Body Ornaments across Europe', in *Before Lascaux; The Complex Record of the Early Upper Paleolithic*, ed. Heidi Knecht, Anne Pike-Tay and Randall White (Boca Raton, FL, 1993), pp. 286–7.

26  Kenneth P. Oakley, 'Fossil Coral Artifact from Niah Cave', *Asian Perspectives*, XX/1 (1977), pp. 69–74.

27  Alexander von Schouppé, 'Episodes of Coral Research up to the 18th Century', *Courier Forschungsinstitut Senckenberg*, CLXIV (1993), pp. 1–16.

28  S. A. Callisen, 'The Evil Eye in Italian Art', *Art Bulletin*, XIX (1937), pp. 450–62.

29  Samuel Purchas, 'The Voyage of Francois Pyrard de Laval, to the East Indies (an English-man Being Pilot) and Especially His Observations of the Maldives, Where Being Ship-wracked Hee Lived Five Yeares. Translated out of French, and Abbreviated', in *Haklutyus Posthumus, or Purchas His Pilgrimes* [1625] (Glasgow, 1905) vol. IX, pp. 508–9.

30  Patrick O'Brian, *Joseph Banks* (Boston, M A, 1993), p. 131.

31  Jean-René-Constant Quoy, 'On the Loss of the Lapérouse Expedition', in *An Account in Two Volumes of Two Voyages to the South Seas by Captain (later Rear Admiral) Jules S-C Dumont d'Urville*, vol. i: *Astrolabe, 1826–29*, trans. and ed. Helen Rosenman (Melbourne, 1987), p. 241.

32  Jules Verne, *Twenty Thousand Leagues under the Sea, the Definitive, Unabridged Edition Based on the Original French Texts*, trans. and annotated by Walter James Miller and Frederick Paul Walter (Annapolis, M D, 2003), pp. 141–2.

33  J.E.N. Veron, 'The Big Picture', *A Reef in Time: The Great Barrier Reef from Beginning to End* (Cambridge, M A, 2008), pp. 2–3.

34  James D. Dana, *Corals and Coral Islands* (New York, 1872), p. 19.

35  Captain Jules S.-C. Dumont d'Urville, 'Astrolabe at Vanikoro', in *An Account in Two Volumes of Two Voyages to the South Seas*, vol. I: *Astrolabe, 1826–1829*, trans. and ed. Helen Rosenman (Melbourne, 1987), pp. 210–40.

36  J[oseph] Beete Jukes, *Narrative of the Surveying Voyage of hms Fly, . . . in the Torres Strait, New Guinea, and Other Islands of the Eastern Archipelago, in the Years 1842–1846* (London, 1847), vol. i, pp. 121–4.

37  Adam Gopnik, 'Darwin's Eye', in *Angels and Ages: A Short Book about Darwin, Lincoln, and Modern Life* (New York, 2009), p. 77.

38  T. A. Stephenson, 'Coral Reefs', *Endeavour*, V/19 (1946), pp. 96–106 (p. 105).

39  Richard Holmes, 'Shelley Undrowned', in *This Long Pursuit: Reflections of a Romantic Biographer* (New York, 2017), p. 247.

40  Jules Rengade [Aristide Roger], *Voyage sous les flots*, 2nd edn (Paris, 1869), p. 162.

41  Verne, *Twenty Thousand Leagues under the Sea*, p. 179.

42  Cory Doctorow, 'I, Row-Boat' (2006), at http://flurb. net/1/doctorow.htm.

43  Georges Cuvier, 'Litophytes', in *Discours sur les révolutions de la surface du globe, et sur les changements qu'elles ont produits dans le règne animal*, 3rd edn (1825), available at www. victorianweb.org, accessed 21 October 2014.

44  Hans Christian Andersen, 'The Little Mermaid', http://hca.gilead.org.il/li_merma.html, accessed 7 November 2017.

45  Shannon Kelley, 'The King's Coral Body: A Natural History of Coral and the Post-Tragic Ecology of *The Tempest*', *Journal for Early Modern Cultural Studies*, xiv/1 (2014), pp. 115–42.

46  Jonathan Bate, *Shakespeare and Ovid* (Oxford, 2001).

47  Callum Roberts, *The Ocean of Life* (New York, 2012), chap. 3, 'Life on the Move', p. 86.

48  Jean-Georges Harmelin, Station Marine d'Endoume, Marseille, personal communication, email, 8 February 2012.

49  J.G.P. Delaney, *Glyn Philpot: His Life and Art* (Brookfield, vt, 1999), p. 105.

50  C. B. Klunzinger, *Upper Egypt: Its People and Products* (New York, 1878), p. 369.

51  J. Malcolm Shick, 'Otherworldly', in *Underwater*, exh. cat., Towner Art Gallery, Eastbourne, East Sussex (2010), pp. 33–9 (p. 38).

52  Quoted in Iain McCalman, *Reef: A Passionate History* (New York, 2013), p. 199.

53  Lester D. Stephens and Dale R. Calder, 'A Zeal for Zoology', in *Seafaring Scientist: Alfred Goldsborough Mayor, Pioneer in Marine Biology* (Columbia, sc, 2006), p. 16.


第四章  珊瑚的魔法

1  Matthew Flinders, *A Voyage to Terra Australis; Undertaken for the Purpose of Completing the Discovery of that Vast Country, and Prosecuted in the Years 1801, 1802, and 1803, in His Majesty's Ship the 'Investigator'* (London, 1814), vol. ii, pp. 87–8.

2  John Barrow, *A Voyage to Cochinchina in the Years 1792 and 1793* (London, 1806), p. 166.

3  Erasmus Darwin, 'The Economy of Vegetation', in *The Botanic Garden, a Poem, in Two Parts; Containing the Economy of Vegetation and the Loves of the Plants, with Philosophical Notes* [1791] (London, 1825), p. 44, Canto III, l. 90.

4  J. Malcolm Shick, 'Toward an Aesthetic Marine Biology', *Art Journal*, lxvii/4 (2008), pp. 62–86 (p. 72).

5  Philip Henry Gosse, *Actinologia Britannica: A History of the British Sea-anemones and Corals* (London, 1860), pp. 15–16.

6  Ursula Harter, 'Les Jardins Océaniques', in Odilon Redon, *Le Ciel, la terre, la mer*, ed. Laurence Madeleine, exh. cat., Musée Léon-Dierx, Saint-Denis, Réunion (Paris, 2007), p. 141.

7  J[oseph] Beete Jukes, *Narrative of the Surveying Voyage of hms Fly, . . . in the Torrest Straits, New Guinea, and Other Islands of the Eastern Archipelago, in the Years 1842–1846* (London, 1847), vol. i, p. 117.

8   Ibid., pp. 117–18.

9   [Christian Gottfried] Ehrenberg, 'Über die Natur und Bildung der Corallenbänke des rothen Meeres', *Abhandlungen der Königlichen Akademie der Wissenschaften in Berlin* (1832), pp. 381–438 (p. 383).

10  André Breton, *Mad Love*, trans. Mary Ann Caws (Lincoln, NE, 1987), p. 11 (*L'Amour fou*, Paris, 1937, p. 14).

11  Ann Elias, 'Sea of Dreams: André Breton and the Great Barrier Reef', *Papers of Surrealism*, 10 (Summer 2013), pp. 1–15, at www.surrealismcentre.ac.uk.

12  Breton, *Mad Love*, pp. 11–12 (*L'Amour fou*, pp. 14–15).

13  Kenji Nakamori, 'Coral in Chinese Classics', in *A Biohistory of Precious Corals*, ed. Nozomu Iwasaki (Kanagawa, 2010), p. 272.

14  Charles Darwin, *Charles Darwin's Beagle Diary*, ed. Richard Darwin Keynes (Cambridge, 1988), journal p. 714; see also Richard Milner, 'Seeing Corals with Darwin's "Eye of Reason": Discovering an Image of a Tropical Atoll in the English Countryside', in *Ethnobiology of Corals and Coral Reefs*, ed. Nemer E. Narchi and Lisa L. Price (Cham, Heidelberg, New York, and London, 2015), chap. 2, pp. 15–25.

15  [Louis] Aragon, *Henri Matisse, roman* [1971] (Paris, 1998), vol. i, assembled from fragments on pp. 21–3.

16  R. B. Williams and P. G. Moore, 'An Annotated Catalogue of the Marine Biological Paintings of Thomas Alan Stephenson (1898–1961)', *Archives of Natural History*, XXXVIII (2011), pp. 242–66.

17  P[hilip] H[enry] Gosse, 'Multum e Parvo', in *The Romance of Natural History* [1862] (New York, 1902), p. 94.

18  Baron Eugène de Ransonnet, *Sketches of the Inhabitants, Animal Life and Vegetation in the Lowlands and High Mountains of Ceylon, as Well as of the Submarine Scenery near the Coast, Taken in a Diving Bell* (Vienna and London, 1867), pp. 21–2.

19  Stefanie Jovanovic-Kruspel, Valérie Pisani and Andreas Hantschk, 'Under Water – between Science and Art – the Rediscovery of the First Authentic Underwater Sketches by Eugen von Ransonnet-Villez (1838–1926)', *Annalen des Naturhistorischen Museums in Wien*, series A, 119 (2017), pp. 131–53.

20  Pritchard is quotes in J. Malcolm Shick, 'Otherworldly', in *Underwater*, exh. cat., Towner Art Gallery, Eastbourne, East Sussex (2010), pp. 33–9, and Margaret Cohen, 'Underwater Optics as Symbolic Form', *French Politics, Culture and Society*, XXXII/3 (2014), pp. 1–23, DOI 10.3167/

珊瑚：美丽的怪物 ————

fpcs.2014.320301.

21  Zarh H. Pritchard, *Appreciations of the Work of Zarh H. Pritchard*, typed transcription of written comments by visitors to his exhibitions. Unpaginated and undated; received by the Musée Océanographique de Monaco in 1921.

22  Rosamond Wolff Purcell and Stephen Jay Gould, 'Dutch Treat: Peter the Great and Frederik Ruysch', in *Finders, Keepers: Eight Collectors* (New York and London, 1992), pp. 13–32.

23  Marie-Claude Beaud and Robert Calcagno, 'Curious!', in *Oceanomania: Souvenirs of Mysterious Seas from the Expedition to the Aquarium*, exh. cat., Nouveau Musée National de Monaco and M ACK, London (2011), p. 19.

24  [Joseph Pitton de] Tournefort, 'Observations sur les plantes qui naissent dans le fond de la mer', *Mémoires de l'Académie Royale des Sciences* (13 February 1700), p. 36.

25  Gordon Williams, 'Coral Penis', in *A Dictionary of Sexual Language and Imagery in Shakespearean and Stuart Literature*, vol. i: *A–F*, (London, 1994), pp. 306–7.

26  Ibid., p. 307.

27  Nakamori, 'Coral in Chinese Classics', p. 271.

28  Jules Michelet, 'Blood-Flower', in *The Sea* (La Mer) (New York, 1864 [1861]), pp. 147–8.

29  Émile Zola, *The Kill* [1871–2], trans. Arthur Goldhammer (New York, 2005), p. 241.

30  Lori Baker, *The Glass Ocean* (New York, 2013), p. 64.

31  Côme Fabre, 'Le Romantisme noir à l'heure symboliste: la perversité de Dame Nature', in *L'Ange du bizarre: le romanticisme noir de Goya à Max Ernst*, ed. Côme Fabre and Felix Krämer, exh. cat., Städel Museum, Frankfurt, and Musée d'Orsay, Paris (2013), pp. 147–53.

32  Aragon, *Henri Matisse, roman*, vol. i, pp. 23–4.

33  Horace Keats, 'The Coral Reef', in *Drake's Call: A Collection of Songs of the Sea for Low Voices/Music by Horace Keats*, ed. Wendy Dixon, David Miller and Brennan Keats (Culburra Beach, Australia, 2001), pp. 3–14.

34  Toru Takemitsu, *Coral Island (An Atoll)* [1962], quotes from the back cover of the RCA Victor album VICS-1334 (1968).

35  See https://stuart-mitchell.com.

第五章　商业中的珊瑚

1  Masayuke Nishie, 'Precious Coral from a Cultural Perspective', in *A Biohistory of Precious Corals: Scientific, Cultural and Historical Perspectives*, ed. Nozomu Iwasaki (Kanagawa, 2010), p. 102.

2　Maria A. Borrello et al., 'Les Parures néolithiques de corail (*Corallium rubrum* L.) en Europa occidentale', *Rivista di Scienze Preistoriche*, LXII (2012), pp. 67–82 (pp. 69–70).

3　Maria Angelica Borrello, 'Vous avez dit "corail"?', *Annuaire de la Société Suisse de Préhistoire et d'Archéologie*, LXXXIV (2001), pp. 191–6.

4　James Mellaart, 'Excavations at Çatal Hüyük, 1962: Second Preliminary Report', *Anatolian Studies*, XIII (1963), pp. 43–103.

5　Borrello et al., 'Les Parures néolithiques de corail'.

6　Sara Champion, 'Coral in Europe: Commerce and Celtic Ornament', in *Celtic Art in Ancient Europe: Five Protohistoric Centuries* (London and New York, 1976), pp. 29–37.

7　Malcolm H. Wiener, 'The Nature and Control of Minoan Foreign Trade', *Studies in Mediterranean Archaeology*, vol. XC, 'Bronze Age Trade in the Mediterranean', ed. N. H. Gale (1991), pp. 325–50.

8　Michel Glémarec, *Mathurin Méheut, décorateur marin* (Brest, 2013), p. 79.

9　Dimitri Meeks, 'Le Corail dans l'Égypte ancienne', in *Corallo di ieri, corallo di oggi*, ed. Jean-Paul Morel, Celia Rondi-Costanzo and Daniela Ugolini (Bari, 2000), pp. 99–117.

10　Franck Perrin, 'L'Origine de la mode du corail méditerranéen (*Corallium rubrum* L.) chez les peuples celtes: essai d'interprétation', in *Corallo di ieri, corallo di oggi*, ed. Jean-Paul Morel, Celia Rondi-Costanzo and Daniela Ugolini (Bari, 2000), pp. 193–203; Massimo Vidale et al., 'Symbols at War: The Impact of *Corallium rubrum* in the Indo-Pakistani Subcontinent', in *Ethnobiology of Corals and Coral Reefs*, ed. Nemer E. Narchi and Lisa L. Price (Cham, Heidelberg, New York, Dordrecht and London, 2015), p. 64.

11　Meeks, 'Le Corail dans l'Égypte ancienne'.

12　Tomoya Akimichi, 'Coral Trading and Tibetan Culture', in *A Biohistory of Precious Corals: Scientific, Cultural and Historical Perspectives*, ed. Nozomu Iwasaki (Kanagawa, 2010), pp. 149–62 (p. 154).

13　Pippa Lacey, 'The Coral Network: The Trade of Red Coral to the Qing Imperial Court in the Eighteenth Century', in *The Global Lives of Things: The Material Culture of Connections in the Early Modern World*, ed. Anne Gerritsen and Giorgio Riello (Abingdon, Oxon and New York, 2016), pp. 81–102 (p. 84).

14　Andrew Lawler, 'Sailing Sinbad's Seas', *Science*, CCCXLIV/6191 (2014), pp. 1440–45.

15　Xinru Liu, *The Silk Road in World History* (Oxford, 2010), p. 54.

16　Gedalia Yogev, *Diamonds and Coral: Anglo-Dutch Jews and Eighteenth-century Trade* (Leicester and New York, 1978), p. 103.

17  Akimichi, 'Coral Trading and Tibetan Culture', p. 155.

18  Vidale et al., 'Symbols at War'.

19  Roderich Ptak, 'Notes on the Word *Shanhu* and Chinese Coral Imports from Maritime Asia *c.* 1250–1600', *Archipel*, XXXIX/1 (1990), pp. 65–80 (p. 71).

20  Lacey, 'The Coral Network', p. 86.

21  Edrîsî, *Description de l'Afrique et de l'Espagne*, trans. R. Dozy and M. J. de Goeje (Leyden, 1866), p. 201.

22  François Doumenge, 'Le Corail rouge', in *Parures de la mer*, exh. cat., Musée Océanographique de Monaco (2000), p. 23.

23  Yvonne Hackenbroch, 'A Set of Knife, Fork, and Spoon with Coral Handles', *Metropolitan Museum Journal*, XV (1981), pp. 183–4.

24  Paula Gershick Ben-Amos, *Art, Innovation, and Politics in Eighteenth-century Benin* (Bloomington, IN, 1999), p. 83.

25  Sadao Kosuge, 'History of the Precious Coral Fisheries in Japan (1)', *Precious Corals and Octocoral Research*, I (1993), pp. 30–38.

26  Nishie, 'Precious Coral from a Cultural Perspective', p. 104.

27  Shinichiro Ogi, 'Coral Fishery and Kochi Prefecture in Modern Times', in *A Biohistory of Precious Corals: Scientific, Cultural and Historical Perspectives*, ed. Nozomu Iwasaki (Kanagawa, 2010), pp. 199–249 (p. 244).

28  Margaret Flower, *Victorian Jewellery* (London, 1951), p. 18.

29  James M. Cornelius, Curator, Abraham Lincoln Presidential Library and Museum, 'March 2012 Artifact of the Month: Mary Lincoln's Jewelry', www.youtube.com, accessed 22 October 2014.

30  Cristina Del Mare, 'Spanish Influence and the Introduction of Mediterranean Coral into America', in *The Coral Story: Coral, A Brief History of Mediterranean Coral*, www.traderoots.com, accessed 11 October 2014.

31  Margery Bedinger, *Indian Silver: Navajo and Pueblo Jewelers* (Albuquerque, NM, 1973), pp. 187–8.

32  Giovanni Tescione, *The Italians and their Coral Fishing*, trans. Maria Teresa Barke (Naples, 1968), p. 28.

33  Narcís Monturiol, *Ensayo sobre el arte de navegar por debajo del agua* (Valladolid, 2010 [1891]), pp. 36–7.

34  Matthew Stewart, *Monturiol's Dream: The Extraordinary Story of the Submarine Inventor who Wanted to Save the World* (New York, 2003), pp. 97–8.

35  Leonardo Fusco, *Red Gold*, trans. William Trubridge (Naples, 2011).

36  Ibid., p. 180.

37  Ibid., p. 246.

38  Kosuge, 'History of the Precious Coral Fisheries in Japan', p. 32.

39  Ogi, 'Coral Fishery and the Kuroshio Region in Modern Japan', p. 165.

40  Kosuge, 'History of the Precious Coral Fisheries in Japan', p. 33.

41  Les Watling, University of Hawaii, personal communication, email, 10 December 2014.

42  Doumenge, 'Le Corail rouge', pp. 22–3.

43  Basilio Liverino, *Red Coral: Jewel of the Sea*, trans. Jane Helen Johnson (Bologna, 1989), p. 74.

44  Doumenge, 'Le Corail rouge', pp. 23–4.

45  Olivier Lopez, 'Vivre et travailler pour la Compagnie royale d'Afrique en Barbarie au XVIIIE siècle', *Rives méditerranéennes*, 45, 'L'Histoire économique entre France et Espagne (XIXE–XXE siècles)' (2013), pp. 91–119, available at www.academia.edu/7503896, accessed 19 December 2014.

46  Caterina Ascione, 'The Art of Coral: Myth, History and Manufacture from Ancient Times to the Present', in *Il corallo rosso in Mediterraeo: arte, storia e scienzia / Red Coral in the Mediterranean Sea: Art, History and Science*, ed. F. Cicogna and R. Cattaneo-Vietti (Rome, 1993), pp. 25–36.

47  Liverino, *Red Coral*, p. 77.

48  Basilio Liverino, 'Fishing', www.liverino.it/english/ pesca.htm, accessed 8 January 2015.

49  Georgios Tsunis et al., 'The Exploitation and Conservation of Precious Corals', *Oceanography and Marine Biology: An Annual Review*, XLVIII (2010), pp. 161–212.

50  Shinichiro Ogi, 'Coral Fishery and Kochi Prefecture in Modern Times', p. 243.

51  Nishie, 'Precious Coral from a Cultural Perspective', p. 93.

52  A. W. Bruckner, 'Advances in Management of Precious Corals in the Family Corallidae: Are New Measures Adequate?', *Current Opinion in Environmental Sustainability*, VII (2014), pp. 1–8.

53  Museu Marítim de Barcelona, *La Pesca del corall a Catalunya* (Barcelona, n.d.), p. 17.

54  Tsunis et al., 'The Exploitation and Conservation of Precious Corals', pp. 161–212.

55  Shui-Kai Chang, Ya-Ching Yang and Nozomu Iwasaki, 'Whether to Employ Trade Controls or Fisheries Management to Conserve Precious Corals (Corallidae) in the Northern Pacific Ocean', *Marine Policy*, XXXIX (2013), pp. 144–53.

56  Nozomu Iwasaki et al., 'Morphometry and Population Structure of Non-harvested and Harvested Populations of the Japanese Red Coral (*Paracorallium japonicum*) of Amami Island, Southern Japan', *Marine and Freshwater Research*, LXIII/5 (2012), pp. 468–74.

57  Andrew W. Bruckner, 'Advances in Management of Precious Corals to Address Unsustainable and Destructive Harvest Techniques', in *The Cnidaria, Past, Present and Future: The World of Medusa and her Sisters*, ed. Stefano Goffredo and Zvy Dubinsky (Cham, 2016), pp. 747–86.

58  Richard W. Grigg, *The Precious Corals: Fishery Management Plan of the Western Pacific Regional Fishery Management Council*, Pacific Islands Fishery Monographs, 1 (Honolulu, HI, 2010).

59  Richard W. Grigg, 'Precious Coral Fisheries of Hawaii and the U.S. Pacific Islands', *Marine Fisheries Review*, LV/2 (1993), pp. 50–60.

60  Chang, Yang and Iwasaki, 'Whether to Employ Trade Controls or Fishereries Management', p. 150.

61  Campaign launched in 2008 by Seaweb and Tiffany & Co; see www.tiffanyandcofoundation.org.

第六章 珊瑚的构造

1   Anonymous, trans., *Voyage de M. Niebuhr en Arabie et en d'autres pays de l'Orient, avec l'extrait de la description de l'Arabie & des observations de Mr. Forskal* (Switzerland, 1780), p. 364.

2   A. L. Kroeber, *Anthropology*, revd edn (New York, 1948), pp. 255–6.

3   M. Elleray, 'Little Builders: Coral Insects, Missionary Culture and the Victorian Child', *Victorian Literature and Culture*, XXXIX/1 (2011), pp. 223–38 (p. 226).

4   Anonymous, 'Coral Rings', *Blackwood's Edinburgh Magazine*, LXXIV/455 (1853), pp. 360–71.

5   [Charles Dickens], review of 'The Poetry of Science, or Studies of the Physical Phenomena of Nature. By Robert Hunt', *The Examiner* (9 December 1848), p. 787.

6   Jules Rengade [Aristide Roger], *Voyage sous les flots*, 3rd edn (Paris, 1869), pp. 157, 159–60.

7   Robert Louis Stevenson, 'Edinburgh: Picturesque Notes, 1878', quoted and annotated in Rosalind Williams, *The Triumph of Human Empire: Verne, Morris and Stevenson at the End of the World* (Chicago, IL, 2013), pp. 239, 388.

8   Jules Michelet, 'Blood Flower', in *The Sea* [1861] (New York, 1864), pp. 144–5.

9   James Hamilton-Paterson, *Playing with Water* [1987] (New York, 1994), pp. 5, 8–9.

10  James Hamilton-Paterson, 'Reefs and Seeing', in *The Great Deep: The Sea and its Thresholds* (New York, 1992), p. 111.

11  *Georges Méliès: Encore – New Discoveries (1896–1911)*, DVD, Film Preservation Associates, Inc. and Flicker Alley LLC (Los Angeles, 2010).

12  Vincent Callibaut, 'Coral Reef: Matrix and Plug-in for the Construction of 1,000 Passive Houses in Haiti', www.vincent.callebaut.org, accessed 27 February 2015.

13  Michail Vanis, 'Neo-nature Ch. 1: Animalia', www.mikevanis.com, accessed 5 May 2017.

14  Thomas J. Goreau and Wolf Hilbertz, 'Bottom-up Community-based Coral Reef and Fisheries Restoration in Indonesia, Panama, and Palau', in *Handbook of Regenerative Landscape Design*, ed. Robert L. France (Boca Raton, FL, 2008), pp. 143–60.

15  Joseph Banks's *Endeavour Journal*, quoted in Patrick O'Brian, *Joseph Banks: A Life* (Boston, MA, 1993), p. 101.

16  Warren D. Sharp et al., 'Rapid Evolution of Ritual Architecture in Central Polynesia Indicated by Precise 230Th/U Coral Dating', *Proceedings of the National Academy of Sciences USA*, CVI/30 (2010), pp. 13234–9.

17  Patrick V. Kirch, Regina Mertz-Kraus and Warren D. Sharp, 'Precise Chronology of Polynesian Temple Construction and Use for Southeastern Maui, Hawaiian Islands, Determined by [230]Th Dating of Corals', *Journal of Archaeological Science*, LIII (2015), pp. 166–77.

18  David Maxwell, 'Beyond Maritime Symbolism: Toxic Marine Objects from Ritual Contexts at Tikal', *Ancient Mesoamerica*, XI/1 (2000), pp. 91–8.

19  Heather McKillop et al., 'The Coral Foundations of Coastal Maya Architecture', in *Research Reports in Belizean Archaeology*, ed. Jaime Awe, John Morris and Sherilyne Jones (Belmopan, 2004), vol. I, pp. 347–58.

20  J. C. Andersen, *Myths and Legends of the Polynesians* (London, 1928), p. 456.

21  World Heritage Committee, *Taonga Pasifika: World Heritage in the Pacific* (Christchurch, 2007), pp. 12–13.

22  'Skull Island / Solomon Islands / Oceania', www. traveladventures.org, accessed 15 May 2014.

23  'Coral Construction', www.totakeresponsibility. blogspot.com, 13 October 2012.

24  Andrew Lawler, 'Sailing Sinbad's Seas', *Science*, CCCXLIV/6191 (2014), pp. 1440–45.

25  Dimitri Meeks, 'Le Corail dans l'Egypte ancienne', in *Corallo di ieri, corallo di oggi*, ed. Jean-Paul Morel, Celia Rondi-Costanzo and Daniela Ugolini (Bari, 2000), pp. 99–117 (pp. 110–11).

26  Michael Mallinson, personal communication in emails of 25 and 26 September 2017.

27  Jean-Pierre Greenlaw, *The Coral Buildings of Suakin: Islamic Architecture, Planning, Design and Domestic Arrangements in a Red Sea Port* (London and New York, 1995 [1976]); Jacke Phillips, 'Beit Khorshid Effendi: A Trader's House at Suakin', in *Navigated Spaces, Connected*

*Places. Proceedings of Red Sea Project v. British Society for the Study of Arabia Monographs No. 12*, ed. Dionisius A. Agius, John P. Cooper, Athena Trakadas and Chiara Zazzaro (Oxford, 2012), pp. 187–99; Nancy Um, 'Reflections on the Red Sea Style: Beyond the Surface of Coastal Architecture', *Northeast African Studies*, 12 (2012), pp. 243–72.

28  Michael Mallinsom et al., chap. 24, 'Ottoman Suakin 1541–1865: Lost and Found', in *The Frontiers of the Ottoman World*, ed. A.C.S. Peacock (Oxford and New York, 2009), pp. 469–92; British Academy Scholarship Online: January 2012, DOI:10.5871/bacad/9780197264423.001.0001.

29  Phillips, 'Beit Khorshid Effendi'.

30  Barbara E. Brown, 'Mining/Quarrying of Coral Reefs', in *Encyclopedia of Modern Coral Reefs*, ed. David Hopley (Dordrecht, 2011), pp. 707–11.

31  Guillermo Horta-Puga, 'Environmental Impacts', in *Coral Reefs of the Southern Gulf of Mexico*, ed. J. W. Tunnell Jr, Ernesto A. Chávez and Kim Withers (College Station, TX, 2007), pp. 129–30.

32  Mike Dash, *Batavia's Graveyard* (New York, 2001), p. 250.

33  Hugh Edwards, *Islands of Angry Ghosts* (New York, 1966), pp. 54, 68–9.

34  'Coral Construction', www.totakeresponsibility. blogspot.com.

35  William F. Luce, 'Airfields in the Pacific', *Civil Engineering*, XV/10 (1945), pp. 453–4.

36  P. J. Halloran, 'Building B-29 Bases on Tinian Island', *Engineering News-Record*, CXXXV/9 (1945), pp. 302–7.

37  Nathan A. Bowers, 'Airfields of Coral', in W. G. Bowman et al., *Bulldozers Come First: The Story of U. S. War Construction in Foreign Lands* (New York and London, 1944), p. 176.

38  Walter M. Goldberg, 'Reefs Now and in the Next 100 Years', in *The Biology of Reefs and Reef Organisms* (Chicago, IL, and London, 2013), p. 340.

39  Peter W. Glynn and Mitchell Colgan, personal communication, email, 13 February 2017.

40  Rusty McClure and Jack Heffron, *Coral Castle: The Mystery of Ed Leedskalnin and his Coral Castle* (Dublin, OH, 2009).

41  Salvador Dalí, *The Secret Life of Salvador Dalí*, trans. Haakon M. Chevalier (Figueres, 1986), p. 218.

第七章　珊瑚的新纪元

1  Jean-Pierre Gattuso, Ove Hoegh-Guldberg and Hans- Otto Pörtner, 'Cross-chapter Box on Coral Reefs', in *Part A: Global and Sectoral Aspects. Contribution of Working Group ii to the Fifth*

*Assessment Report of the Intergovernmental Panel on Climate Change, Climate Change 2014: Impacts, Adaptation, and Vulnerability*, ed. C. B. Field et al. (Cambridge and New York, 2014), pp. 97–100.

2 Lauretta Burke et al., 'Executive Summary', in *Reefs at Risk Revisited* (Washington, DC, 2011), pp. 1–7.

3 Paul S. C. Taçon, Meredith Wilson and Christopher Chippindale, 'Birth of the Rainbow Serpent in Arnhem Land Rock Art and Oral History', *Archaeology of Oceania*, XXXI/3 (1996), pp. 103–24.

4 Zane Saunders, personal communication, email, 12 and 20 August 2015.

5 Stephen Jay Gould, 'Borderlines and Categories', in *Alexis Rockman*, with essays by Stephen Jay Gould, Jonathan Carey and David Quammen (New York, 2003), pp. 14–7.

6 Courtney Mattison, 'Sculpting the Beauty and Peril of Coral Reefs', *American Scientist*, CIII/4 (July–August 2015), pp. 292–6.

7 Margaret Wertheim and Christine Wertheim, *Crochet Coral Reef* (Los Angeles, CA, 2015).

8 Russ Van Arsdale, 'Fraudulent Huckster's Reward: 10 Easy Payments of One Year Each', http://bangordailynews. com, 23 March 2014.

9 *Kevin Trudeau v. Federal Trade Commission*, www.ftc.gov/ system/files/documents/cases/120823_trudeaubrief.pdf, accessed 9 March 2015.

10 Stefan Helmreich, 'How Like a Reef: Figuring Coral, 1839–2010', in *Sounding the Limits of Life: Essays in the Anthropology of Biology and Beyond* (Princeton, NJ, 2016), pp. 48–61, p. 230 n. 36.

11 Lucas Leyva, interviewed in the film *Coral City*, part 1, dir. John McSwain (2014), http://creators.vice.com, accessed 17 June 2015.

12 J.-P. Gattuso et al., 'Contrasting Futures for Ocean and Society from Different $CO_2$ Emissions Scenarios', *Science*, CCCXLIX/6243 (2015), pp. 45–55.

13 Elizabeth Kolbert, 'The Siege of Miami', *New Yorker* (21 and 28 December 2015), pp. 42–6, 49–50.

14 Kenneth R. Weiss, 'Before We Drown We May Die of Thirst', *Nature*, DXXVI (2015), pp. 624–7.

15 Alexandre K. Magnan et al., 'Implications of the Paris Agreement for the Ocean', *Nature Climate Change*, VI/8 (2016), pp. 732–5.

16 Eli Kintisch, 'Climate Crossroads' and 'After Paris: The Rocky Road Ahead', *Science*, CCCI/6264 (2015), pp. 1017–19.

17 Willem Renema et al., 'Are Coral Reefs Victims of their Own Past Success?', *Science Advances*, II/4 (2016), DOI 10.1126/sciadv.1500850.

18　J.B.C. Jackson, 'Reefs since Columbus', *Coral Reefs*, XVI, suppl. 1 (1997), pp. s23–s32.

19　Nancy Knowlton and Jeremy B. C. Jackson, 'Shifting Baselines, Local Impacts, and Global Change on Coral Reefs', *PLOS Biology*, VI/2 (2008), p. e54.

20　Jennifer E. Smith et al., 'Re-evaluating the Health of Coral Reef Communities: Baselines and Evidence for Human Impacts across the Central Pacific', *Proceedings of the Royal Society B*, CCLXXXIII/1822 (2016), article 20151985, DOI 10.1098/rspb.2015.1985.

21　Jan Sapp, 'Crown of Thorns Inquisition', and 'Cassandra and the Sea Star', in *What is Natural? Coral Reef Crisis* (Oxford, 1999), pp. 65–76 and pp. 203–16 respectively.

22　Editorial, 'Ocean Preserves Necessary for Research, Recovery', *Bangor* [Maine] *Daily News*, 19 September 2016, p. A4.

23　Ginger Strand, 'Sea Change', *Nature Conservancy Magazine* (December 2016–January 2017), pp. 30–41.

24　Paul L. Jokiel, 'Temperature Stress and Coral Bleaching', in *Coral Health and Disease*, ed. Eugene Rosenberg and Yossi Loya (Berlin, Heidelberg and New York, 2004), pp. 401–25.

25　Y. Loya et al., 'Coral Bleaching: The Winners and the Losers', *Ecology Letters*, IV/2 (2001), pp. 122–31.

26　P. W. Glynn, 'Widespread Coral Mortality and the 1982–83 El Niño Warming Event', *Environmental Conservation*, XI/2 (1984), pp. 133–46; P. W. Glynn and L. D'Croz, 'Experimental Evidence for High Temperature Stress as the Cause of El Niño-Coincident Coral Mortality', *Coral Reefs*, VIII/4 (1990), pp. 181–91.

27　J. K. Oliver, R. Berkelmans and C. M. Eakin, 'Coral Bleaching in Space and Time', in *Coral Bleaching: Patterns, Processes, Causes and Consequences*, ed. Madeleine J. H. van Oppen and Janice M. Lough (Berlin and Heidelberg, 2009), pp. 21–39.

28　Thomas J. Goreau and Raymond L. Hayes, 'Coral Bleaching and Ocean "Hot Spots"', *Ambio*, XXIII/3 (1994), pp. 176–80.

29　Jokiel, 'Temperature Stress and Coral Bleaching', Table 23.1.

30　Simon D. Donner et al., 'Global Assessment of Coral Bleaching and Required Rates of Adaptation under Climate Change', *Global Change Biology*, XI/12 (2005), pp. 2251–65.

31　Terry P. Hughes et (45) al., 'Global Warming and Recurrent Mass Bleaching of Corals', *Nature*, DXLIII (2017), pp. 373–7.

32　Michael P. Lesser, 'Oxidative Stress in Marine Environments: Biochemistry and Physiological Ecology', *Annual Review of Physiology*, LXVIII (2006), pp. 253–78.

33　Climate Scoreboard, www.climateinteractive.org/ programs/scoreboard, accessed 27 April 2016.

34 NOAA, 'El Niño Prolongs Longest Global Coral Bleaching Event', www.noaa.gov, 23 February 2016.

35 Tom Arup, 'Startling Images Reveal Devastating Bleaching on the Great Barrier Reef', *Sydney Morning Herald*, 22 March 2016, http://www.smh.com.au.

36 Christopher Pala, 'Corals Tie Stronger El Niños to Climate Change', *Science*, CCCLIV/6317 (2016), p. 1210.

37 Nicky Phillips, 'Australian Election Gives Climate Researchers Hope', *Nature*, DXXXIV (2016), pp. 433–4.

38 Katherine Gregory, 'Barrier Reef at Risk of Winding Up on UNESCO "Danger" List, Queensland Government Says', www.abc.net.au/news, 1 December 2016.

39 Editorial, 'Scientists Must Fight for the Facts', *Nature*, DXLII/7638 (2017), p. 435.

40 J.E.N. Veron, 'Messages from Deep Time', in *A Reef in Time: The Great Barrier Reef from Beginning to End* (Cambridge, MA, and London), p. 98.

41 Wolfgang Kiessling, 'Geologic and Biologic Controls on the Evolution of Reefs', *Annual Review of Ecology, Evolution, and Systematics*, XL (2009), pp. 173–92 (p. 185).

42 'Carbon Dioxide in Earth's Atmosphere', https://en. wikipedia.org, accessed 7 April 2017.

43 Kintisch, 'After Paris', p. 1018.

44 Jeff Goodell, 'Will Paris Save the World?', *Rolling Stone* (28 January 2016), pp. 28–33.

45 Alexander C. Gagnon, 'Coral Calcification Feels the Acid', *Proceedings of the National Academy of Sciences USA*, cx/5 (2013), pp. 1567–8; Justin Ries, 'Acid Ocean Cover Up', *Nature Climate Change*, 1 (2011), pp. 294–5.

46 Ove Hoegh-Guldberg, 'Coral Reef Sustainability through Adaptation: Glimmer of Hope or Persistent Mirage?', *Current Opinion in Environmental Sustainability*, VII (2014), pp. 127–33.

47 M. O. Clarkson et al., 'Ocean Acidification and the Permo-Triassic Mass Extinction', *Science*, CCCXLVIII/6231 (2015), pp. 229–32.

48 International Geosphere–Biosphere Programme, Intergovernmental Oceanographic Commission, and Scientific Committee on Oceanic Research, *Ocean Acidification Summary for Policymakers – Third Symposium on the Ocean in a High-CO₂ World* (Stockholm, 2013), p. 16.

49 Papua New Guinea: Katharina E. Fabricius et al., 'Losers and Winners in Coral Reefs Acclimatized to Elevated Carbon Dioxide Concentrations', *Nature Climate Change*, 1 (2011), pp. 165–9; Caroline Islands: I. C. Enochs et al., 'Shift from Coral to Macroalgae Dominance on a Volcanically Acidified Reef ', *Nature Climate Change*, 5 (2015), pp. 1083– 8; Ryukyu Islands: Shihori Inoue et al., 'Spatial Community Shift from Hard to Soft Corals in Acidified Water',

*Nature Climate Change*, 3 (2013), pp. 683–7; Yucatán: Elizabeth D. Crook et al., 'Reduced Calcification and Lack of Acclimatization by Coral Colonies Growing in Areas of Persistent Natural Acidification', *Proceedings of the National Academy of Sciences USA*, cx/27 (2013), pp. 11044–9.

50   Kathryn E. F. Shamberger et al., 'Diverse Coral Communities in Naturally Acidified Waters of a Western Pacific Reef', *Geophysical Research Letters*, xlı/2 (2014), pp. 499–504.

51   Summarized by Janice M. Lough, 'Turning Back Time', *Nature*, dxxxi (2016), pp. 314–15.

52   J. Silverman et al., 'Community Calcification in Lizard Island, Great Barrier Reef: A 33-year Perspective', *Geochimica et Cosmochimica Acta*, cxliv (2014), pp. 72–81.

53   Joan A. Kleypas and Chris Langdon, 'Coral Reefs and Changing Seawater Carbonate Chemistry', in *Coral Reefs and Climate Change: Science and Management*, ed. Jonathan T. Phinney et al. (Washington, DC, 2006), pp. 73–110 (p. 77).

54   Andreas J. Andersson, Fred T. Mackenzie and Jean- Pierre Gattuso, 'Effects of Ocean Acidification on Benthic Processes, Organisms, and Ecosystems', in *Ocean Acidification,* ed. Jean-Pierre Gattuso and Lina Hansson (Oxford, 2011), pp. 122–53 (p. 141 fig 7.2).

55   Joy N. Smith et al., 'Ocean Acidification Reduces Demersal Zooplankton That Reside in Tropical Coral Reefs', *Nature Climate Change*, 6 (2016), pp. 1124–30.

56   Maoz Fine and Dan Tchernov, 'Scleractinian Coral Species Survive and Recover from Decalcification', *Science*, cccxv/5820 (2007), p. 1811.

57   Mónica Medina et al., 'Naked Corals: Skeleton Loss in Scleractinia', *Proceedings of the National Academy of Sciences USA*, ciii/24 (2006), pp. 9096–100.

58   Cornelia Maier et al., 'End of the Century $CO_2$ Levels Do Not Impact Calcification in Mediterranean Cold-water Corals', *plos One*, viii/4 (2013), p. e62655.

59   Les Watling, 'Deep-sea Trawling Must Be Banned', *Nature*, di (2013), p. 7.

60   G. Roff, 'Earliest Record of a Coral Disease from the Indo-Pacific?', *Coral Reefs*, xxxv/2 (2016), p. 457.

61   Drew Harvell et al., 'Coral Disease, Environmental Drivers, and the Balance between Coral and Microbial Associates', *Oceanography*, xx/1 (2007), pp. 172–95.

62   Kathryn L. Patterson et al., 'The Etiology of White Pox, a Lethal Disease of the Caribbean Elkhorn Coral, *Acropora palmata*', *Proceedings of the National Academy of Sciences USA*, xcix/13 (2002), pp. 8725–30.

63   Forest Rohwer with Merry Youle, 'Coral Diseases', in *Coral Reefs in the Microbial Seas* (Basalt, co, 2010), pp. 69–84 (p. 75); Michael Thrusfield, 'Etiology', in *Diseases of Coral*, ed. Cheryl M.

Woodley et al. (Hoboken, NJ, 2016), pp. 6–27.

64  Rohwer and Youle, 'Coral Diseases', pp. 76–7.

65  B.C.C. Hume et al., '*Symbiodinium thermophilum* sp. nov., a Thermotolerant Symbiotic Alga Prevalent in Corals of the World's Hottest Sea, the Persian/Arabian Gulf', *Scientific Reports*, 5 (2015), article 8562; DOI 10.1038/ srep08562.

66  Yimnong Golbuu et al., 'Long-term Isolation and Local Adaptation in Palau's Nikko Bay Help Corals Thrive in Acidic Waters', *Coral Reefs*, XXXV/3 (2016), pp. 909–19, DOI 10.1007/s00338-016-1457-5.

67  Tracy D. Ainsworth et al., 'Climate Change Disables Coral Bleaching Protection on the Great Barrier Reef', *Science*, CCCLII/6283 (2016), pp. 338–42.

68  Ibid., p. 340.

69  Ove Hoegh-Guldberg, 'The Adaptation of Coral Reefs to Climate Change: Is the Red Queen Being Outpaced?', *Scientia Marina*, LXXVI/2 (2012), pp. 403–8.

70  Joan Kleypas, 'Invisible Barriers to Dispersal', *Science*, CCCXLVIII/6239 (2015), pp. 1086–7; Paul R. Muir et al., 'Limited Scope for Latitudinal Extension of Reef Corals', *Science*, CCCXLVIII/6239 (2015), pp. 1135–8.

71  S. Watanabe et al., 'Future Projections of Surface UV-B in a Changing Climate', *Journal of Geophysical Research*, CXVI/D16 (2011), DOI 10.1029/2011jd015749.

72  Y. Yara et al., 'Ocean Acidification Limits Temperature- induced Poleward Expansion of Coral Habitats around Japan', *Biogeosciences*, IX (2012), pp. 4955–68.

73  Groves B. Dixon et al., 'Genomic Determinants of Coral Heat Tolerance across Latitudes', *Science*, CCCXLVIII/6242 (2015), pp. 1460–62.

74  Stephen R. Palumbi et al., 'Mechanisms of Reef Coral Resistance to Future Climate Change', *Science*, CCCXLIV/6186 (2014), pp. 895–8.

75  C. Mark Eakin, 'Lamarck Was Partially Right – and That Is Good for Corals', *Science*, CCCXLIV/6186 (2014), pp. 798–9.

76  Maren Ziegler et al., 'Bacterial Community Dynamics Are Linked to Patterns of Coral Heat Tolerance', *Nature Communications*, 8:14213 (2017) [DOI:10.1038/ ncomms14213]; Gergely Torda et al., 'Rapid Adaptive Responses to Climate Change in Corals', *Nature Climate Change*, 7 (2017), pp. 627–36.

77  Madeleine J. H. van Oppen et al., 'Novel Genetic Diversity through Somatic Mutations: Fuel for Adaptation of Reef Corals?', *Diversity*, III/3 (2011), pp. 405–23.

78  Maximilian Schweinsberg et al., 'More Than One Genotype: How Common is Intracolonial

Genetic Variability in Scleractinian Corals?', *Molecular Ecology*, xxiv/11 (2015), pp. 2673–85.

79  Baruch Rinkevich et al., 'Venturing in Coral Larval Chimerism: A Compact Functional Domain with Fostered Genotypic Diversity', *Scientific Reports*, 6 (2016), DOI 10.1038/srep19493.

80  Cheryl A. Logan et al., 'Incorporating Adaptive Responses into Future Projections of Coral Bleaching', *Global Change Biology*, xx/1 (2014), pp. 125–39, DOI 10.1111/gcb.12390.

81  'Ecosystem Services', http://oceanwealth.org/ ecosystem-services, accessed 4 January 2017.

82  Madeleine J. H. van Oppen et al., 'Building Coral Reef Resilience through Assisted Evolution', *Proceedings of the National Academy of Sciences USA*, cxii/8 (2015), pp. 2307–13.

83  Ken Caldeira, quoted in Elizabeth Kolbert, 'Unnatural Selection', *New Yorker* (18 April 2016), pp. 22–8 (p. 26).

84  Ruth Gates, quoted in Kolbert, 'Unnatural Selection', p. 28.

85  Thomas J. Goreau and Robert Kent Trench, eds, *Innovative Methods of Marine Ecosystem Restoration* (Boca Raton, FL, 2013).

86  Baruch Rinkevich, 'Rebuilding Coral Reefs: Does Active Reef Restoration Lead to Sustainable Reefs?', *Current Opinion in Environmental Sustainability*, vii (2014), pp. 28–36.

87  Ibid., p. 33.

88  Amanda Mascarelli, 'Designer Reefs', *Nature*, dviii (2014), pp. 444–6.

89  Dixon et al., 'Genomic Determinants of Coral Heat Tolerance'.

90  Stephen R. Palumbi and Anthony R. Palumbi, *Extreme Life of the Sea* (Princeton, NJ, and Oxford, 2014), p. 160.

91  'Global Coral Bleaching – 2015/2016. The World's Third Major Global Event Now Confirmed', www. globalcoralbleaching.org, accessed 10 October 2015.

92  Dennis Normile, 'El Niño's Warmth Devastating Reefs Worldwide', *Science*, cccliii/6281 (2016), pp. 15–16.

93  Hughes et al., 'Global Warming and Recurrent Mass Bleaching of Corals'.

94  Great Barrier Reef Marine Park Authority, 'Second Wave of Mass Bleaching Unfolding on Great Barrier Reef', www.gbrmpa.gov.au, 10 March 2017.

95  'IEA finds $CO_2$ emissions flat for third straight year even as global economy grew in 2016', 17 March 2017, www.iea.org/newsroom/news/2017/march/iea-finds-co$_2$- emissions-flat-for-third-straight-year-even-as-global- economy-grew.html, accessed 13 October 2017.

96  Ibid.

97  C. Mark Eakin et al., 'Ding, Dong, the Witch is Dead (?) – Three Years of Global Coral Bleaching 2014–2017', *Reef Encounter*, 32 (2017), pp. 33–8.

尾 声 我们将面对什么？

1 Judith Wright, *The Coral Battleground* [1977] (North Melbourne, 2014), p. 186.

2 For a recent broad consideration, see The Royal Society, *People and the Planet* (London, 2012).

3 Pope Francis, 'On Care for Our Common Home', http:// w2.vatican.va/content/vatican/en.html, 24 May 2015.

4 Anthony J. McMichael, 'Introduction', in *Climate Change and the Health of Nations: Famines, Fevers, and the Fate of Populations* (Oxford, 2017), p. 21.

5 J.-P. Gattuso et (21) al., 'Contrasting Futures for Ocean and Society from Different $CO_2$ Emissions Scenarios', *Science*, CCCXIIX/6243 (2015), pp. 45–55.

6 Joeri Rogelj, Michel den Elzen, Niklas Höhne et al., 'Paris Agreement Climate Proposals Need a Boost to Keep Warming Well below 2°c', *Nature*, DXXXIV (2016), pp. 631–8.

7 Alexandre K. Magnan, Michel Colombier, Raphaël Billé et al., 'Implications of the Paris Agreement for the Ocean', *Nature Climate Change*, VI (2016), pp. 732–5.

8 Charlie Veron, *A Reef in Time* (Cambridge, M A, 2008), p. 231.

9 James Hamilton-Paterson, *Playing with Water* [1987] (New York, 1994), pp. 107, 155, 248.

10 Rowan Jacobsen, *A Geography of Oysters* (New York, 2008), p. 58.

11 'Ecosystem Services', http://oceanwealth.org/ecosystem- services, accessed 4 January 2017.

12 Richard Holmes, 'Travelling', in *This Long Pursuit: Reflections of a Romantic Biographer* (New York, 2016), p. 14.

13 Nancy Knowlton, 'Doom and Gloom Won't Save the Save the World. Nature.

# 精选书目

英文资料

Birkeland, Charles, ed., *Coral Reefs in the Anthropocene* (Dordrecht, Heidelberg, New York and London, 2015)

—, ed., *Life and Death of Coral Reefs* (New York, 1997)

Bowen, James, *The Coral Reef Era: From Discovery to Decline* (Dordrecht, 2015)

—, and Margarita Bowen, *The Great Barrier Reef: History, Science, Heritage* (Cambridge, 2002)

Catala, René L. A., *Carnival under the Sea* (Paris, 1964)

Dana, James D., *Corals and Coral Islands* (New York, 1872)

Darwin, Charles, *The Structure and Distribution of Coral Reefs* (London, 1842), http://darwin-online.org.uk, accessed 19 October 2015

Davidson, Osha Gray, *The Enchanted Braid: Coming to Terms with Nature on the Coral Reef* (New York, 1998)

Dobbs, David, *Reef Madness: Charles Darwin, Alexander Agassiz, and the Meaning of Coral* (New York, 2005)

Dubinsky, Zvy, and Noga Stambler, eds, *Coral Reefs: Ecosystems in Transition* (Dordrecht, Heidelberg, London and New York, 2011)

Ellis, John, *The Natural History of Many Curious and Uncommon Zoophytes* (London, 1786), at www.biodiversitylibrary.org, accessed 19 October 2015

Endt-Jones, Marion, ed., *Coral: Something Rich and Strange* (Liverpool, 2015)

Goffredo, Stefano, and Zvy Dubinsky, eds, *The Cnidaria, Past, Present and Future: The World of Medusa and Her Sisters* (Cham, 2016)

Goldberg, Walter M., *The Biology of Reefs and Reef Organisms* (Chicago, il, 2013)

Goreau, Thomas J., and Robert Kent Trench, eds, *Innovative Methods of Marine Ecosystem*

*Restoration* (Boca Raton, FL, 2013)

Gosse, Philip Henry, *Actinologia Britannica: A History of the British Sea-anemones and Corals* (London, 1860), at www.biodiversitylibrary.org, accessed 19 October 2015

Hopley, David, ed., *Encyclopedia of Modern Coral Reefs: Structure, Form and Process* (Dordrecht, 2011)

Iwasaki, Nozomu, ed., *A Biohistory of Precious Corals: Scientific, Cultural and Historical Perspectives* (Kanagawa, 2010)

Johnson, Johanna E., and Paul A. Marshall, eds, *Climate Change and the Great Barrier Reef: A Vulnerability Assessment* (Townsville, qld, 2007)

Johnston, George, *A History of the British Zoophytes* (Edinburgh, London and Dublin, 1838)

Jones, Steve, *Coral: A Pessimist in Paradise* (London, 2007) Liverino, Basilio, *Red Coral: Jewel of the Sea*, trans. Jane Helen Johnson (Bologna, 1989)

McCalman, Iain, *The Reef: A Passionate History* (New York, 2013)

Marsigli, Luigi Ferdinando, *Natural History of the Sea* [1725], trans. Anita McConnell (Bologna, 1999) Narchi, Nemer E., and Lisa L. Price, eds, *Ethnobiology of Corals and Coral Reefs* (Cham, Heidelberg, New York, Dordrecht and London, 2015)

Riegl, Bernhard M., and Richard E. Dodge, eds, *Coral Reefs of the World*, vol. i: *Coral Reefs of the usa* (Dordrecht and London, 2008)

Roberts, J. Murray, Andrew Wheeler, André Freiwald and Stephen Cairns, *Cold-water Corals: The Biology and Geology of Deep-sea Coral Habitats* (Cambridge, 2009)

Rohwer, Forest, with Merry Youle, *Coral Reefs in the Microbial Seas* (Basalt, CO, 2010)

Rosenberg, Eugene, and Yossi Loya, eds, *Coral Health and Disease* (Berlin, 2004)

Sapp, Jan, *What is Natural? Coral Reef Crisis* (Oxford, 1999)

Saville-Kent, William, *The Great Barrier Reef of Australia: Its Products and Potentialities* (London, 1893), at www.biodiversitylibrary.org, accessed 19 October 2015

Sheppard, Anne, *Coral Reefs: Secret Cities of the Sea* (London, 2015)

Sheppard, Charles, *Coral Reefs: A Very Short Introduction* (Oxford, 2014)

Sheppard, Charles R. C., Graham M. Pilling and Simon K. Davy, *The Biology of Coral Reefs* [2009] (Oxford, 2012)

Spalding, Mark D., Corinna Ravilious and Edmund P. Green, *World Atlas of Coral Reefs* (Berkeley, CA, 2001)

Sprung, Julian, and Charles Delbeek, *The Reef Aquarium*, 3 vols (Miami Gardens, FL, 1994, 1997, 2005)

珊瑚：美丽的怪物 ————

Tescione, Giovanni, *The Italians and their Coral Fishing*, trans. Maria Teresa Barke (Naples, 1968)

Tunnell, John W., Jr, Ernesto A. Chávez and Kim Withers, eds, *Coral Reefs of the Southern Gulf of Mexico* (College Station, TX, 2007)

van Oppen, Madeleine J. H., and Janice M. Lough, eds, *Coral Bleaching: Patterns, Processes, Causes and Consequences* (Berlin, 2009)

Veron, J.E.N., *Corals in Space and Time: The Biogeography and Evolution of the Scleractinia* (Sydney, 1995)

—, *Corals of the World*, 3 vols (Townsville, qld, 2000)

—, *A Reef in Time: The Great Barrier Reef from Beginning to End* (Cambridge, ma, 2008)

Wertheim, Margaret, and Christine Wertheim, *Crochet Coral Reef* (Los Angeles, ca, 2015)

Woodley, Cheryl M., Craig A. Downs, Andrew W. Bruckner, James W. Porter and Sylvia B. Galloway, eds, *Diseases of Coral* (Hoboken, NJ, 2016)

Wright, Judith, *The Coral Battleground*, 3rd edn [1977] (North Melbourne, vic, 2014)

Yonge, C. M., *A Year on the Great Barrier Reef: The Story of Corals and the Greatest of their Creations* (London, 1930)

# 术　语

习服（acclimatization）：一个有机体调整生理与生化状态，以抵消其正常容许范围内的环境变化造成的影响，比如温度的季节变化、或旭光照射的日循环变化。习服不包括有机体的基因变化，但受限于基因性决定的表型性状。相反请见适应（进程）。

海葵目（Actiniaria）：六放珊瑚亚纲的一个目，由非钙化的海葵组成。

适应（adaptation）：可遗传的、基于基因的性状，有助于个体（在生存和繁殖上）适应特定的环境。适应同时也指种群回应环境变化、通过适应性表型性状的自然选择进行的（基因）进化过程，这个过程通常需要很多代。

软珊瑚目（Alcyonacea）：八放珊瑚亚纲的一个目，由不同的"软珊瑚"组成。在很大程度上，这个目各个科的区分标准是它们复体的生长形态、有无支持的中轴，以及中轴的化学性质（矿物质或蛋白质）。软珊瑚科中大量的肉质珊瑚会与石珊瑚的硬质珊瑚体争夺珊瑚礁中的生存空间。

珊瑚纲（Anthozoa / anthozoans）：刺胞动物门中的一个纲，其单体或构件体成员只以水螅体的形态存在，完全没有水母状态。这些"花虫"也许缺乏坚固的骨骼，有钙质或蛋白质的支撑结构。珊瑚纲的两个亚纲是六放珊瑚亚纲和八放珊瑚亚纲。

人祸（Anthrobscene）：强调过度开采地球资源及其对环境的影响——尤其是毒性影响——的道德意蕴。

人类世（Anthropocene）：即我们生活的地质时代，在此期间，人类活动变成改变地球及其生态系统的主要媒介、包括大气成分、全球气候变化、森林采伐、矿业及物种灭绝。它是文化理论者杰西·帕里卡编撰的新词。

抗氧化剂（antioxidant）：有机体中移除氧化物的物质或酶，这些氧化物会损害活有机体中的生物分子，它们包括高活性羟基、超氧游离基、过氧化物或其他活性氧。

角珊瑚目（Antipatharia / Antipatharians）：六放珊瑚亚纲中的一个目，成员是黑珊瑚。这种非钙质的珊瑚虫个体拥有典型多刺的蛋白质骨骼，其由壳角蛋白组成，光泽度高，可被用于制作珠宝。人们鉴定某些活体黑珊瑚的年龄已超过四千岁，这使它们变成最老的活体动物。

**霰石（aragonite）**：碳酸钙的晶体形态，其中的柱状晶体有3条互成直角的非平行轴。珊瑚礁的主要建造者——六放珊瑚石珊瑚目会分泌霰石。霰石和方解石含有相同的化学成分，但晶体结构不同。

**无性繁殖（asexual reproduction）**：珊瑚构件体的营养生长或出芽生殖，其以这种繁殖方式扩大自身规模，由一个水螅单体出芽或二分裂成两个以上的新水螅体，后者在基因上与亲本完全一样。单一亲本生成后代，过程中没有配子融合的步骤，但包括未受精卵子的发育。共生鞭毛藻类（虫黄藻）生活在营养期珊瑚宿主的细胞里，以二分裂的增殖方式与宿主组织的增殖相对应。

**环礁（atoll）**：环状离岸（近海）珊瑚礁或珊瑚岛，连续或有缺口的环岛圈住中央的环礁湖。环礁通常以成群的岛屿形式出现，称为群岛。

**非虫黄藻共生珊瑚（azooxanthellate coral）**：这类珊瑚（最常见的是石珊瑚）体内没有天然共生的鞭毛藻——虫黄藻。相对的，虫黄藻共生珊瑚一般会形成这样的共生关系。

**生物岩（bioherm）**：松散联结的礁石（不限于珊瑚形成的礁石），缺乏填充物和内部黏结，这使其规模较小，并且有更高的渗透性。

**白化（bleaching）**：见珊瑚白化。

**苔藓动物（bryozoan）**：苔藓动物门（或外肛动物门）的成员，也称为苔藓虫或外肛苔藓虫。其中几乎所有种类都是由许多水螅体形成构件体。苔藓动物曾被归类于概念不清的植形动物。

**钙质（calcareous）**：该特性是拥有某种碳酸钙矿物组成的骨骼。

**方解石（calcite）**：由正六面体组成的碳酸钙晶体形态，会分泌它包括八放珊瑚中所有的钙质种类，以及已灭绝的珊瑚（四放珊瑚和横板珊瑚）。其中有些钙可能会被镁替代，形成镁方解石。

**角海葵目（Ceriantharia / cerianthids）**：六放珊瑚亚纲的一个目，成员是非钙质管海葵或角海葵，它们可能是六放珊瑚中最基底（最早的分枝）的分类单元。角海葵独有的特征是黏胞，这种刺丝囊被用来建造它们的管。

**嵌合体（chimera）**：包含不同基因型细胞及组织的有机体（包括构件体）。嵌合体珊瑚源于不同胚胎或复体的融合。

**进化枝（clade）**：由祖先种及其所有后代构成的种群或种类世系。

**克隆体（clone）**：以某种无性繁殖形式生成的基因相同的有机体群体。通俗地说，就是某个个体在基因上和另一个完全相同。

**刺丝囊（cnida）**：由刺胞动物门不同成员的刺细胞分泌的复杂囊状胞器，被用于黏附（旋胞）、扎刺以及捕获猎物（刺丝胞）。该门的名称就源自这种独特的细胞器。

**刺胞动物（Cnidaria / cnidarians）**：古老的多细胞动物门，因刺丝囊的存在而得名。这个动物门包括几个通常被称为"珊瑚"的分类群。

珊瑚：美丽的怪物 ————————

**共胶层（coenenchyme）**：大规模的公共中胶层加上表皮和内胚层组织，这个公共结构连接复体中的各个水螅体，组成了珊瑚复体的绝大部分活体构成，在八放珊瑚的"软珊瑚"中更是如此。

**共肉（coenosarc）**：石珊瑚构件体中覆盖水螅体珊瑚体外侧的组织层，连接构件体其余部分的所有水螅体。

**个体（colonial）**：身体上连通、生理上融合的珊瑚个体（即一整棵珊瑚）是由一只初始水螅体及其子代水螅体经由无性生殖形成的。整个个体由一整片公共骨骼或不同化学成分（钙质或蛋白质）形成的附着基来支撑。

**珊瑚白化（coral bleaching）**：珊瑚宿主对环境压力做出反应，失去所有或部分的虫黄藻或其光合色素，就称为珊瑚白化。由此，透过变得透明的动物组织，可以看见白色的碳酸钙骨骼，于是整个珊瑚复体呈现漂白脱色的外观。大规模珊瑚白化指的是许多珊瑚礁因为长久异常的海水高温及高日照辐射，出现的持续性、跨地域的白化事件。

**珊瑚大三角区（Coral Triangle）**：东印度和太平洋西南部的一片区域，其中有近600种石珊瑚，可能占了全球所有石珊瑚种类的75%。三角区包括印度尼西亚、马来西亚和菲律宾大部、巴布亚新几内亚，以及所罗门群岛。

**红珊瑚科（Coralliidae）**：八放珊瑚亚纲软珊瑚目中的一个科，成员包括所谓的宝石珊瑚，它们有红色或粉色（也有罕见的白色）的方解石中轴，可被用于制作珠宝及艺术品。

**类珊瑚目（Corallimorpharia / corallimorpharians）**：这一目的成员是单体或复体的非钙质六放珊瑚，它们很像海葵，但在分类特征上更接近石珊瑚。

**珊瑚体（corallite）**：杯状钙质结构，由石珊瑚水螅个体分泌，包裹在该个体外侧。珊瑚体由隔板以及整个构件体的公共骨骼（珊瑚体）的部分穿插分隔。

**隐秘种（cryptic species）**：两种或两种以上未被区分的不同物种被分类到一个种名之下。

**成岩作用（diagenesis）**：结合物理、化学以及生物过程，将离散的沉积物转化为沉积岩。珊瑚礁形成中所涉及的黏合媒介包括沉积残骸表面下方形成的晶体，这些晶体将礁体黏合在一起，减少其多孔性并提升其硬度。

**腰鞭毛藻（dinoflagellates）**：单细胞藻类门，包括光合型和异养型。它们可以自由生活，浮游运动，使用两条鞭毛移动。光合鞭毛藻类在其无性繁殖的营养期，会和许多海生无脊椎动物形成共生关系。亦见于虫黄藻。

**厄尔尼诺现象（El Niño）**：受西太平洋洋面更高的气压驱动，海水暖流侵入东太平洋热带海域的现象，该现象呈周期性，但并非完全可预测，是厄尔尼诺－南方涛动①（ENSO）中的暖位相。

---

① 南方涛动（Southern Oscillation）指发生在东南太平洋与印度洋及印尼地区之间的反相气压振动，两方的海平面气压呈一种"跷跷板"的关系。而热带大气和海洋运动是一个相互作用的耦合系统，因此近年来把厄尔尼诺和南方涛动合称为ENSO现象。

与ENSO相关的海面温度升高及其他干扰因素促使珊瑚发生地区性大规模白化，白化不仅出现在东太平洋热带海域，还波及太平洋中部及西部。

**内共生**（endosymbiosis）：搭档之一生活在另一搭档体内的共生关系。就珊瑚而言，鞭毛藻（虫黄藻）之类的共生藻类通常生活在宿主的内胚层细胞中。

**表皮层**（epiderm / epidermis）：刺胞动物体壁的组织外层。在捕猎的触须中，这层细胞尤其富含有刺丝囊的刺细胞。

**表观遗传学**（epigenetics）：研究有机体中因基因活性或基因表达改变而引起的表型变化，这种变化不改变基因本身的核酸，例如将分子结合到染色体上。有些表观性状的改变可能具有遗传性。

**优生学**（eugenics）：历史上，通过个体选择育种提升被认为有益或有价值的种群可遗传特性的发生率，或减少不良特性发生率，以改善该种群或物种的研究或学说（最初针对人类）。

**外骨骼**（exoskeleton）：由珊瑚虫一类的动物分泌的外部骨骼，包裹并支撑该动物，在群居物种中为更大型的个体或附着基贡献坚硬的结构。

**荧光**（fluorescence）：比那些吸收光（包括不可见的紫外线）波长更长、能量更低的可见光。许多珊瑚虫有鲜活的荧光色，这些色彩源自动物宿主组织内多种多样的荧光蛋白（比如绿色荧光蛋白GFP），化学结构上的差异使不同的色蛋白发出不同波长（颜色）的光。

**内胚层**（gastroderm / gastrodermis）：刺胞动物体壁组织内层。虫黄藻之类的内共生藻类通常出现在内胚层细胞中。

**基因表达**（gene expression）：基因中编码信息以合成基因产物的方式表现自身，比如说，一个蛋白质分子参与生成该基因相关的表型性状。

**雌雄同体**（hermaphrodite）：同时拥有雄性及雌性生殖腺的个体。

**六放珊瑚**（Hexacorallia）：珊瑚纲的一个亚纲，其成员水螅体的中央腔由成对的肉质隔膜纵向分隔，这些膜的数量是六的倍数，放射性排列在体壁内表面。六放珊瑚亚纲包括坚硬且能形成礁石的石珊瑚目、石珊瑚的近亲类珊瑚目、海葵目、管海葵（角海葵目）、黑珊瑚（角珊瑚目）和金珊瑚。与八放珊瑚亚纲相对照。

**共生功能体**（holobiont）：在严格意义上，指的是包括动物宿主及其藻类内共生体双方的共生合作体。但在更宽泛的意义上，共生体涵盖宿主及其所有关联微生物，包括藻类、细菌、真菌和病毒。

**水螅纲**（Hydrozoa / Hydrozoans）：刺胞动物门三个原始纲之一，现在被归于水母亚门中。同样被归于这个亚门的还有钵水母纲，以及曾被归为钵水母的其他刺胞动物门水母纲。钙质的侧孔珊瑚和火珊瑚属于水螅纲。

**无限生长**（indeterminate growth / indeterminate colony growth）：珊瑚和其他进行营养无性繁殖的刺胞动物并没有体积限制。生长就是形成构件体的单元个体生物量可能无限的集体积聚。

**智能设计（intelligent design）**：神创论者不认可科学证据，他们辩称：假设有机体如此复杂，那它们必定是由一个智能实体设计且创造的。

**礁湖（lagoon）**：被完全或部分围蔽的浅水水体，由珊瑚岛边缘或是一块较大的大陆岸和向海延伸的堤礁完全环绕（即环礁湖）。

**石生植物（Lithophyta / Lithophytes，主要是旧时用词）**：在林奈的分类学中，石生植物是包含珊瑚的主要分类群之一——混合了水螅类和珊瑚虫类（后者包括石珊瑚和八放珊瑚），这两类被分在一起，是因为它们都是钙化个体。其他生物学家将钙化较轻的海鞭子和其他八放珊瑚也归在石生植物中，比如路易吉·费迪南多·马尔西利，他认为它们是木质的海生植物。

**石蚕（madrepore，旧时用词）**：属于硬质或石质珊瑚，大多数最初被分在石珊瑚属中（此后被分入许多属中），林奈将其作为一个分类单元归在石生植物中。

**大规模珊瑚白化（mass coral bleaching）**：见前"珊瑚白化"。

**水母亚门（Medusozoa / medusozoans）**：刺胞动物门的进化支或亚门。大多数水母亚门的生物在生命周期中都会出现水母体的形态（最常出现的是可移动的"海蜇"）。在水母亚门中，只有水螅纲包括一些被称作"珊瑚"的生物形态。

**隔膜（mesentery）**：珊瑚虫水螅体体壁的内部突起，由中胶层和内胚层构成，内胚层直接接触消化腔中的液体和被捕获的猎物。隔膜以放射状环绕体壁排列，几乎与体壁同长，纵向分隔消化腔。隔膜帮助强化体壁、提供消化位置、并容纳生殖腺，另外，水螅体可使用其上的肌肉缩进珊瑚体或共胶层中。蔓延在隔膜上的刺丝囊富含可喷出的隔膜丝，石珊瑚类会用它们来对其他珊瑚做出攻击行为。

**中胶层（mesoglea）**：刺胞动物体壁上，外胚层和内胚层之间的胶状中间层。

**微生物组（microbiome）**：生活在珊瑚这样更大型的、多细胞的宿主生物体的体内或体表，几乎全是单细胞生物的一整组相关生物（主要是细菌，不过也有藻类、真菌和病毒）——微生物群。

**多孔螅（millepore）**：一种重度钙化的火珊瑚，属于水螅纲。林奈将火珊瑚归类于石生植物的多孔螅属（得名于其复体表面的许多小孔）。

**线粒体（mitochondrion）**：在这种细胞器中，食物分子中储存的能量在细胞呼吸作用时被释放，同时电子从食物分子上被转移至氧分子上。

**分子钟（molecular clock）**：基于基因突变累积的平均速率，估算某物种或其他分类群出现进化分支至今的时间总量的方法。

**形态（morphology，形态学）**：一个有机体的可观测形态和结构。

**互利共生（mutualism）**：对合作双方都有利的共生类型，比如珊瑚宿主及其庇护的虫黄藻。

**MYA**：100万年前。

**刺丝囊（nematocyst）**：二十多类刺胞动物所拥有的喷发式囊状细胞器（活细胞中的若干组织

结构或特化结构），主要用于刺入毒液并捕获猎物。

**海洋酸化（ocean acidification）**：主要由于越来越多的大气二氧化碳溶解于海中而导致的海水酸碱值减小（碱性降低，酸性增强）。而可用碳酸离子也随之减少，致使钙化有机体难以沉积自己的骨骼。

**八放珊瑚亚纲（Octocorallia / octocorals）**：珊瑚纲的亚纲，其水螅体有八条放射状排列、非成对的肉质隔膜，以及八条羽状分枝触手。八放珊瑚亚纲包括宝石珊瑚、笙珊瑚、竹珊瑚、蓝珊瑚和海笔，还有一系列"软珊瑚"、海扇和海鞭。可参考六放珊瑚亚纲。

**氧化应激（oxidative stress）**：与氧分子共存失衡的持续性后果，其各种活性氧（ROS）及其他细胞氧化剂损害脱氧核糖核酸（DNA）、蛋白质和细胞脂类的速度快过了后者修复或置换的速度。亦见于抗氧化剂。

**表型（phenotype）**：一个有机体因其基因型与环境的相互作用，而导致出现的可观测的身体或生理特质总和。

**光子（photon）**：光能（或其他电磁辐射）的一个量子，其行为像是一个粒子。这一量子的能量与其辐射波长成反比（举例而言，长波低频的红外线能量很低，然而短波高频的紫外线却含有可能致损的高能量）。

**系统发生（phylogeny）**：一种有机体或一个谱系的进化史，包括其与其他世系的亲缘关系。

**浮浪幼体（planula）**：刺胞动物中可（凭借纤毛）移动、通常由有性繁殖产生的幼体。

**多能性（pluripotent）**：这一术语指的是某种未分化干细胞的特性，它们能产生有机体中的某些——但并非全部——特殊细胞类型。

**水螅体（polyp）**：刺胞动物的单一个体或复体单元的附着、定栖或固着的形态。其三层体壁环抱着一个中心消化腔，消化腔只有一个朝外的开口（称为嘴，不过它同时被用作食物的摄入口和废物的排泄口），口周环绕着用以捕获猎物或进行防御的触手。

**附着基（polypary）**：珊瑚虫群体的骨骼支撑，在钙化石珊瑚中也被称为珊瑚体。

**活性氧（reactive oxygen species，简写为ROS）**：这些化学活性分子要么只含有不同能态或不同还原程度的氧，要么与其他不同氧化或还原程度的元素结合。活性氧可能作为媒介或光合作用及呼吸作用的副产品自然出现，也可能因污染和辐射而产生，后者包括阳光中的紫外线波长。活性氧通过对脱氧核糖核酸（DNA）和核糖核酸（RNA）、酶、其他蛋白质，以及细胞膜中的脂类造成氧化性损伤而形成灭活效果。珊瑚有一系列抗氧化剂和遮光屏障对抗氧化应激作用。

**石珊瑚目（Scleractinia / scleractinians）**：该目属于六放珊瑚亚纲，由硬珊瑚或石珊瑚组成，它们有时也被称为造礁珊瑚或成礁珊瑚。

**骨针（sclerites）**：八放珊瑚生成的微小的钙质骨骼单位。在整个共胶层中，骨针以不同涵盖程度嵌在中胶层里，增强其硬度和起支撑作用。

**钵水母纲（Scyphozoa / scyphozoans）**：水母进化支（亚门）的主要生物纲，在它们的生活史中，有性阶段是相对较大的水母（"海蜇"）形态。这一纲早期从珊瑚纲中分化出来，没有任何被称作"珊瑚"的成员。

**隔片（septa）**：钙质的片状或板状分隔叶，由石珊瑚的珊瑚体壁向其中心延伸，放射状分隔珊瑚体。隔片以六的倍数出现，这是因为它们是由成对的隔膜沉积形成的，这些隔膜以六为基数出现在每只珊瑚虫中。正因为这种隔片以六为基数组合的对称形态，石珊瑚目被归入六放珊瑚纲。

**体组织（somatic tissues）**：体组织有别于那些在性腺（卵巢或睾丸）中生成配子（卵子和精子）的组织。体细胞的基因突变可能会传递给无性生殖产生的水螅体，但不会在有性繁殖中遗传，后者涉及的生殖细胞将变成配子。

**种（species）**：最具排他性的分类单元，通常的定义是：其种内成员可彼此自由交配，但与其他种的成员不能交配，也不能形成可成活的杂交后代。

**干细胞（stem cell）**：在胚胎发育以及成人的组织修复、更新和再生中，这种未分化的细胞可以自我复制保持更新，并且能够分化成适用于不同功能的特化细胞。在某些水螅体中，间质细胞（i-cells）作为干细胞，可形成大多数体细胞类型，比如表皮细胞和内胚层细胞、神经细胞、肌肉细胞、刺细胞和其他细胞。在另一些水螅体中，特化的间质细胞作为种系干细胞存在，它们只生成配子（卵子和精子）。石珊瑚或其他珊瑚虫未见间质细胞的描述，不过有证据表明它们存在。

**共生（symbiosis）**：两种或两种以上的有机体紧密地"生活在一起"，并且往往互惠互利。亦见于内共生、虫黄藻。

**系统学（systematics）**：将有机体分类并阐释其系统关系的科学学科。

**分类单元（taxon）**：任何层级上的生物分类单位。林奈等级分类从最具排他性的分类单元——种——开始，之后层层递进到更具包容性的分类单元——属、科、目、纲、门和界——直至最具包容性的域。在林奈分类系统中，每个有机体都有一个双名法学名，第一部分是它的属名，第二部分是种名或种加词，比如，地中海红珊瑚或麋鹿角珊瑚，注意只有属名的首字母大写，属名和种名都用斜体。种加词是属中每一个种特有的，将该物种与其他物种区别开来。因此，地中海红珊瑚是地中海里的珍贵红珊瑚，而皮滑红珊瑚是西太平洋里的珍贵白珊瑚。日本红珊瑚是太平洋红珊瑚中亲缘关系更远的种类，被分在另一个属中。分类学是为有机体分类及命名的分支学科。

**端粒酶（telomerase）**：延长端粒的酶，端粒含有染色体末端的DNA重复序列。

**端粒（telomere）**：染色体中保护基因信息以使其免于在染色体DNA连续复制的过程中退化的、由DNA重复序列组成的端帽。

**钍铀定年法（thorium–uranium〔230Th/234U〕dating）**：同位素定年技术，用来确定含碳酸

钙物质的年龄，比如石珊瑚骨骼。铀（含同位素$^{234}$U）和钍不同，铀可溶于海水中，并能被珊瑚骨骼吸收。当珊瑚群体死亡时，其骨骼将不再增添$^{234}$U。随着时间推移，$^{234}$U以已知速率衰减成$^{230}$Th（骨骼中原本没有这种元素），人们用这两种同位素的变比来计算珊瑚群死亡的时间。在物质年龄不超过50万年时，这种方法很有用。

**紫外线辐射**（ultraviolet radiation / UVR）：地球表面波长在280纳米至340纳米之间的日光辐射带。波长短于310纳米的B类紫外线能量更强，比波长较长的A类紫外线更具破坏性。包括共生石珊瑚在内的海洋生物会合成天然遮光剂，以拦截B类及A类紫外辐射，并在紫外线辐射直接损害组织或诱发形成活性氧之前，以无害的热量形式驱散能量。

**单细胞藻类**（unicellular algae）：各种各样的、大都是浮游生物的单细胞光合生物（包括共生藻属的腰鞭毛藻类，这些藻类也和许多珊瑚形成共生关系）。

**营养增殖**（vegetative proliferation）：见无性繁殖。

**群体海葵目**（Zoanthidea / zoanthids）：该目属于六放珊瑚亚纲，包括金珊瑚。它们是现存动物中最古老的一类（有些超过了2500年），并且是备受青睐的珠宝制品原料。

**植形动物**（zoophyte，旧时用词）：植形动物是林奈系统中含有珊瑚的两大类群之一，包括各种八放珊瑚和海笔（并且无意中囊括了一种黑珊瑚和一种石珊瑚）、更远亲的水螅虫类，甚至还有珊瑚藻和苔藓虫。群体植形动物都进行无性繁殖，并形似花朵，但它们被视为复合型动物。其他人将这个定义更广泛地延伸到了一些情况含糊的类群中，它们的成员似乎更像是植物而非动物。亦见于石生植物。

**虫黄藻**（zooxanthella）：几个腰鞭毛藻种级分支的总称（尤指共生藻属的成员），它们在无性营养生长阶段与珊瑚和其他海洋无脊椎动物形成共生关系。

**虫黄藻共生珊瑚**（zooxanthellate coral）：特指体内含有名为虫黄藻的共生鞭毛藻的珊瑚（通常都是石珊瑚）。与非虫黄藻共生珊瑚相对，后者通常没有这样的共生现象。

# 致　谢

　　我在2004年开始构思这本书，那时我为一年级本科生开设了一门海洋生物学课程，其中融合了更广泛的艺术和人文学科的图例资料。在这先行的授课中，那些尚未成为专家的批判性听众为本书提供了很多益处，我很感谢他们对这门课程的关注。正如我在2008年发表于《艺术杂志》上的文章中所示，缅因大学海洋科学学院支持我在教学中对海洋科学富余的热情。这篇文章在资深编辑乔·汉南指导下发表，它促进了本书的出版，同样提供了动力的还有安杰拉·金斯顿，她随后邀请我为她策划的"水下"展览撰写手册。

　　我的妻子琼·希克和她的妹妹安妮·伍德是我最初的编辑，她们也是有思想的非专业读者之典范，本书面向的尤其是这类读者。她们评论每一章的草稿和插图。乔纳森·伯特是瑞克新图书出版社（The Reaktion Books）"动物"系列的编辑，本书最初是与这个系列签订的合同，他帮助删减掉了过多的支线，让本书专注于讲述珊瑚。

　　薇姬·B. 皮尔斯用她丰富的经验完善了整部手稿，并帮助我实现了对这本书的愿景，让珊瑚专家和普通读者都能参与其中。安吉拉·金斯顿以她对策展的见解帮助我调和了许多插图与文本的关系，对书的整体性做出了优雅的回应。德尼·阿勒芒、让－皮埃尔·加图索和彼得·W. 格林针对几个章节提供了明智的批评意见。所有这一切都是我文本之外的信息源泉，若有错误，那是我自己的问题。

关于瑞克新图书，我要感谢出版商迈克尔·利曼的鼓励和耐心，他还允许我写出了一本比最初计划更大部头的书；感谢编辑杰斯·钱德勒对细节的关注，并且理解我对校稿的改动；感谢卡罗尔设计公司和图片编辑丽贝卡·拉特纳亚克支持我对本书的愿景，并且总是在最后关头帮助我寻找有疑问的插图。

费利佩·帕雷德斯翻译了蒙图里奥尔关于"伊格迪尼尔"潜艇的论文中大段的西班牙语。米夏埃尔·格里洛协助我初步研究了红珊瑚的符号学，并为我翻译意大利语。森早依子提供了关于日本文化、历史和宗教的翻译和见解。岩崎望进一步翻译了日本版的《珊瑚：宝石珊瑚的文化和历史视角》（2011），并帮助我获得了其中的一些图像，用在我自己的书里。除非另有说明，法语和拉丁语是我自己翻译的。

蒂法尼·菲洛卡莫提醒我注意到拉韦洛的科拉罗博物馆中卡洛·帕拉蒂二世的美杜莎肖像雕塑，蒂法尼和乔治·菲洛卡莫在那里接待了我的朋友帕特里夏·道斯，他拍摄了雕像以供本书使用。菲洛卡莫友善地允许我再利用他们收藏的图像，这些图片曾出现在摩纳哥海洋博物馆2000年的"海洋之友"展览中。

伊德尔松·尼奥基出版公司的毛里齐奥·坎多蒂·鲁索，慷慨地允许我复制他们出版的已故船长莱昂纳多·富斯科的《红色黄金》（2011）一书中的图像。

许多策展和图书馆的专业人士贡献了他们的专业知识：詹姆斯·M.科尔内留斯（林肯收藏，亚伯拉罕·林肯总统图书馆和博物馆）；伊恩·福勒（南缅因大学奥舍尔地图图书馆）；昂里克·加西亚·多明戈（巴塞罗那海事博物馆）；帕斯卡莱·约安诺特（国家自然博物馆）；斯蒂芬妮·约万诺维奇·克鲁什佩尔（维也纳自然博物馆）；康斯坦丝·克雷布斯（安德烈·布勒东工坊协会）；尤里·朗（华盛顿特区国家美术馆珍本室）；劳拉·马丁尼（考古学家，锡耶纳－格罗塞托－阿雷佐美术与景观）；亚历山德拉·米内蒂（萨尔泰阿诺考古市民博物馆）；埃米莉·纳扎里安（鲁宾艺术博物馆）；迪亚娜·里林格（伍兹霍尔海洋生物研究所图书馆）；玛吉特·西巴克和马丁娜·尤斯塔克（维也纳条顿骑士团宝库及博物馆）；埃米·斯特普尔斯（史密森学会国家非洲艺术博物馆）；伯纳德·韦尔兰格（坎佩尔陶器博物馆）。在查找数不清的、有时还模糊不清的参考文献、图像和录音时，格雷戈里·柯蒂斯（缅因大学地方联邦寄存图书馆和馆际互借部）提供了极大的帮助。

为了帮助我学会欣赏第四章"珊瑚曲"中未录制的音乐，钢琴家帕特里夏·斯托厄尔在她的音乐室里为我演奏了这支曲子。大英图书馆的音乐参考小组和卧龙岗威灵邦公司的安妮·基茨为这场独奏会提供了乐谱。

查利·贝龙慷慨地允许我使用他书中的插图，并帮助我搜寻其他照片。埃里克·马特森（澳大利亚海洋科学研究所）提供了清晰的照片，并和同事贾尼丝·洛一起提供了照片的相关信息。为了阐明书中的具体观点，我的重要同事埃里克·唐比特（摩纳哥科学中心）拍摄了水族馆中生长的珊瑚，耐心地为我提供即时观看和编辑的机会。我的好朋友兼同事让－皮埃尔·加图索专门为本书拍摄了吉达老城城墙上的珊瑚块。建筑历史学家德博拉·汤普森协助把萨瓦金的科尔希德之家中的图案融入了伊斯兰装饰艺术的大背景中。地质学家米切尔·科尔根拍下照片，并和彼得·W. 格林一起就佛罗里达州珊瑚山墙区的珊瑚化石装饰砌块提出了深刻的见解。帕特里克·V. 基尔希提供了他为塔普塔普阿泰寺庙建筑群拍摄的照片，以及他个人收藏的塔希提岛马哈依阿提集会堂的照片。樊尚·卡勒博拿出了他的空想建筑图像供我选择。阿纳托利·萨加勒维奇（莫斯科P. P. 舍尔肖夫海洋学研究所）慷慨地提供了由MIR-I潜水器拍摄的皇家邮轮"泰坦尼克号"的照片。理查德·米尔纳提供了欧内斯特·格里泽的环礁三联画照片，莱尔夫·卢伯克好心地允许我使用它。其他朋友和同事也提供了他们的照片：若泽·亚历杭德罗·阿尔瓦雷斯、安迪·戴维斯、朱利安·德布吕耶尔、凯塔琳娜·法布里修斯、托马斯·吉尔德森、奥韦·赫格·古尔德贝格、彼得·休伯、维尔勒·胡芬尼、尤恩贾·因、岩崎望、克里斯托弗·凯利、鲍里斯·凯斯特、艾利森·刘易斯、荻慎一郎、迈克·夸尔曼、巴鲁克·林克维奇、阿尼亚·萨利赫、罗伯特·斯特内克和贝特·威利斯。

我的朋友薇姬和约翰·皮尔斯协助我研究了刺胞动物（尤其是八放珊瑚）错综复杂的系统发育，瑞安·考恩把我粗糙的草图转变成了达尔文能认出的"生命珊瑚"。安妮·谢泼德好心地让我使用她画的珊瑚礁分布图和密度图。

杰出的当代艺术家、摄影师和电影制作人、他们的合作人以及画廊老板都慷慨地为本书提供了图片，许可我使用他们的作品。为此我深深地感激：丹尼尔·阿努尔、贾克·沙尔捷、马克·戴恩和格奥尔格·卡格尔美术馆、威廉·A.卡格斯美术馆的惠特尼·甘兹、克里斯·加罗法洛、原书房画廊的原俊之、卢卡斯·莱瓦和《珊瑚形态》、考特尼·马蒂森、亚历克西斯·罗克曼、赞恩·桑德斯、惠子·施迈瑟和梅里恩·盖茨、戴维·斯泰西、罗杰·斯蒂恩、菲利普·塔弗和雷蒙德·福伊，以及马尔滕·德沃尔夫。

我在各个海洋实验室及其船只，以及博物馆和图书馆中停留，徜徉于它们的藏品中，本书因此获益良多。汤斯维尔的澳大利亚海洋科学研究所（AIMS）的几位前任主任支持了我多次的研究访问。澳大利亚海洋科学研究所船舰的船长和船员们提供了航海支持，让我在大堡礁的珊瑚群中度过了难忘的时光。

珊瑚：美丽的怪物 —————

摩纳哥科学中心（CSM）的领导支持我在那里研究珊瑚，招待我的主要是让－皮埃尔·加图索。摩纳哥科学中心理事长帕特里克·朗帕尔支持了我随后的几次驻留，招待我的是德尼·阿勒芒（摩纳哥科学中心科学主任）和克里斯蒂娜·费里埃－帕热斯。摩纳哥海洋博物馆前任馆长弗朗索瓦·杜芒热和让·若贝尔热情地鼓励了我在这幢宏伟建筑中的工作，之后照顾我的是主管罗伯特·卡尔卡尼奥，那里的员工也提供了许多支持。安妮·玛丽·达米亚诺和伊丽莎白·巴尔西尼格帮我整理了书目，策展人瓦莱丽·皮萨尼和摄影师米歇尔·达尼诺为本书提供了图片。海洋学历史学家雅克利娜·卡尔皮内－朗克雷负责调查摩纳哥亲王宫的档案，她对我的项目产生了浓厚的兴趣，为我指出了一些文件和艺术品，否则我是不会发现它们的。在巴黎，摩纳哥亲王阿尔贝一世基金会的海洋研究所中，凯瑟琳·德拉比涅为我提供了方便，使我能观赏藏品，在艺术和建筑中徜徉，并拍摄照片。

还有许多人为本书做出了种种贡献，多到难以言说，即便我没有直接使用这些信息，它们也影响了我在本书中的思考和写作。我要特别感谢：尼基·亚当斯、埃里克·贝劳德、柴飞、约翰·迪尔伯恩、理查德·德芬鲍夫、保罗·德莱尼、詹姆斯·戴肯斯、查尔斯·埃尔德雷奇、加里·法伦、保拉·富拉、菲利佩·加诺、迪亚娜·让特内、米里埃尔·古、克里斯蒂亚娜·格勒本、埃斯蒂·格罗斯曼、让－乔治·阿尔默兰、厄休拉·哈特、斯特凡·黑尔姆赖希、梅洛迪·于、罗纳德·科兹洛夫斯基、欧文·拉旺伯格、托德·莱博维茨、迈克尔·莱塞、萨拉·林赛、幸雄·利皮特、迈克尔·马林森、汤姆·马丁、蒂娜·莫洛佐瓦、兰迪·奥尔森、斯蒂芬·佩泽蒂、雅克·菲利普斯、路易莎·皮钦诺、保罗·罗森、斯特凡尼·雷诺、卡尔利·鲁斯特贝克、罗比·西格尔、劳拉·希克、劳伦斯·西尔弗、苏珊·施皮格勒、格里·斯泰卡、香农·斯特鲁布尔、洛朗斯·塔莱拉什－别尔马、罗伯特·特伦奇、韦斯·滕内尔、保罗·泰勒、塞思·泰勒、南希·乌姆、里安·沃勒、莱斯·沃特林、拉伊·威廉斯、威廉·扎梅、克雷格·齐维斯和迪迪埃·佐科拉。

以下机构慷慨地支持了我对珊瑚的研究及写作工作：缅因大学及其海洋科学学院、美国国家科学基金会、澳大利亚海洋科学研究所、美国国家地理学会、摩纳哥科学中心、摩纳哥海洋博物馆、百慕大海洋科学研究所，以及尼斯大学。

衷心感谢所有人。

　珊瑚：美丽的怪物 ————

# 图片鸣谢

作者与出版方想对以下图片的资料提供者或版权方表示感谢，在此以简略的方式列出某些艺术品的所在地。[下列图号皆为原书图号。]

Courtesy Abraham Lincoln Presidential Library & Museum, Springfield, Illinois: 156; © José Alejandro Álvarez: 213; © Daniel Arnoul: 74, 115, 130, 158; Art Research Library – National Gallery, Washington, DC: 68; Australian Institute of Marine Sciences (AIMS): 37; photo Jean-Gilles Berizzi/Musée du Louvre/© RMN-Grand Palais/Art Resource, NY: 71, 72; from W.G. Bowman, Harold W. Richardson, Nathan A. Bowers et al., *Bulldozers Come First,* 1st edn (New York, 1994): 194; BPK Bildagentur/ Alte Pinakothek, Bayerische Staatsgemaeldesammlungen, Munich/Art Resource, NY: 77; André Breton © 2018 Artists Rights Society (ARS), New York/ADAGP, Paris: 113; © British Library, London: 48, 50, 138, 160; © Trustees of the British Museum: 140, 154; © Vincent Callebaut Architectures: 178; XL Catlin Seaview Survey: 214, 216; courtesy Jaq Chartier/ Elizabeth Leach Gallery: 120; Chester Dale Collection, National Gallery of Art, Washington, DC: 173; © Christie's Images/Bridgeman Images: 103; © Mitchell Colgan: 200, 201; © 2018 Salvador Dalí, Fundació Gala- Salvador Dalí, Artists Rights Society (photo Getty images/ Sherman Oaks Antique Mall/Contributor): 203; from James D. Dana, *Corals and Coral Islands* (New York, 1872): 4; from Charles Darwin, *The Structure and Distribution of Coral Reefs* (London, 1842): 56; © Andy Davies: 100; © John D. Dawson/USPS: 226; © Julien Debrueil: 109; © Mark Dion/photo Georg Kargl Fine Arts, Vienna: 102; © David Doubilet/National Geographic Creative: 57, 172; from Henri Lacaze-Duthiers, *Histoire naturelle du corail* (Paris, 1864): 9, 53; from Henri Milne-Edwards, *Histoire Naturelle des Coralliaires ou Polypes Proprement Dits*, (Paris, 1857): 10, 19; from John Ellis, *The Natural History of Zoophytes* (London, 1786): 3, 176; from *Endeavour* (journal): 34, 118; from Sir Arthur Evans, *The Palace of Minos at Knossos, Volume II, Part II* (London, 1928): 141;

Katharina Fabricius/AIMS: 218, 219, 220; © The Field Museum: 82; from Leonardo Fusco, *Red Gold* (with permission from Idelson Gnocchi Publishers, Ltd. (2011)): 166, 169; Galleria Borghese, Rome: 76; © Chris Garofalo: 108; from Andrew Garran, *Picturesque Atlas of Australasia,* vol 1 (1886): 91; © Jean-Pierre Gattuso: 186, 187; © Rupert Gerritsen: 192; Google Earth/Image © 2017 DigitialGlobe: 197, 198, 199; from Philip Henry Gosse, *A History of the British Sea-Anemones* and Corals (London, 1860): 18; from Philip Henry Gosse, *A Naturalist's Rambles on the Devonshire Coast* (London, 1853): 12; from Jurien de la Gravière, *L'Amiral Baudin* (Paris, 1888): 191; Greenwich Museums: 60; © Ernest Grisnet/photo courtesy Richard Milner: 114; Ove Hoegh-Guldberg: 61, 66; from Ernst Haeckel, *Arabische Korallen* (Berlin, 1875): 42, 62, 123, 184; from Ernst Haeckel, *Art Forms in Nature* (Berlin, 1904): 112; by kind permission of Hara Shobo Gallery, Tokyo: 80; Hawaii Historical Society: 193; from *Histoire de l'Académie royale des sciences avec les mémoires de mathématique et physique* (Paris, 1700): 2; collection of Simone & Peter Huber/photo Peter Huber: 49; © Ralph Hutchings/Visuals Unlimited, Inc: 73; © Eunjae Im: 229, 230; Instituto Nacional de Arqueología e Historia, Mexico: 190; © Nozomu Iwasaki: 79; from George Johnston, *A History of the British Zoophytes* (London, 1838): 11; from *Journal of Marine Research*, vol. 14 (1955)/G. E. Hutchinson: 90; courtesy William A. Karges Fine Art: 174; from *The Coral Reef*, music © Horace Keats/text © John Wheeler/image courtesy Wirripang Pty Ltd, Australia; collection of Kennedy Museum of Art at Ohio University: 157; from William Saville-Kent, *The Great Barrier Reef of Australia* (London, 1893): 43, 51, 63, 96; © Boris Kester: 181; Wolfgang Kiessling: 217; courtesy Patrick V. Kirch: 179, 180; Kobe City Museum/DNPartcom: 45; © Korea Aerospace Research Institute/European Space Agency, 2013: 189; Kunsthistorisches Museum, Vienna: 131; from *The Coral Reef Are Dreaming Again* (2014), director: Lucas Levya/photo Daniel Fernandez: 209; Allison Lewis: 41, 221; Library of Congress, Washington, DC: 133; from Michael Maier, *Atalanta Fugiens* (Oppenheim, 1617): 47; © Justin Mcmanus/The AGE/Fairfax Media/Getty Images: 211; MAREANO/Institute of Marine Research, Norway: 33; courtesy Marine Biological Laboratory | Woods Hole Oceanographic Institution: 95; from *Marine Fisheries Review*, vol. 55 (1993)/photo Richard W. Grigg: 14, 171; Eric Mathon/Palais Princier: 231; © 2018 Succession H. Matisse/Artists Rights Society (ARS), New York: 116, 117; © Eric Matson/AIMS: 1, 92; © Courtney Mattison: 207; courtesy © Alessandra Minetti, Museo Civico Archeologico, Sarteano/Laura Martini, Archeology, Fine Arts, and Landscape of Siena Grosseto and Arezzo: 89; Eric Matson, AIMS/details courtesy Janice Lough, AIMS: 26, 27; © Mathurin Méheut 2018 Artists Rights Society (ARS), New York/ADAGP, Paris: 142; Musée du Louvre: 78; courtesy Musée Océanographique de Monaco: 44, 64 and 121 (photos Michel Dagnino), 124; Musée d'Orsay, Paris: 5, 135; Museo del Corallo, Ravello: 69 (photo Patricia Dowse), 86, 87, 88, 132 (photos Michel Dagnino); Museo dell'Opificio delle Pietre

珊瑚：美丽的怪物

Dure, Florence: 128; Museum of Art, Rhode Island School of Design, Providence: 153; © Museum Marítim de Barcelona: 161, 162, 163, 164, 165; Museum Boijmans Van Beuningen, Rotterdam/photo Studio Buitenhof, The Hague: 159; © The Trustees of the Natural History Museum, London: 17; National Museum of African Art, Smithsonian Institution, Washington, DC: 152; Natural History Museum, London/composite illustration originally published in J. Malcolm Shick, *Art Journal*, 2008: 35; courtesy National Museum of Japanese History: 111; Naturhistorisches Museum, Vienna: 97; © NERC, National Oceanography Centre, Southampton/ courtesy Veerle Huvenne: 222, 223, 224; © Paul Nicklen/ National Geographic Creative: 110; NOAA-Hawaii Undersea Research Laboratory Archives: 15; from *Oceanography*, vol. 20 (2007): 225; © Shinichiro Ogi: 167, 170; courtesy Osher Map Library, University of Southern Maine: 93, 94; Palazzo Vecchio, Florence: 75; Parent Géry (Wikimedia Commons): 6; © 2018 Estate of Pablo Picasso/Artists Rights Society (ARS), New York: 134; © Luisa Piccinno: 146; from Erik Pontoppidan, *Natural History of Norway* (Lyon, 1755): 59; private collection/photo © Christie's Images/Bridgeman Images: 85; photo Mike Qualman/courtesy Integrated Orbital Implants, Inc: 208; from Eugène de Ransonnet, *Sketches of the Inhabitants, Animal Life and Vegetation in the Lowlands and High Mountains of Ceylon, as Well as of the Submarine Scenery near the Coast, Taken in a Diving Bell* (Vienna, 1867): 122; © RMN-Grand Palais/Art Resource, NY: 127, 129, 137; © Alexis Rockman: 206; from Aristide Roger, *Voyage sous les flots* (Paris, 1869): 177; from Leonard Rosenthal, *The Kingdom of the Pearl* (New York, 1920)/ image courtesy Bromer Booksellers, Inc: 106; from Louis Roule, *Description des Antipathaires et Cérianthaires recueillis par S.A.S. le Prince de Monaco dans l'Atlantique nord. (1886–1902)*, (Monaco, 1905): 81; Rubin Museum of Art, New York: 46, 143, 145; Anatoly Sagalevich, Head of deep manned submersibles of P.P. Shirshov Institute of Oceanology, Moscow: 36; Anya Salih/ Confocal Facility, Western Sydney University: 65 (pair); courtesy SARS Greenlaw Archive, GRE E410: 188; © Zane Saunders: 205; Schatzkammer und Museum des Deutschen Ordens, Vienna: 147, 150; drawing SD-5511 Linda Schele, © David Schele: 55; © courtesy of Estate of Jörg Schmeisser: 31, 233; from Alexander von Schouppé, *Courier Forschungsinstitut Senckenberg*, vol. 164 (1993): 83; photo Shai Shafir/courtesy Baruch Rinkevich: 232; from *Shakespeare's Comedy of the Tempest with Illustrations by Edmund Dulac* (London, 1908): 234; Malcolm Shick: 24, 29, 52, 70, 104, 212, 215; © David H. Stacey: 204; Peter Stackpole/The LIFE Picture Collection/Getty Images: 99; © Robert Steneck: 28; © Philip Taaffe: 32; Eric Tambutté/Centre Scientifique de Monaco: 22, 23, 39, 40, 175; © Jason de Caires Taylor. All rights reserved, DACS/ARS/Artimage 2018: 105, 227; from David W. Townsend, *Oceanography and Marine Biology* (2012)/permission of Oxford University Press, USA: 58; University of Iowa Libraries, John Martin Rare Book Room: 125; University of Queensland Library: 181; US Coast Guard: 195; from Jules Verne, *Vingt milles lieues sous les mers*

(Paris, 1871): 98; © J.E.N. Veron: 38; from J.E.N. Veron, *Corals of the World*, vol. 1, 2000/artwork Geoff Kelley: 16 and 25; 67, 119 (photos Roger Steene); © Victoria and Albert Museum, London: 148, 155; Wellcome Library, London: 54; © Pete Souza/White House images: 84; © Bette Willis: 20, 21; © Maarten de Wolf: 144

图126的版权所有者"身处花园"（Binim Garten）和"洛基乐许"（LoKiLech），以及图210的版权所有者沙希·伊利亚斯（shahee Ilyas）经知识共享国际许可协议3.0版将图片发布于网；图183的版权所有者马丁·法尔比索纳（Martin Falbisoner）和图202的版权所有者J. 迈尔斯（J. Miers）经知识共享国际许可协议4.0版将图片发布于网上。

读者可免费获得以下权利：
分享——复制、宣传并传播作品
合成——单独调整这张图片

有条件使用情况：
署名——您必须按照作者或许可协议指定的方式署名（但不能以任何方式暗示他们肯定您或肯定您对作品的使用）。
以相同方式共享——如果您修改、转换本作品，或以其为基础进行再创作，您就只能在与本作品相同或相似的许可协议条件下发布您完成的作品。

# 译名对照表

Abbott, Tony, Prime Minister of Australia （时任）澳大利亚总理托尼·阿博特

*Acanthaster planci* (crown-of-thorns sea star) 长棘海星

acclimatization to environmental change 习服于环境变化

Acheulian toolmakers 阿舍利工具制造者

*Acropora* 鹿角珊瑚

 *A. humilis* 粗野鹿角珊瑚

 *A. hyacinthus* (table coral) 风信子鹿角珊瑚

 *A. millepora* 多孔鹿角珊瑚

 *A. palmata* (elkhorn coral) 加勒比海麋鹿角珊瑚

acroporid corals 桌面状鹿角珊瑚

Actiniaria (order) 海葵目

 adaptation (evolutionary process) 适应（进化过程）

Africa 非洲

 East (Sudan; Tanzania) 东非（苏丹；坦桑尼亚）

 North (Algeria; Libya; Morocco; Tunisia) 北非（阿尔及利亚；利比亚；摩洛哥；突尼斯）

 South Africa 南非

sub-Saharan 撒哈拉沙漠以南

Agassiz, Alexander 亚历山大·阿加西斯

Agassiz, Louis 路易斯·阿加西斯

ageing 衰老

Agricola, Georgius, *De natura fossilium* 乔治乌斯·阿格里科拉，《自然矿物》

airfields 机场

al-Idrisi, Muhammad 穆罕默德·伊德里西

Al-Tur, Sinai 西奈半岛埃尔托市

Albert I, HSH Prince of Monaco 摩纳哥亲王阿尔贝一世

Albert II, HSH Prince of Monaco 摩纳哥亲王阿尔贝二世

Alborean Sea 阿尔沃兰海

Alcyonacea (order; alcyonaceans) 软珊瑚目（海鸡冠）

*Alcyonium digitatum* (dead man's fingers) 水手珊瑚（死人手指）

*Alcyonium palmatum* (dead man's hand; robber's hand) 仙人掌珊瑚（死者之手；盗贼之手）

Aldred, Cyril, *Jewels of the Pharaohs* 西里尔·奥尔德雷德，《法老的珠宝》

罗伯特·迈克尔·巴兰坦，《珊瑚岛》

bamboo corals 竹珊瑚

banking (and trade in corals) 银行业务（以及珊瑚贸易）

Banks, Sir Joseph 约瑟夫·班克斯爵士

Barbados 巴巴多斯

Barbarikon, Pakistan 巴基斯坦巴巴利康

Barbary Coast 巴巴里海岸

Barcelona 巴塞罗纳

*barra italiana* 意大利杖

barrier reef 堤礁

Barygaza, India 印度布罗奇

Bastion of France 法国堡垒

*Batavia* (Dutch East Indiaman) "巴达维亚号"（荷兰东印度公司）

Bates, Marston and Donald P. Abbott, *Coral Island* 马斯顿·贝茨和唐纳德·阿博特，《珊瑚岛》

Bavaria 巴伐利亚州

beads of coral 珊瑚珠

HMS *Beagle* 英国皇家海军 "小猎犬号"

Beijing 北京

Belize 伯利兹城

Benin, kingdom of 贝宁王国

Benin bronzes 贝宁青铜器

Berenike, Egypt 埃及贝列尼凯

Bermuda 百慕大群岛

bioerosion 生物侵蚀

Bio-Eye® orbital implant Bio-Eye 生物义眼台

bioherm 生物岩

Biorock™ 生物岩公司

bivalve molluscs 双壳类

black band disease 黑带病

black coral 黑珊瑚

Blake, William 威廉·布莱克

bleaching 白化

blood 血

blue corals (order Helioporacea) 蓝珊瑚（苍珊瑚目）

Boccone, Paolo 保罗·博科内

*Bockscar* "博克斯卡号"

bodhisattvas 菩萨

Bonaparte, Joseph, king of Naples and Sicily 那不勒斯和西西里国王约瑟夫·波拿巴

bone grafts 骨移植

boom-and-bust industry 繁荣和萧条的工业周期

botanical and horticultural image of corals 珊瑚的植物及园艺图像

hms *Bounty* 英国皇家海军 "邦蒂号"

Bougainville, Louis-Antoine de, French explorer 法国探险家路易斯－安东尼·德布干维尔

Bourdon, Sébastien, *The Liberation of Andromeda* 塞巴斯蒂安·布尔东，《解救安德洛墨达》

Boyle, Robert 罗伯特·波义耳

Bradbury, Roger, 'A World Without Coral Reefs' 罗杰·布拉德伯里，"没有珊瑚礁的世界"

brain (meandrine) corals 脑（襞皱）珊瑚

Brandt, Karl 卡尔·勃兰特

Breton, André 安德烈·布勒东

Brisbane 布里斯班

broadcast spawning 大量撒播

brooding (of larvae) 孵化（幼体）

Bryozoa (phylum) 苔藓动物门

Buddhism 佛教

budding of polyps 水螅体出芽

Buffon, Georges-Louis Leclerc, Comte de *Histoire naturelle, generale et particuliere, avec la description du Cabinet du Roy* 乔治-路易·勒克莱尔，布丰伯爵，《一般及特殊自然史及罗伊收藏室描述》

Burgess Shale fossils 波基斯页岩化石


calcification 钙化

    enhancement in corals by endosymbiotic algae 内共生藻类对珊瑚的增强

    and pH; aragonite saturation 酸碱值；霰石饱和度

calcite 霰石

calcium ($Ca^{2+}$) 钙离子

calcium carbonate ($CaCO_3$) 碳酸钙

    accumulation and accretion in coral reefs, balance between erosion and dissolution 珊瑚礁的堆积和增生，与侵蚀和溶解之间的平衡

    crystalline 结晶化

    saturation state in seawater 海水中的饱和度

Calicut, India 印度卡利卡特

Callebaut, Vincent 樊尚·卡勒博

calyx 杯状萼

Cambrian period 寒武纪

Cane, Arabia 阿拉伯半岛的迦拿

Cape Creus 克雷乌斯角

Cape Tribulation 苦难角

Cape York 约克角

carbon dioxide ($CO_2$) 二氧化碳

    and carbon cycle ～和碳循环

    emissions from burning of fossil fuels 化石燃料燃烧排放

    fixation in photosynthesis 光合作用的碳固定

    greenhouse gas and global warming 温室气体与全球变暖

    and ocean acidification ～和海洋酸化

    and ocean pH ～和海洋酸碱值

    reef community respiration 珊瑚礁群落的呼吸作用

carbonate chemistry 碳酸盐化学

carbonic acid 碳酸

Caribbean Sea 加勒比海

    coral disease 珊瑚疾病

    coral reef decline 珊瑚礁衰退

    coral rock as building material 作为建筑材料的珊瑚岩

    poaching of reef fishes in 在～盗猎珊瑚礁鱼类

    rising sea level in ～海平面升高

    sea fans and sea whips 海扇和海鞭

    shifting baselines in condition of coral reefs 珊瑚礁变动的基准

    threshold temperature for coral bleaching 珊瑚白化的临界温度

carotenoids 类胡萝卜素

Catala, René 勒内·卡塔拉

    *Carnival under the Sea* 《海底嘉年华》

Catalans 加泰罗尼亚人

Çatalhöyük 加泰土丘

Catalonia 加泰罗尼亚

Catedral de Santa María la Menor, Santo

珊瑚：美丽的怪物 ————

Corallimorpharia (order; corallimorpharians) 类珊瑚目

corallite 珊瑚体

*Corallium* (genus of precious corals) 红珊瑚属（宝石珊瑚属）

    *C. elatius* 瘦长红珊瑚

    *C. konojoi* 皮滑红珊瑚

    *C. rubrum* 地中海红珊瑚

    *C. secundum* 巧红珊瑚

cores (drilled) 核心（钻探）

*cornuto* 角手势

Coromandel Coast, India 印度科罗曼德海岸

Coronado, Francisco Vázquez de 弗朗西斯科·巴斯克斯·德·科罗纳多

Corsica (Mediterranean Sea) 科西嘉岛（地中海）

Cortés, Hernán 埃尔南·科尔特斯

Cretaceous period 白垩纪

Crete 克里特岛

Cro-Magnon Aurignacian culture 克鲁马农人奥瑞纳文化

'Crochet Coral Reef' "钩编珊瑚礁"

crushed coral 碎珊瑚

crustose coralline algae 壳状珊瑚藻

Cryogenian period 成冰纪

cryptic species 隐秘种

cryptochromes 隐花色素

crystals, corals envisioned as 珊瑚被想象为晶体

curiosity cabinets 藏宝柜

cutlery 餐具

Cuvier, Georges 乔治·居维叶

Daikoku 大黑天神

Daintree Rainforest 丹翠雨林

Dalí, Salvador 萨尔瓦多·达利

Dana, James Dwight 詹姆斯·德怀特·达纳

Darwin Point 达尔文点

Darwin, Charles 查尔斯·达尔文

    and Agassiz, Alexander ～和亚历山大·阿加西斯

    *Beagle* voyage and diary "小猎犬号"航行及日志

    'coral architects' "珊瑚建筑师"

    'the coral of life' "生命珊瑚"

    and Lyell, Charles ～和查尔斯·莱伊尔

    natural selection 自然选择

    *Structure and Distribution of Coral Reefs, The* 《珊瑚礁的结构与分布》

    studies at Cambridge ～在剑桥学习

    subsidence theory of atoll formation 环礁形成的沉降理论

Darwin, Erasmus, *The Botanic Garden* 伊拉斯谟斯·达尔文，《植物园》

Dash, Mike, *Batavia's Graveyard* 迈克·达什，《巴达维亚之墓》

deep-sea corals and mounds 深海珊瑚和珊瑚丘

*Dendrophyllia ramea* 木珊瑚

desert, tropical ocean as 热带海洋如同荒漠

*Diadema antillarum* (sea urchin) 长刺海胆（见海胆）

diagenesis 成岩作用

diamonds 钻石

Dickens, Charles 查尔斯·狄更斯

Dicquemare, abbé Jacques-François 神父雅克－

弗朗索瓦·迪克梅尔

Diego Garcia naval base　迪戈加西岛海军基地

digestion　消化

dinoflagellates　鞭毛藻类

Dion, Mark, *Bone Coral (The Phantom Museum)*
马克·迪翁,《骨骼珊瑚》(幻影博物馆)
*Oceanomania* project　"海洋狂热"展览

Dioscorides, Pedanius, *De materia medica*　佩
达纽斯·迪奥斯科里季斯,《药物学》

diseases of corals　珊瑚疾病

　defences against coral diseases　抵御珊瑚疾病

　microbial pathogens　微生物病原体

　white pox in *Acropora palmata*　加勒比海
　麋鹿角珊瑚的白斑病

Disney, Walt, *20,000 Leagues Under the
Sea*　华特·迪士尼,《海底两万里》

diving suits　潜水服

DNA　脱氧核糖核酸

Dobbs, David, *Reef Madness: Charles Darwin,
Alexander Agassiz, and the Meaning of
Coral*　戴维·多布斯,《疯狂暗礁:查尔
斯·达尔文,亚历山大·阿加西斯和珊瑚
的含义》

Doctorow, Cory, 'I, Row-Boat'　科利·多克
托罗,《我,划船》

Dominican Republic　多米尼加共和国

Donati, Vitaliano　维塔利亚诺·多纳蒂

Donnelly, J. J., 'Sea-Wraith'　J. J. 唐纳利,
《海之幽灵》

Doumenge, François　弗朗索瓦·杜芒热

Drake, Francis　弗朗西斯·德雷克

dredging　疏浚

Dry Tortugas, Florida　佛罗里达州干龟群岛

Ducie, baron Francis　弗朗西斯·迪西男爵

Dulac, Edmund　埃德蒙·杜拉克
　*Birth of the Pearl*　《珍珠的诞生》
　*Full fathom five thy father lies*　《五㖊的水
　深处躺着你的父亲》
　*And deeper than did ever plummet sound I'll
　drown my book*　《我将把我的书沉入比坠
　落之声更深之处》

Dumont d'Urville, Jules　朱尔·迪蒙泰·迪
维尔

Eakin, Mark　马克·埃金

East India Company　东印度公司

Easter Island　复活节岛

Eastern Pacific Ocean　东太平洋

Ebisuya, Konojo, father of Japanese precious
coral industry　戎谷小野助,日本宝石珊
瑚产业之父

echinoderms　棘皮动物
　crinoids (sea lilies)　海百合
　crown-of-thorns sea star(*Acanthaster planci*)
　长棘海星
　brittlestars　海蛇尾

Eco, Umberto, *The Island of the Day Before*　翁
贝托·埃科,《昨日之岛》

Ediacaran period　埃迪卡拉纪

Edo people　以东人

Edo (Tokugawa) period　江户(德川)时代

Edom (Idumea)　以东(土买)

Egypt　埃及

Ehrenberg, Christian Gottfried　克里斯蒂安·戈
特弗里德·埃伦伯格

Eilat, Israel　以色列埃拉特

El Niño　厄尔尼诺现象

El Tor　埃尔托市

elevated volcano hypothesis　火山升高假说

Elgar, Edward, 'Where Corals Lie'　爱德华·埃尔加，《珊瑚深藏之所》

elkhorn coral (*Acropora palmata*)　加勒比海麋鹿角珊瑚

Ellis, John　约翰·埃利斯

　　*The Natural History of Many Curious and Uncommon Zoophytes*　《众多珍奇植形动物自然史》

Elworthy, Frederick Thomas, *The Evil Eye: An Account of This Ancient and Widespread Superstition*　弗里德里克·托马斯·埃尔沃西，《邪眼：古老迷信的经典阐释》

Emmert, Paul, *View of the Honolulu Fort-Interior*　保罗·埃默特，《火奴鲁鲁要塞内景》

Emperor seamounts　天皇海山链

end-Permian mass extinction　二叠纪末大灭绝

hms *Endeavour*　英国皇家海军"奋进号"

Endeavour Reef　奋进礁

endosymbiosis　内共生

Enewetak Atoll, Marshall Islands　马绍尔群岛埃内韦塔克环礁

Environmental Protection Agency (EPA), U.S.　美国环境保护署

*engin*　机关

*Enola Gay*　艾诺拉·盖号轰炸机

environmental stress　环境压力

epidermis (ectoderm)　表皮层（外胚层）

epigenetics　表观遗传学

Erdoğan, Recep Tayyip　雷杰普·塔伊普·埃尔多安

Erebus, Mount　埃里伯斯火山

Eternal Reefs, Inc.　永恒礁石公司

etymology of 'coral'　珊瑚的词源

eugenics　优生学

evil eye　邪眼

evolution and phylogeny of corals　珊瑚的进化和系统发生

exoskeleton　外骨骼

*Explanaria* (=*Turbinaria*)　陀螺珊瑚群

Ezekiel (Book of)　以西结（《以西结书》）

*fascinum*　符咒

Ferdinand, archduke of Tyrol　蒂罗尔大公斐迪南

Ferdinand I (of the Two Sicilies)　斐迪南一世（两个西西里的国王）

Ferdinand II, king of Aragón　阿拉贡国王斐迪南二世

Fiery Cross (Yongshu) Reef　永暑礁

filter feeding by corals　珊瑚滤

fire corals (*Millepora*)　火珊瑚（多孔螅）

fish　鱼

fishing, effects on corals and reefs　渔业，对珊瑚和礁石的影响

　commercial　商业化的～

　destructive (by explosives and poison)　破坏性的（因爆炸和毒药）～

　illegal　非法的～

　overfishing　过度捕捞

　reduced fishing pressure　减少渔业压力

　spear-fishing　鱼叉捕鱼

　subsistence　维持生计

gastrodermis　内胚层

Geddes, Patrick　帕特里克·格迪斯

gene expression　基因表达

genetic mosaics, coral colonies as　作为遗传嵌合体的珊瑚群体

genetic rescue of corals　珊瑚的基因援救

Genoese　热那亚人

geographic (latitudinal) range shifts of corals　珊瑚的地理（纬度）迁移

geographically separated populations　地理上分隔的种群

Gilgamesh, king of Uruk　乌鲁克国王吉尔伽美什

Glynn, Peter W.　彼得·W.格林

gold corals (order Zoanthidea; zoanthideans)　金珊瑚（群体海葵目）

　　Hawaiian species *Kulamanamana haumeaae*　夏威夷金珊瑚

Golijov, Osvaldo, 'Coral del Arrecife'　奥斯瓦尔多·歌利亚夫，"珊瑚赞美诗"

gonads　生殖腺

Gordon, general Charles George　查理·乔治·戈登将军

Goreau, Thomas J.　托马斯·J.戈罗

Gorgon　戈耳工

*gorgoneion*　蛇发魔女头

gorgonians　柳珊瑚

　　abyssal　深海~

　　Antarctic　南极~

　　artistic representations　对~的艺术再现

　　as lithophytes　~作为石生植物

　　as plants (former classification)　~作为植物（早前的分类）

precious corals and other octocorals, relationship to　~与宝石珊瑚和其他八放珊瑚的关系

　　sea fans, sea whips　海扇，海鞭

　　as Zoophyta (zoophytes)　~作为植形动物

gorgonin　珊瑚角质蛋白

Gosse, Philip Henry　菲利普·亨利·戈斯

　　*Actinologia Britannica: A History of the British Sea-anemones and Corals*　《刺胞动物大英百科全书：英国海葵与珊瑚研究》

　　*A Naturalist's Rambles on the Devonshire Coast*　《在德文郡海岸漫步的博物学家》

　　paintings by　~的绘画

Great Barrier Reef GBR　大堡礁

in the arts　艺术中的~

　　Australia's national passion for　澳大利亚民族对~的热情

　　British Association for the Advancement of Science's Expedition　英国科技进步协会的探险

　　coral cover on, decline　~珊瑚覆盖率衰退

　　crown-of-thorns seastar　棘冠海星

　　HMS Endeavour　英国皇家海军"奋进号"

　　freshwater flood events　淡水洪水事件

　　as 'The Labyrinth'　作为"大迷宫"的~

　　management of　管理~

　　mass bleaching　大规模白化

　　mass spawning of corals　珊瑚大规模产卵

　　naming by Flinders　~被弗林德斯命名

　　ocean acidification and reef community calcification　海洋酸化和珊瑚群落钙化

　　threats to　对~的威胁

　　UNESCO World Heritage Area (WHA)　世

一条冲向内陆的鲨鱼》

Kiribati 基里巴斯

Kitchener, Horatio Herbert 霍雷肖·赫伯特·基奇纳

Klunzinger, Carl Benjamin, *Upper Egypt: Its People and Products* 卡尔·本杰明·克伦金尔,《上埃及:它的人民和产品》

Kōchi Prefecture (Japan) 高知县(日本)

Kōin, Nagayama, *Inro, Turtle Netsuke, and Coral Bead* 长山孔寅,《印笼、乌龟根付和珊瑚珠》

*kouralion* 浓赤珊瑚

Kroeber, Alfred L. 阿尔弗雷德·L.克鲁伯

Krukenberg, C.F.W. C. F. W. 克鲁肯贝格

*Kulamanamana haumaeaae* (Hawaiian gold coral) 夏威夷金珊瑚

Kuna people 库纳人

La Calle, Algeria 阿尔及利亚卡拉城

La Tène culture 拉坦诺文化

Lacaze-Duthiers, Henri, *Histoire naturelle du corail* 亨利·拉卡兹-杜塞尔,《珊瑚博物学》

Laccadives, Indian Ocean 印度洋拉克代夫群岛

lace corals (Hydrozoa) 侧孔珊瑚(水螅纲)

Laforgue, Jules, '*se madréporiser*' 朱尔斯·拉福格,"化为珊瑚"

lagoons 礁湖

Lamarck, Jean-Baptiste 让-马蒂斯特·拉马克

Lamu, Tanzania 坦桑尼亚拉姆

Land of Punt 邦特之地

Lapérouse, Comte de (Jean-François de Galaup) 拉彼鲁兹伯爵(让-弗朗索瓦·德加洛)

Laval, François Pyrard de 弗朗索瓦·皮拉德·德拉瓦尔

Lavoisier, Antoine, French chemist 法国化学家安东尼·拉瓦锡

Leduc, Alphonse, 'Le Collier de corail' 阿方斯·莱杜克,《珊瑚项链》

Lévy-Dhurmer, Lucien, *Méduse, ou Vague furieuse* 吕西安·莱维-迪尔默,《美杜莎》或《怒涛》

Leyva, Lucas, *The Coral Reef Are Dreaming Again* 卢卡斯·莱瓦,《珊瑚礁新梦》

Lincoln, Mary 玛丽·林肯

Ling, Xu, 'Wanzhuan-ge' 徐陵,《宛转歌》

Linnaeus, Carolus (Carl) 卡洛斯·(卡尔·)林奈
*Systema naturae* 《自然系统》
taxonomy of Lithophyta and Zoophyta 石生植物和植形动物的分类

Lisbon, coral trading in 里斯本的珊瑚贸易

Lithodendron ('stone tree') 石树

Lithophyta 石生植物

lithophyte ('stony plant') 石生植物(类石植物)

Liverino, Basilio, *Red Coral: Jewel of the Sea* 巴西利奥·利韦里诺,《红珊瑚:海中宝石》

Livorno 里窝那

Lizard Island 蜥蜴岛

London 伦敦

London, Jack 杰克·伦敦

Longfellow, Henry Wadsworth, 'To a Child' 亨利·华兹华斯·朗费罗,《致孩童》

*Lophelia (pertusa)* 深水珊瑚(佩尔图萨)

Low Isles 洛岛

Lowe, Percy, *A Naturalist on Desert*

Medusozoa　水母亚门

Méheut, Mathurin, *Service, La Mer*　马蒂兰·梅厄，《餐具，海洋》

Méliès, Georges, *Deux Cent Milles [Lieues] Sous les Mers, ou, le Cauchemar du Pêcheur*　乔治·梅里爱，《海底两万里［联盟］，或渔人梦魇》

Melville, Herman　赫尔曼·梅尔维尔

　　*Clarel*　《克拉雷尔》

　　*Mardi*　《玛地》

　　*Omoo*　《奥姆》

　　*Timoleon, Etc.*, with 'Fruit of Travel Long Ago', including 'Venice'　《泰摩利昂，等》，"前尘旅事"，包括"威尼斯"

Merian the Elder, Emblem XXXII in *Atalanta fugiens*　老梅里安，《阿塔兰塔疾走》中的象征符XXXII

mesenteries　肉质隔膜

mesoglea　中胶层

Miami　迈阿密

Michelet, Jules, *La Mer*,　朱尔·米什莱，《海》

microbiome of corals　珊瑚微生物组

Middle Ages　中世纪

Midway corals　中途岛珊瑚

Midway Island　中途岛

Mignard, Pierre, *Perseus Liberating Andromeda*　皮埃尔·米尼亚尔，《珀尔修斯解救安德洛墨达》

millepore (hydrozoan coral)　多孔螅（水螅纲珊瑚）

*Millepora* (hydrozoan 'fire coral')　多孔螅属（水螅纲"火珊瑚"）

Milne-Edwards, Alphonse　阿方斯·米尔内－爱德华兹

Milne-Edwards, Henri, *Histoire naturelle des coralliaires ou polypes proprement dits*　亨利·米尔内－爱德华兹，《珊瑚与水螅体研究》

Milsom Jr, Charles, *The Coral Waltzes*　小查尔斯·米尔索姆，《珊瑚华尔兹》

Mino, Jacopo di, *Madonna col Bambino*　雅各布·迪·米诺，《圣母与圣子》

Minoan culture　米诺斯文化

Mitchell, Joni　琼尼·米歇尔

Mitchell, Stuart, 'Coral Fugue'　斯图尔特·米切尔，《珊瑚赋格曲》

mitochondria　线粒体

molecular clock　分子钟

Momotarō the Peach Boy (Japanese folk tale)　桃太郎（日本民间传说）

Monet, Claude, *Palazzo da Mula, Venice*　克劳德·莫奈，《穆拉宫》，威尼斯

Montgomery, James, *The Pelican Island*　詹姆斯·蒙哥马利，《鹈鹕岛》

　　criticism by James Dwight Dana　詹姆斯·德怀特·达纳的批评

Monturiol, Narcís　纳尔奇斯·蒙图里奥尔

Mo'orea　莫雷阿岛

Moreau, Gustave, *La Galatée*　居斯塔夫·莫罗，《加拉蒂亚》

Morocco　摩洛哥

Moulton, Septima, 'The Coral Mazurka'　塞普蒂玛·莫尔顿，《珊瑚玛祖卡》

Muscatine, Leonard　伦纳德·马斯卡廷

Musée Océanographique de Monaco　摩纳哥海洋博物馆

sites of naturally low pH caused by high CO$_2$　高浓度二氧化碳造成天然低酸碱值的位置

Philippines　菲律宾

position in Coral Triangle　珊瑚大三角区中的位置

Phillips Brothers　菲利普斯兄弟

Philpot, Glyn Warren, *Under the Sea*　格林·沃伦·菲尔波特，《海下》

Phoenicians　腓尼基人

photoinhibition　光抑制

photons　光子

photooxidative stress　光氧化胁迫

photosynthesis　光合作用

phylogeny　系统发生

Picasso, Pablo, *Humorous Composition: Jaume Sabartés and Gita Hall May, Cannes, 31 July 1957*　巴勃罗·毕加索，《幽默作品：豪梅·萨瓦特斯和吉塔·阿尔·迈》，戛纳，1957年7月31日

Pisa　比萨

Pitcairn island group　皮特凯恩群岛

plankton (phyto- and zoo-)　浮游生物（植物和动物）

planula larva　浮浪幼体

Pliny the Elder (Gaius Plinius Secundus)　老普林尼（盖乌斯·普林尼·塞孔杜斯）

poaching　盗猎；盗采

of corals　~珊瑚

of coral reef fishes　~珊瑚礁鱼类

*Pocillopora damicornis*　鹿角杯型珊瑚

Polo, Marco　马可·波罗

Pollitt, Arthur W., *The Coral Island* (six musical sketches for piano)　阿瑟·W. 波利特，《珊瑚岛》（六幕钢琴短剧）

Polynesia (Polynesian)　波利尼西亚

French　法国

polyp　珊瑚虫

polypary (*polypier*)　珊瑚附着基

polypus　水螅体

Pontoppidan, Erik, *Natural History of Norway*　埃里克·蓬托皮丹，《挪威博物志》

Pool, Matthys, engravings in Marsigli's *Histoire Physique de la Mer*　马蒂斯·波尔，马尔西利的《海洋博物学》中的雕版画

Port Sudan　苏丹港

Portier, Paul *Physiologie des animaux marins*　保罗·波尔捷，《海洋动物生理学》

Portugal (Portuguese)　葡萄牙

*poulpe* (octopus; polyp)　小章鱼（章鱼；水螅体）

Powys, John Cowper, *Porius*　约翰·考珀·波伊斯，《波利乌斯》

precious corals (octocorals; Corallidae)　宝石珊瑚（八放珊瑚亚纲；红珊瑚科）

Mediterranean　地中海

Pacific　太平洋

Priestley, Joseph, FRS, English chemist　英国化学家，英国皇家学会会员约瑟夫·普里斯特利

'pristine' coral reefs　"原始的"珊瑚礁

Pritchard, Zarh,　扎尔·普里查德

*Coral Arches*　《珊瑚拱门》

Provençals　普罗旺斯

Puerto Rico　波多黎各

Queensland　昆士兰

珊瑚：美丽的怪物 ——

Cape York 约克角

coal mining 开采珊瑚

'Crochet Coral Reef' "编织珊瑚礁"

government of ～政府

Great Barrier Reef ～大堡礁

industrialization of coastline 海岸线产业化

Queensland Cement and Lime Company
(Brisbane) 昆士兰水泥石灰公司（布
里斯班）

Quinet, Edgar, *La Création* 埃德加·基内，
《创造》

Quoy, Jean-René-Constant 让－勒内－康斯
特·盖伊

Rabelais, François, *Gargantua and Pantagruel*
弗朗索瓦·拉伯雷，《巨人传》

Radiata 辐射对称动物

Ra'iatea 赖阿特阿岛

Rainbow Serpent 彩虹蛇

rainforests 雨林

Ransonnet-Villez, baron Eugen von 巴龙·厄
让·冯·朗索内－维尔兹

*Ceylon Coastal Undersea Landscape* 《锡
兰近岸海底风景》

*Coral Reef at Tor near the Port Entrance*
《埃尔托近港口处的珊瑚礁》

*Sketches of the Inhabitants, Animal Life
and Vegetation in the Lowlands and High
Mountains of Ceylon, as Well as of the
Submarine Scenery near the Coast, Taken in
a Diving Bell* 《锡兰低地与高山的居民和
动植物写生，及在潜水钟里描绘的近岸海
底风景》

*Submarine Rocks with Green Corals* 《有绿
色珊瑚的海底岩石》

reactive oxygen species (ROS) 活性氧

Réaumur, René-Antoine Ferchault de 勒内－安
托万·费尔绍·德·雷奥米尔

*Mémoires pour servir à l'histoire des
insectes* 《关于昆虫研究的回忆录》

recovery (of coral reefs) 恢复（珊瑚礁）

recycling (of nutrients in symbiotic corals) 回
收利用（共生珊瑚的营养）

red coral 红珊瑚

amulets 护身符

conservation and protection 维持和保护

fishing and harvesting 捕捞和收获

jewellery 珠宝

myths of origin 起源神话

poaching of 盗采～

religious art and artefacts 宗教艺术和手
工艺品

Red Sea 红海

antipatharian (black) corals 角珊瑚目（黑）
珊瑚

architectural use of coral 珊瑚的建筑用处

corals and reefs 珊瑚和岩礁

ports and towns 港口和城镇

trade and merchants 贸易和商人

Red Sea Style (architecture) 《红海风格》（建
筑设计）

Redon, Odilon 奥迪隆·雷东

*Fleur de Sang* 《血之花》

interest in marine life 对海洋生物的兴趣

reef balls 礁球

reef corals (scleractinians) 造礁珊瑚（石珊

一些碎片》

*Under the Sea, Great Barrier Reef* 《海下，大堡礁》

Schleiden, Matthias Jakob 马蒂亚斯·雅各布·施莱登

*Das Meer* 《海》

*The Plant: A Biography* 《植物档案》

Sciacca, Sicily 西西里夏卡

Scleractinia (order; scleractinians) 石珊瑚目

sclerites 骨针

scuba diving 水肺潜水

sea anemones 海葵

sea fans and sea whips 海扇和海鞭

sea levels 海平面

sea pens (order; Pennatulacea) 海笔（海鳃目）

sea surface temperature (SST) 海面温度

seawater, pH of 海水的酸碱值

seaweeds (macroalgae) 海藻

septa 隔片

Seychelles 塞舌尔

Shakespeare, William 威廉·莎士比亚

*shanhu* 珊瑚

sharks'teeth 鲨鱼齿

shifting baseline syndrome 标准变动综合征

shogunate 幕府时代

Sicilians 西西里人

Silk Road, maritime 海上丝绸之路

Simplicio, Dan 达恩·辛普利西奥

'Branch Coral and Carved Turquoise Necklace' "珊瑚枝与雕刻绿松石项链"

skeleton (of corals) 珊瑚骨骼

bone grafts and orbital implants, material for 骨移植和义眼座的材料

composition and structure of 成分和结构

secretion and growth of 分泌物和生长

Th/U dating of 钍铀定年技术

X-ray analysis of X光分析

skull (human) 头骨（人类）

Slessor, Kenneth, 'Seven Visions of Captain Cook' 肯内特·斯莱塞，《库克船长五愿景》

Society Islands 社会群岛

soft corals (alcyonaceans) 软珊瑚（海鸡冠）

Solander, Daniel 丹尼尔·索兰德

solar heat (trapping in atmosphere and oceans) 太阳热能（由空气和海洋捕获）

solar power 太阳能

solar radiation 太阳辐射

somatic (cells, tissues and mutations) 体细胞、体组织和体细胞突变

South China Sea 南中国海

Southeast Asia 东南亚

Southey, Robert, 'The Curse of Kehama' 罗伯特·骚塞，《克哈马的诅咒》

spatial competition among scleractian corals 石珊瑚的空间竞争

spirochaetes (bacteria) 螺旋体（细菌）

*Spondylus* (thorny oyster) 海菊蛤

Spratly Islands 南沙群岛

Stacey, David, *Living in Paradise* 戴维·斯泰西，《天堂生活》

staghorn corals 鹿角珊瑚

*Star II* submersible "星辰二号"潜水器

starrystone 星石

Steinbeck, John and Edward F. Ricketts, *Sea of Cortez* 约翰·史坦贝克和埃德·F. 里

珊瑚：美丽的怪物 ————

tombs 陵墓

Tong, Anote, President of Kiribati 阿诺特·汤, 基里马斯总统

Tongatapu 汤加塔布岛

Torre del Greco 托雷德尔格雷科

Torres Strait (far North Queensland, Australia) 托雷斯海峡（澳大利亚昆士兰远北）

tourism 旅游业

Tournefort, Joseph Pitton de 约瑟夫·皮顿·德·图内福尔

*Éléments de botanique* 《植物元素》

Trapani, Sicily 西西里岛的特拉帕尼

trawling 拖网

Tree of Life (biblical) 生命之树（圣经）

trees and forests, corals as 珊瑚如同树和森林

Treharne, Bryceson and Zoë Atkins, 'Corals: A Sea Idyll' 布赖森·特里哈恩和佐薇·阿特金斯，《珊瑚：海之牧歌》

Trembley, Abraham 亚伯拉罕·特朗布雷

Triassic period 三叠纪

Trump, Donald J. President 总统唐纳德·特朗普

Tunisia 突尼斯

Turnbull, Malcolm, Prime Minister of Australia 澳大利亚总理马尔科姆·特恩布尔

Tutankhamun 图坦卡蒙

Tuvalu 图瓦卢

ultraviolet (UV) radiation 紫外线辐射

Urashima Tarō 浦岛太郎

U.S. Navy Seabees 美国海军工程营

Utagawa, Kuniyoshi, *Taira no Tomomori* 歌川国芳，《平知盛》

Vallayer-Coster, Anne, *Sea Fans, Lithophytes and Seashells* 安妮·瓦拉耶－科斯特，《海扇，石生植物和海贝》

Vanikoro 瓦尼科罗群岛

Vanis, Michail 米哈伊尔·沃尼什

Vasari, Giorgio, *Perseus Freeing Andromeda* 乔尔乔·瓦萨里，《珀尔修斯解救安德洛墨达》

*Venus de Milo* "米洛的维纳斯"

Veracruz, Mexico 墨西哥韦拉克鲁斯

Verne, Jules, *Vingt milles lieues sous les mers* 儒勒·凡尔纳，《海底两万里》

Veron, J.E.N. (Charlie) J. E. N.（查利）贝龙

atmospheric CO and mass extinctions 大气 CO含量和大灭绝

*Corals of the World* 《世界的珊瑚》

*A Reef in Time: The Great Barrier Reef from Beginning to End* 《适时的礁石：由始至终的大堡礁》

Victorian era 维多利亚时代

Villa-Lobos, Heitor, 'Coral (Canto do Sertão)' 海托尔·维拉－罗伯斯，《珊瑚：荒野之歌》

viruses 病毒

Vishnu 毗湿奴

volcanoes 火山

Voltaire (François-Marie Arouet), *Dictionnaire philosophique* 伏尔泰（弗朗索瓦－马利·阿鲁埃），《哲学辞典》

Wallace, Alfred Russell, *The Malay Archipelago* 阿尔弗雷德·拉塞尔·华莱士，《马来群岛自然考察记录》

**图书在版编目（CIP）数据**

珊瑚：美丽的怪物 /（美）J.马尔科姆·希克著；傅临春译. — 北京：商务印书馆，2025
ISBN 978 - 7 - 100 - 23494 - 8

Ⅰ.①珊… Ⅱ.①J… ②傅… Ⅲ.①珊瑚虫纲 — 普及读物 Ⅳ.①Q959.133-49

中国版本图书馆 CIP 数据核字（2024）第048257号

**权利保留，侵权必究。**

**珊　瑚**
**美丽的怪物**
〔美〕J.马尔科姆·希克　著
傅临春　译

商 务 印 书 馆 出 版
（北京王府井大街36号　邮政编码 100710）
商 务 印 书 馆 发 行
山西人民印刷有限责任公司印刷
ISBN　978 - 7 - 100 - 23494 - 8

2025年1月第1版　　　　开本 720×1020　1/16
2025年1月第1次印刷　　印张 26¼

定价：115.00元